闫吉顺 张 盼 林 霞◎著

基于自然资源价值理论的海洋产业高质量发展模式研究

河海大学出版社
HOHAI UNIVERSITY PRESS
·南京·

图书在版编目(CIP)数据

基于自然资源价值理论的海洋产业高质量发展模式研究 / 闫吉顺，张盼，林霞著. -- 南京 ：河海大学出版社，2025.1. -- ISBN 978-7-5630-9501-8

Ⅰ. P74

中国国家版本馆 CIP 数据核字第 2025EJ9552 号

书　　名 基于自然资源价值理论的海洋产业高质量发展模式研究
JIYU ZIRAN ZIYUAN JIAZHI LILUN DE HAIYANG CHANYE GAOZHILIANG FAZHAN MOSHI YANJIU

书　　号 ISBN 978-7-5630-9501-8

责任编辑 张心怡

特约校对 马欣妍

封面设计 张世立

出版发行 河海大学出版社

地　　址 南京市西康路 1 号(邮编:210098)

电　　话 (025)83737852(总编室)
(025)83722833(营销部)

经　　销 江苏省新华发行集团有限公司

排　　版 南京布克文化发展有限公司

印　　刷 广东虎彩云印刷有限公司

开　　本 718 毫米×1000 毫米　1/16

印　　张 17.25

字　　数 322 千字

版　　次 2025 年 1 月第 1 版

印　　次 2025 年 1 月第 1 次印刷

定　　价 129.00 元

前言 PREFACE

首先，本书开展“高质量”发展的理论研究，得出“‘高’是对发展水平提出的总体要求，同时涵盖‘质’和‘量’两部分内容。其中，‘质’的高水平不仅仅受‘量’的配置限制，还受到生态环境和精神需求的约束，这两者是人类生存和生活福祉的重要组成部分”这一结论。同时，通过研究，作者认为自然资源价值理论是“高质量”发展理论体系中的基础理论。

自然资源价值理论决定了自然资源的资产属性，分为产权属性和价格属性。产权属性，是自然资源资产的基础。价格属性，是自然资源资产转化资本的表现形式。海域资源是自然资源的一种，在具有自然资源一般属性的同时，还拥有海域资源的特殊属性。从而我们可以得出，海域资源具有资产属性。它的特殊性则表现在海域资源是人文要素、资源要素、环境要素、生态要素的综合体，比起陆域资源其敏感性和脆弱性更高，还需承担提供空间资源、污染净化、生态服务、人文精神的基本功能。也就是说，海洋基本功能服务水平的高低，是各项海洋产业发展水平高低的决定因素。所以，海域资源资产的保值增值情况是海洋产业发展水平的“显微镜”。

这部分研究内容，主要分布在本书的第 1 章、第 2 章。

然后，本书探索了“高质量”发展模式的方法体系及台州实践。研究思路是：“有了好的保护，才会有高水平地使用”，“只有保护好了，才可以放心地使用”。保护的是海域资源的稀缺性，保护的是海域资源的价值基础，保护的是海域资源的资产收益。这部分内容主要包括资源要素质量把控的技术方法、海域资源的实物量与价值量核算体系、海域资源供给与产业发展协调关系，以及促进海洋产业高质量发展的制度与政策研究等方面。

这部分研究内容是本书的重点，主要分布在第 4 章、第 5 章、第 6 章。

最后，基于海洋产业高质量发展的理论基础和方法体系的实践结果，建立了台州市海洋产业高质量发展格局。分析了现阶段台州市沿海县、市(区)发展类型，在此基础上，建立了具有台州特色的海洋产业高质量发展海洋空间格局。并通过建立海洋经济高质量发展评价体系，对台州市海洋经济高质量发展水平进行了评价。

这部分内容分布在本书的第 7 章。

除此之外，针对本书研究内容的调研工作与总结主要在第 3 章和文末附件中体现。第 8 章是各部分研究结论的汇总，第 9 章和第 10 章总结了本书的创新点和不足，以及下一步的研究方向。

目录 CONTENTS

1 概述

1.1 研究意义

2017 年，中国共产党第十九次全国代表大会首次提出“高质量发展”表述，表明中国经济由高速增长阶段转向高质量发展阶段。绿色发展是我国从速度经济转向高质量发展的重要标志。2018 年 3 月 5 日，李克强总理作国务院政府工作报告提出，“按照高质量发展的要求，统筹推进‘五位一体’总体布局和协调推进‘四个全面’战略布局，坚持以供给侧结构性改革为主线，统筹推进稳增长、促改革、调结构、惠民生、防风险各项工作”。2020 年 10 月，党的十九届五中全会提出，“十四五”时期经济社会发展要以推动高质量发展为主题，以深化供给侧结构性改革为主线，坚持质量第一、效益优先，切实转变发展方式，推动质量变革、效率变革、动力变革。2021 年，恰逢“两个一百年”奋斗目标历史交汇之时，特殊时刻的两会，习近平总书记接连强调“高质量发展”；3 月 5 日，李克强总理在 2021 年国务院政府工作报告中介绍，“十四五”时期深入贯彻新发展理念，加快构建新发展格局，推动高质量发展，为全面建设社会主义现代化国家开好局起好步；3 月 30 日，中共中央政治局召开会议，审议《关于新时代推动中部地区高质量发展的指导意见》。2017 年以来，党中央、国务院高度密集地强调“高质量发展”，表明“高质量发展”既是中国特色社会主义新时代发展、全面建成小康社会的必然要求，也是促进我国国民经济发展迈向新台阶的重要决策，更是把握国际经济新形势、稳定世界局势的重要战略。

与此同时，十八大报告提出“提高海洋资源开发能力，发展海洋经济，保护海洋生态环境，坚决维护国家海洋权益，建设海洋强国”。将建设海洋强国确定为重大国家战略。海洋经济在培育增长新动能、拓展增长新空间、壮大新兴产业、引领经济新发展等方面具有举足轻重的作用，是推进海洋强国战略的关键阵地。因此，加快推进海洋经济实现高质量发展，符合我国海洋强国战略实施的新时代要求，对我国的现代化经济体系建设更具有至关重要的意义。经过改革开放 40 多年的发展，我国海洋经济逐步脱离依赖海洋资源的初级发展阶段，依靠粗放开发利用的发展模式完成了高速增长阶段，随着新时代的到来迈入了高质量发展阶段。在以习近平同志为核心的党中央坚强领导下，沿海地方和涉海部门坚决推进海洋经济高质量发展。但受新冠疫情冲击和复杂国际环境的影响，2020 年我国海洋经济呈现总量收缩、结构优化的发展态势。经初步核算，2020 年全国海洋生产总值 80 010 亿元，比上年下降 5.3%，占沿海地区生产总值的比重为14.9%，比上年下降1.3个百分点。这反映出我国海洋经济发展存在国际经济发展环境复杂和国内粗放开发利用的发展模式向高质量发展模式升级转化需求的双重问题。

2018年11月5日，习近平总书记在首届中国国际进口博览会上宣布，支持长江三角洲区域一体化发展并上升为国家战略。2019年12月1日，中共中央、国务院发布《长江三角洲区域一体化发展规划纲要》。浙江省全力落实《长江三角洲区域一体化发展规划纲要》，已有充分的工作基础，早在2019年6月14日就发布了《浙江省推进长江三角洲区域一体化发展行动方案》，提出"坚持战略协同。充分发挥绿水青山、数字经济、海洋经济、民营经济等特色优势，把大湾区大花园大通道大都市区建设等重大决策部署融入长三角一体化发展国家战略，强化统筹推进、同步实施，共同推动长三角更高质量一体化发展"的要求。

"十三五"期间，台州全市海洋经济发展紧紧围绕海洋强省战略和现代化湾区建设，着力优化海洋经济产业结构、谋划湾区建设重点平台、推进海洋经济重大项目，在推动海洋经济高质量发展、打造湾区经济发展试验区方面取得了一系列成果。到2020年，台州市实现海洋生产总值700亿元，比2015年480.67亿元增长了45.63%，年均增长9.13%，海洋生产总值占地区生产总值

图1.1-1　台州市地理区位示意图

比重为13.30%，对地区经济发展的贡献度进一步提升。可见，海洋经济在台州市经济发展中发挥了重要作用。因此，开展台州市海洋产业高质量发展的理论基础和技术体系研究，是贯彻落实党中央、国务院重大战略的要求，是浙江省推动长江三角洲区域一体化发展的任务目标，是探索台州市海洋经济高质量发展的关键路径。

1.2 国内外研究现状

(1) 关于高质量发展的研究

新时代背景下，我国经济已由高速增长阶段向高质量发展阶段转变，这一科学论断指引着我国经济发展的方向。李娟等[1]在“我国经济高质量发展的科学内涵、理论基础和现实选择”中首先从“八大特征”角度阐释了高质量发展的科学内涵；其次，从马克思《资本论》出发，从微观、中观和宏观三个层面探寻高质量发展的理论基础；最后，立足中国特色社会主义实践，提出了推进我国经济高质量发展的现实选择。田秋生[2]提出高质量发展是适应我国社会主要矛盾转变的必然要求，是新时代我国经济发展的硬道理。高质量发展是一种发展理念、发展方式、发展战略，是以质量为价值取向、核心目标的发展；是经济发展理论的重大创新，是习近平新时代中国特色社会主义经济思想的重要内容；是能够产生更大福利效应、GDP内涵更加丰富、更低成本更有效率、更高水平层次形态、更加协调稳健可持续的发展。构建反映高质量发展的指标体系和统计体系，形成引领高质量发展的绩效考核评价体系和体制机制政策体系，是高质量发展的实践要求。樊杰[3]指出，“十四五”时期，空间治理现代化和区域经济布局优化是规划和发展的重要内容。空间治理现代化的重点是：完善政府、市场、社会组织、公众共同参与的空间治理模式，健全公平与效益并重、政府调控与市场优化配置并重、问题与目标并重、约束与激励并重的区域政策体系，形成适应高质量发展要求的区域协调新机制。狄乾斌等[4]指出海洋经济复合系统的协调对于实现海洋经济高质量发展具有重要意义。丁黎黎[5]提出了海洋经济高质量发展“双向推进—全域规划”的推进路径部署思路，以期为我国海洋经济高质量发展提供理论指导。众多学者针对高质量发展的基础理论、科学论断、方法实践以及政策建议等多方面的研究为本书奠定了扎实基础[6-10]。

(2) 关于自然资源价值理论的研究

马晓妍等[11]在《自然资源资产价值核算理论与实践——基于马克思主义

价值论的延伸》中首先对自然资源资产的概念进行了辨析，对自然资源资产价值进行分类，给出了自然资源资产价值核算的思路和具体范围，提出了自然资源资产价值统筹核算的路径和建议。高金清[12]以自然资源中海洋资源的核算为研究对象，从自然资源价值理论出发，分析海洋资源核算过程中存在的问题，结合自然资源价值理论提出探索海洋资源核算的建议，解决自然资源中海洋资源核算的问题，更好地推进海洋资源的可持续利用和发展。刘良宏[13]指出海洋资源价值核算是实现海洋资源资产化管理的前提，是实行海洋资源有偿使用制度以实现海洋经济的可持续发展的保障。同时，欧维新等[14]指出海岸带生态系统服务和资源价值评估是海岸带国民经济核算体系的基础，是实现海岸带资源优化配置和海岸带综合管理的重要环节，学者从资源价值观、评估方法和应用研究等方面，评述了国内外近 20 年来对海岸带生态系统服务和资源价值评估的研究现状，分析了目前研究存在的难点、不足，以及主要研究趋向。张灵杰等[15]认为我国在海岸带资源价值方面的理论研究比较成熟，评估方法涉及矿产资源、渔业资源、空间资源、海涂和浅海资源、港址资源、滨海旅游资源和海岸带生态价值等的核算模式。彭本荣等[16]以厦门海岸带作为案例，探讨了没有交易市场的海岸带环境资源价值评估的方法，并利用或然价值法对厦门海岸带环境资源水质、沙滩、珍稀物种的价值进行了评估。闻德美等[17]以评估方法为主线，梳理了 20 世纪 70 年代以来海域资源价值评估领域的研究成果，重点分析总结了被广泛使用的各种贴现现金流方法的适用范围、优缺点及其代表性研究。认为未来研究者可以从注重跨学科方法和实物期权方法的使用、重视动态评估、用客观方法确定遗产价值等方面努力，以探寻最适用于评估对象的方法。研究可为改进海域资源价值评估方法、提高评估有效性和可信度提供参考和借鉴，进而有助于深化海域资源性产品价格和税费改革、加强生态文明制度建设、实现可持续发展。另外，其他学者在近海环境资源价值评估和海湾资源价值评估方面也有研究[18-21]。

(3) 关于海洋环境容量价值的研究

朱静等[22]在《海洋环境容量研究进展及计算方法概述》中介绍了海洋环境容量的概念、研究动态及常用计算方法，为环境保护科学决策提供依据。高洁[23]指出海域环境容量作为一种有限的资源，只有利用得当，使用速度不超过该资源的更新速度，才可确保其永续利用。张亭亭[24]基于环境经济学、经济学、海洋学、数学、环境科学和环境管理学等多学科的理论和方法，构建了海域环境容量价值评估的模型和方法体系。陈伟琪等[25]在分析海洋与人类活动关系的基础上，着重对以功能形式服务于人类的海洋环境容量的环境资源属性及其价值量的形成和影响因素等作了分析与探讨。王艳[26]阐述了环境价值的内涵和构成,重点研究了区域环境价值核算的内容,提出了一个可操作的区域环境价值核算的指标体系。李爱年等[27]指出环境容量资源可以通过行政手段和市场手段进行配置。市场经济的本质是法治经济对环境容量资源的市场配置(即第二次分配)应以平等主体的双方当事人意思自治为基础,体现"效率优先、兼顾公平"的法律价值观。在全面认识排污权交易的目的、前提和本质的基础上,应准确把握排污权交易的标的物和操作程序,培育自由竞争有序的排污权交易市场。

其他学者[41,28-37]在海洋资源环境承载力评价、海洋生态系统环境价值评估方法和我国生态环境资产负债表编制框架研究等多方面开展研究,为海洋环境容量价值的研究奠定了基础。

(4) 关于陆海统筹的研究

王芳[38]在阐述陆海统筹概念与内涵的基础上,探讨和思考了"十二五"时期如何实施陆海统筹、促进海陆协调发展的若干问题,并提出了相应的对策措施与建议。王厚军等[39]分析了当前海域管理面临的形势,并剖析当前存在的管理问题,提出管理的总体目标和改革意见措施,同时对当前海域使用管理法修订、新一轮国土空间规划制定、围填海管控、海岸线保护与利用管理、养殖用海管理等主要工作提出管理建议。徐永臣等[40]阐述了陆海统筹的重点内容并分析其实现路径,在新时代背景下,可从 6 个方面实现陆海统筹:有机衔接陆海主体功能,统筹协调岸线两侧矛盾,统筹塑造陆海空间格局;统筹规划陆海自然资源的保护与开发;统筹布局和协调发展陆海产业;建立陆海一体的交通和防灾支撑体系;开展陆海协同的生态环境保护与修复治理;建设陆海统筹的管理体制机制。赖国华等[42]通过构建土地利用、海洋发展效益评价指标体系,采用综合赋权法确定各项指标权重,利用 TOPSIS 模型对广西沿海城市 2008—2017 年的土地利用效益、海洋发展效益进行综合评分,运用耦合协调度模型测算两者之间的耦合协调度。同时,本书还参考了其他学者[41,43-47]关于陆海统筹研究的理论、方法体系。

(5) 关于区域经济协调发展的研究

黄征学等[48]指出,我国的区域发展将在"十三五"时期发展的基础上继续向前迈进,区域协调发展、区域创新发展、区域高质量发展等是区域发展的方向所在,以及"十四五"时期我国的区域发展该怎样推进、重点关注哪些方面等。高凌霄[49]提出我国进入新时代,在充分肯定改革开放以来我国实施区域发展战略取得成果的同时,也要看到真正实现区域协调发展还任重道远：一是缺少专门性的法律法规；二是区域间经济发展绝对差距仍然较大；三是资源与生态环境约束压力仍然较大；四是区域政策差别化、精准化明显不足。因此，区域协调发展战略同样面临转型的深层次问题。曾强[50]指出在国民经济结构中，区域经济属于主要部分，占据重要战略地位。在当前的市场经济条件下，我国经济水平呈现上升趋势，在区域经济发展历程中不断累积经验，为后期各项工作的开展提供依据。我国具备优越的人力资源与自然资源，在经济发展中占据核心地位。因地域较为辽阔，我国经济发展不够均衡，逐渐造成人文、经济、自然等方面的差异。纵观当前市场经济格局，在区域经济发展的过程中面临着发展规模制约等问题，传统的区域经济发展模式难以满足当前发展的需求，需采取时效性措施促进我国区域经济的可持续发展。胡莹[51]以经济增长理论为基础，研究中国区域经济发展的模式，从我国区域经济发展模式的现状及问题入手，分析区域经济发展模式弊端产生的原因。在参考以上研究的基础上，本书也参考了其他学者[52-58]关于区域经济协调发展的研究。

(6) 关于海洋供给侧结构性改革的研究

向晓梅等[59]指出海洋经济领域是中国"供给侧结构性改革"中的一大短板。构建海洋经济供给侧结构性改革动力机制模型，以考虑环境保护因素下海洋经济全要素生产率的增长为切入点，以海洋要素效率的提升带来海洋产业结构的优化，以海洋要素资源的集聚带来海洋空间结构的改善。提出政府通过海洋制度供给引导投资和资源流向，以产业部门、空间布局和技术水平"三大突破"提高海洋经济全要素生产率水平，从而推动海洋经济供给侧结构性改革。狄乾斌等[60]在新时代的背景下，定义了海洋经济发展质量，构建了综合评价指标体系，运用基于熵值纠正 G2 赋权对 2007—2016 年中国沿海 11 省市的海洋经济发展质量进行定量计算，选出高质量发展的区域，通过贝叶斯统计法，研究海洋经济高质量发展的影响因素，进行实现海洋经济高质量发展的路径研究。刘洋等[61]从经济学角度分析海洋生态文明建设中存在的问题，指出问题的实质是供给与需求失衡，提出加强供给管理势在必行。在此基础上，得出海洋生态文明需要供给侧结构性改革，并提出优化产业结构，发展高端产业，推进产业转移；依据委托代理理论建立海洋生态治理委员会，完善海洋生态文明体制供给体系；坚持保护环境、节约资源，实行严格的法律制度和问责机制；实现海洋生态环境共享共建，搭建合作平台是推动海洋生态文明建设供给侧改革的路径选择。

1.3 思想框架

1.3.1 “高质量”发展的理论内涵

“高”是对发展水平提出的总体要求，同时涵盖“质”和“量”两部分内容。“质”的高水平体现在要素价值，“量”的高水平体现在要素的科学配置。“量”的科学配置必须建立在有效的要素供给调节机制之上，这也影响着要素价值。当然，“质”的高水平不仅仅受“量”的配置限制，还受到生态环境和精神需求的约束，这两者是人类生存和生活福祉的重要组成部分。

1.3.2 “高”要求资源质量的发展逻辑

“高质量”发展的理论内涵指导了“高”要求资源质量的发展逻辑：资源价值量和实物量分别是资源“质”和“量”的表现形式。实物量核算最大口径实量，总量包括存量和其他两部分，存量又分为净存量和储备量。其中，净存量是一定时期内可利用且具有开发条件的资源拥有量，储备量是长时间序列具有开发潜力和条件的资源拥有量。那么，不具备开发条件或在一定时期内受

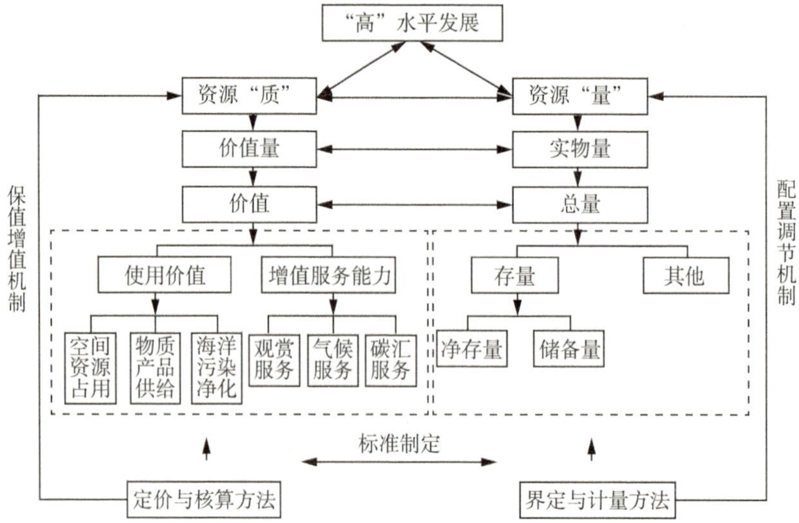

图 1.3-1 思想框架

生态环境和精神需求约束的资源便不属于存量部分。价值量由资源价值决定，资源价值分为使用价值和增值服务能力。使用价值部分由资源基本功能决定，增值服务能力部分由满足人类生存和生活福祉的需求决定。最终，落实到资源质量高水平发展，形成以下两点准则：

(1) 科学量化资源存量，在约束条件下实现配置效益最大化；

(2) 加强资源价值的保值增值保障，建立资源供给调节机制。

1.4 研究目标

以自然资源价值理论为指导，准确诠释海域资源"高质量"发展的理论内涵，满足海域资源"高"要求资源质量的发展逻辑。建立海域资源"高质量"发展准则：(1) 科学量化资源存量，在约束条件下实现配置效益最大化；(2) 加强资源价值的保值增值保障，建立资源供给调节机制。总结归纳先进城市的成熟和成功经验，在对台州市自然资源禀赋和经济发展状况的基础研究基础上，识别海域资源配置和使用中的主要问题与矛盾，以问题为导向，将理论和现状相结合，构建海洋产业高质量发展的方法体系，勾勒出海洋产业高质量发展模式研究的实现路径。海洋产业高质量发展模式在台州市进行实践，理清台州市高质量发展指标核算体系，制定高质量发展指标清单，科学评估海洋自然资源资产价值，计算开发强度上线和环境容量底线，并给出管理政策建议。

1.5 研究内容

(1) 开展台州市自然资源禀赋和经济发展状况的基础研究和基础理论研究；结合台州市自身特征，针对国内先进城市围绕资源利用、生态环境治理、经济发展模式等关键问题进行调研；总结出台州市海洋产业的供给侧、需求侧在发展中存在的问题与矛盾，以问题为导向，将理论和现状相结合，归纳资源开发与环境保护的平衡关系并建立模型。

(2) 研究环境容量在空间规划中的作用，计算资源开发强度上线、环境容量底线和资源环境/综合效益的投入产出比，建立海洋产业高质量发展指标核算体系，探讨基于自然资源价值和环境容量价值的资源环境物权体系，协调自然资源资产产权和环境产权制度的关系，完善海洋资源监测与监管、有偿使用等制度建设。

(3) 开展台州市海洋产业高质量发展模式，研究建立台州市高质量发展指标核算体系，评估台州市海洋主要自然资源总价值；研究制定台州市空间规划资源开发强度上线和环境容量底线，给出台州市海洋产业高质量发展政策制度建议，在此基础上，开展台州市调研，修正研究成果。

1.6 总体路线

研究主干分为四部分(图 1.6-1)：一是基础理论研究，首先对自然资源价值理论发展过程进行梳理和总结，再通过归纳总结阐述对基础理论的认识。二是方法体系研究，通过文献和资料查找，梳理自然资源实物量和价值量核算、价值评估、资源定价等方法，分析其优点和不足，在此基础上，优化或建立方法体系。三是调研，形式主要分为先进城市实地调研、资料和文献收集、问卷调查等。四是实践应用，分别从管理制度和资源使用两个方面总结调研中关于海域资源配置和使用的问题与矛盾，建立科学的、可操作性强的、适用于台州市的方法体系，并提出政策建议和制度建设方案。

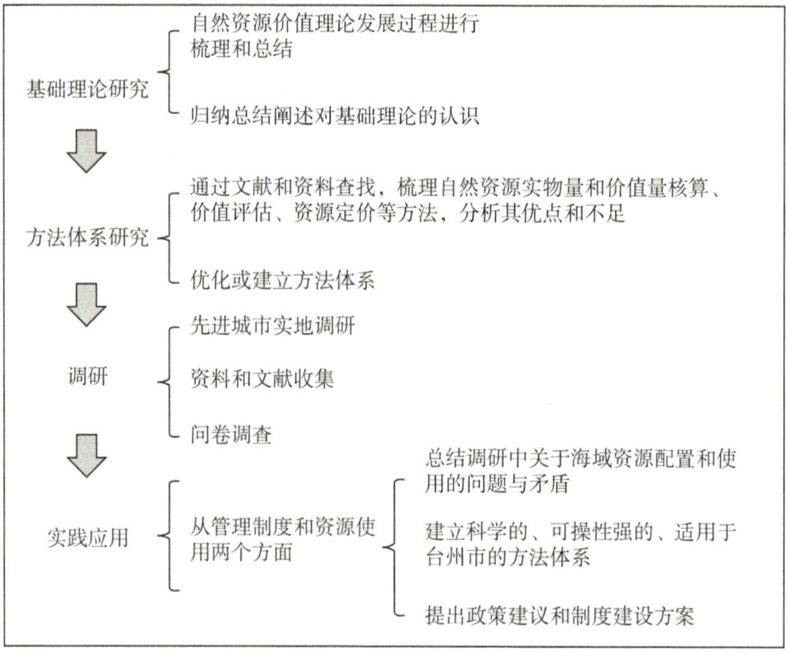

图 1.6-1　总体路线图

1.7 技术路线

研究技术路线分为四个层次(图 1.7-1):一是理论层。采用资料收集和调研踏勘这两种形式,针对理论基础、研究现状、地区资源环境禀赋以及调研样点关注重点,开展资料收集和调研踏勘,进行总结归纳。在此基础上,构建台州市海洋产业高质量发展的理论基础。二是分析层。从海洋资源环境承载力、海洋资源环境与海洋经济发展协调性、海洋资源使用效益、人海系统发展情况、海洋要素供求关系等方面开展分析,以识别台州市海洋事业发展中的资源环境问题。三是应用层。针对台州市海洋事业发展中的资源环境问题,开展有针对性的应用研究,如海洋产业发展中资源、环境、生态要素评价与管控技术研究,海域空间资源的"三线"量化技术,实物量、资产和价值量核算技术等。四是规划层。通过应用层的技术分析,研究台州市海洋产业高质量发展路径,并提出满足高质量发展的配套制度建设方案,规划台州市海洋产业高质量发展蓝图。

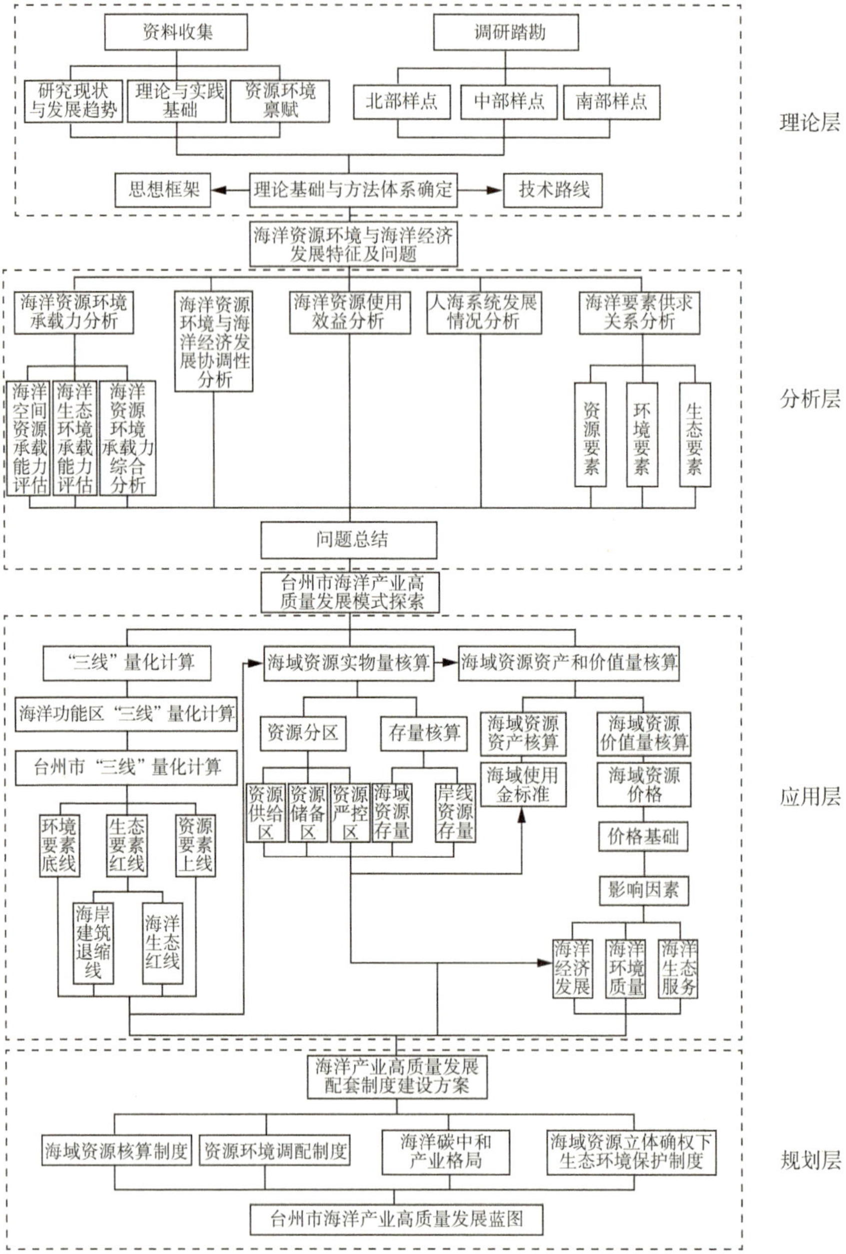
资料收集
调研踏勘
研究现状与发展趋势
理论与实践基础
资源环境禀赋
北部样点
中部样点
南部样点
思想框架
理论基础与方法体系确定
技术路线
理论层
海洋资源环境与海洋经济发展特征及问题
海洋资源环境承载力分析
海洋资源环境与海洋经济发展协调性分析
海洋资源使用效益分析
人海系统发展情况分析
海洋要素供求关系分析
海洋空间资源承载能力评估
海洋生态环境承载能力评估
海洋资源环境承载力综合分析
资源要素
环境要素
生态要素
分析层
问题总结
台州市海洋产业高质量发展模式探索
"三线"量化计算
海洋功能区"三线"量化计算
台州市"三线"量化计算
环境要素底线
生态要素红线
资源要素上线
海岸建筑退缩线
海洋生态红线
海域资源实物量核算
海域资源资产和价值量核算
资源分区
存量核算
资源供给区
资源储备区
资源严控区
海域资源存量
岸线资源存量
海域资源资产核算
海域使用金标准
海域资源价值量核算
海域资源价格
价格基础
影响因素
海洋经济发展
海洋环境质量
海洋生态服务
应用层
海洋产业高质量发展配套制度建设方案
海域资源核算制度
资源环境调配制度
海洋碳中和产业格局
海域资源立体确权下生态环境保护制度
台州市海洋产业高质量发展蓝图
规划层

图 1.7-1 技术路线图

2

基础理论

2.1 自然资源价值理论

2.1.1 自然资源的价值

马克思主义劳动价值论认为,人类的一般劳动是价值的唯一源泉,但不是财富的唯一来源。自然资源的稀缺性增强,为了维持人类生存和可持续发展,必然要投入劳动到自然资源中,以维护自然资源的良性循环,自然资源即具有了价值。自然资源价值是由人类劳动投入产生的实际价值和自然资源两部分价值构成,它们的总和反映在一定期限内自然资源的市场价格上。那么,我们可以定义,自然资源的市场价格是在一定期限内的自然资源价值反映。但是,自然资源的市场价格受到供求关系的直接影响,不完全是自然资源真正的价值,比如它还受到自然环境、生态等系统平衡关系的影响。

2.1.2 自然资源的产品属性

自然资源具有价值,这点逐步被印证。我国提出生态文明建设重要战略,不仅具有前瞻性,而且站在了人类可持续发展的绝对高度。这一战略的提出,为自然资源增添了产品的属性:第一,拥有了保护与发展相协调的意识形态;第二,增加了人类生存与活动的交换意愿,具有了使用价值和交换价值;第三,稀缺性不断增强,在一定期限内,满足了供求的平衡关系。因此我们得出结论,一定期限内,在一定程度的交易规则和秩序下,自然资源具有产品属性,我们可以称其为自然资源产品或生态产品[62-74]。

2.2 陆海统筹发展理论

陆海统筹是国家发展的战略方针,党的十九大报告提出“坚持陆海统筹,加快建设海洋强国”。陆海统筹发展应协调陆海关系,促进陆海一体化发展,围绕陆海国土空间布局、资源开发、产业发展、通道建设和生态环境保护五大方面推进海洋强国建设,构建陆海资源可持续发展格局。同时,陆海资源系统的保护和利用是陆海统筹发展的资源基础,以发展建设、经济产业和设施建设为主体,将陆海统筹战略与海洋生态文明建设、国土空间规划等有效结合,强化不同层次的陆海统筹资源管理衔接，是目前阶段陆海统筹发展的根本任务[38-43,75]。

本书认为，陆海统筹发展是陆域和海域在空间资源、环境、生态上与满足人类生存和活动需求的系统性统筹规划，是陆域和海域在空间管理体系上的协调统一。因此，陆海统筹发展的任务包括两部分：一是资源—环境—生态—经济发展的统筹规划；二是陆海管理体系的协调统一。

2.3 供给侧结构性改革理论

供给侧结构性改革旨在调整经济结构，使要素实现最优配置，提升经济增长的质量和数量。需求侧主要有投资、消费、出口（“三驾马车”），供给侧则有劳动力、土地、资本、制度创造、创新等要素。

供给侧结构性改革，就是从提高供给质量出发，用改革的办法推进结构调整，矫正要素配置扭曲，扩大有效供给，提高供给结构对需求变化的适应性和灵活性，提高全要素生产率，更好地满足广大人民群众的需要，促进经济社会持续健康发展。

供给侧结构性改革，就是用增量改革促存量调整，在增加投资过程中优化投资结构、产业结构开源疏流，在经济可持续高速增长的基础上实现经济可持续发展与人民生活水平不断提高；就是优化产权结构，国进民进、政府宏观调控与民间活力相互促进；就是优化投融资结构，促进资源整合，实现资源优化配置与优化再生；就是优化产业结构、提高产业质量，优化产品结构、提升产品质量；就是优化分配结构，实现公平分配，使消费成为生产力；就是优化流通结构，节省交易成本，提高有效经济总量；就是优化消费结构，实现消费品不断升级，不断提高人民生活品质，实现创新—协调—绿色—开放—共享的发展[59,76-83]。

2.4 高质量发展理论

高质量发展理论是中国共产党对我国经济社会实践规律的理论化和系统化。坚持以新发展理念及以人民为中心的发展思想为指导的高质量发展，深入研究高质量发展的精神实质和着力点，从外需拉动、资源推动、投入带动、政策驱动等粗放型发展动力，升级为集约型发展创新驱动内生动力，以创新经济的新动能引领高质量发展。坚持绿色发展方向，树立和践行“绿水青山就是金山银山”“保护生态环境就是保护生产力,改善生态环境就是发展生产力”的理念,以简约适度、绿色低碳的生产生活方式,不断推进资源节约和循环利用[84-94]。

2.5 人海关系地域系统理论

地球上的生命起源于海洋,人类自诞生之日起就与海洋息息相关,且随着文明的进步,人类与海洋愈加密不可分。人类活动与海洋(资源、环境、灾害等各种要素结构)之间互感互动的关系,即人海关系,是人地关系的天然组成部分。它一方面反映了海洋对人类社会的影响与作用,另一方面表达了人类对海洋的认识与把握,突出人海相互作用过程中的彼此响应和反馈。

人海关系是一种具有社会历史特征的关系,是具有时间和空间维度的概念。从空间方面讲,由于从最早期的“渔盐之利,舟楫之便”,到现代人类对海洋生物资源、矿产资源、化学资源、能源资源、空间资源等的开发利用,以及对海洋环境的污染和海洋生态的破坏,大都是集中在海岸和海洋范围内,因此海岸和海洋是人海交互作用最强烈且历史最漫长的区域。它“作为人类社会的边缘带,已经成为“社会-生态系统”的重要组成部分。目前人海关系研究空间尺度的上限是海岸和海洋。地理研究基本以区域为单元,海岸和海洋范围内大大小小的区域是人类海洋活动的现实载体,区域整体构成人类认识、开发、利用和改造的对象。即使是在全球变化的大背景下,人海关系矛盾仍然更多地体现在区域上,解决问题时也首先需要从地方和区域尺度下手。所以,要把连接人与海洋的人海系统、连接空间的地域系统这两个系统结合起来,形成人海关系的地域系统,这样会更具有现实意义。

人海关系地域系统是以海洋环境的一定区域为基础的人海关系系统,也就是人与海洋两方面的要素在特定的地域内按一定的规律交织在一起,相互关联、相互影响、相互制约、相互作用而形成的一个具有一定结构和功能的复杂系统。

宏观地说,人海关系地域系统由人类社会区域子系统和海洋环境区域子系统构成。人类社会区域子系统中的人首先是自然人,人的动物自然性决定了其必须依赖自然才能生存,在未来将会从集中依赖陆域转为更加依赖海洋;最关键的是人是有理智、有思维,且能够自主、能动地从事创造和实践活动的社会人。作为社会存在物的人要与社会中的其他人发生联系,要与社会产生政治、经济、文化的等各种关系。人的社会性令一切都变得复杂起来,人海关系矛盾的根源就在此。海洋环境区域子系统，狭义上是指区域内的海洋自然生态环境，广义上是指由大气、海洋水文、海洋地质地貌、海洋资源（生命和非生命要素）等组成的区域海洋自然生态环境，以及由于人与海洋相互作用而派生出的与海洋有关的、以海洋为背景的社会、政治、经济、文化、科技、艺术、风土习俗、宗教信仰和道德观念等一切物质和非物质要素组成的海洋人文环境。人海关系地域系统具有复杂系统的所有属性，同时也具有海洋因素影响下产生的特性。人类社会子系统与海洋环境子系统之间的要素流将两者紧密结合起来，同时也构成了系统的发展变化机制[95-102]。

3

调研与总结

3.1 调研形式

调研形式有三种：一是资料数据收集，包括资料、文献、数据等；二是现场调研，包括研讨、咨询、问询及现场踏勘走访等；三是参加学术会议。

3.2 调研时间和地点

受到疫情影响，项目现场踏勘主要集中于 2023 年进行。2023 年 6 月—10 月间，项目组成员先后对海南、福建和青岛、台州、杭州开展了现场踏勘调研（图 3.2-1）。

图 3.2-1　调研照片

3.3　调研成果

1. 收集资料情况

收集资料见资料清单。

2. 现场踏勘走访调查表填写情况

调查表见文末附件。

3.4　调研结论

（1）台州市海域内，台州湾、三门湾、隘顽湾以及乐清湾的湾区产业特征明显；海洋产业格局基本形成，主要包括交通运输业、旅游业、养殖业、新能源产业、工业等。

（2）台州市具有以盐沼湿地、红树林等为代表的蓝色碳汇潜力，可以参考成熟经验，研究建立“蓝碳”交易制度。

（3）海域资源立体确权制度已经建立，海域资源立体确权制度的配套制度或管理办法尚未建立。

（4）台州市海洋产业的未来增长极可能出现在新能源产业，该海域资源配置应满足产业发展需求。

4

海洋资源环境与海洋经济发展概况

4.1 海洋资源

4.1.1 海域资源

台州市海岸线以下，除滩涂外海，海域面积为 660 731 hm^2。其中，0～2 m 面积为 40 479 hm^2，占比为 6.1%；2～5 m 面积为 63 171 hm^2，占比为 9.6%；5～10 m 面积为 144 742 hm^2，占比为 21.9%；10～15 m 面积为 112 215 hm^2，占比为 17.0%；15～20 m 面积为 66 307 hm^2，占比为 10.0%；20～25 m 面积为 54 479 hm^2，占比为 8.2%；25～30 m 面积为 46 054 hm^2，占比为 7.0%；30～50 m 面积为 132 175 hm^2，占比为 20.0%；大于 50 m 面积为 1 109 hm^2，占比为 0.2%。

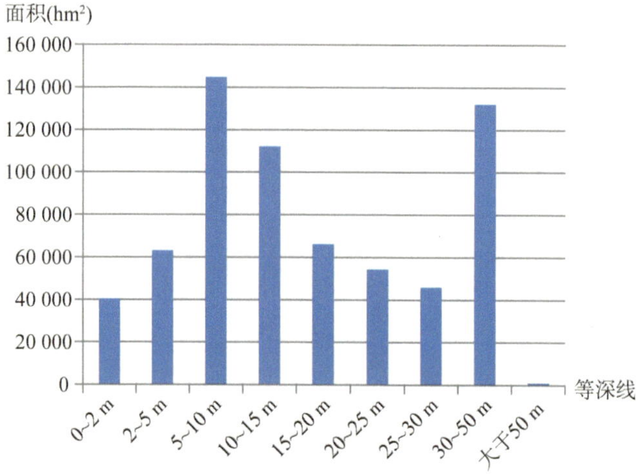

图 4.1-1　水深面积分布

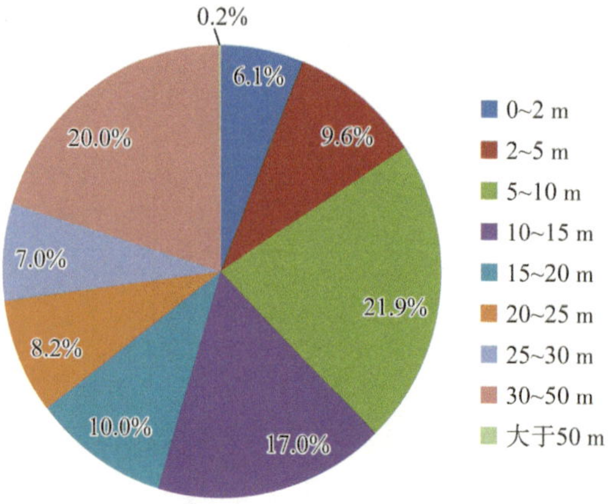

图 4.1-2　水深占比

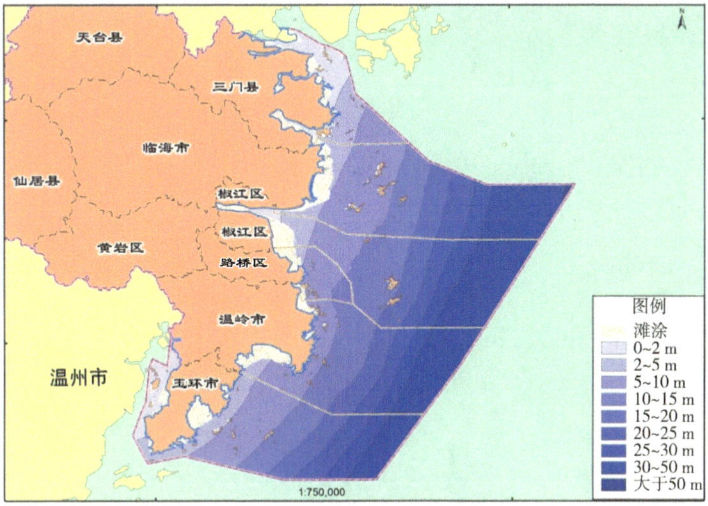

图 4.1-3　海域范围

4.1.2　滩涂资源

通过遥感影像、海图等数据分析得到台州市沿海滩涂范围，经计算，台州市沿海滩涂面积为 50 256 hm^2。

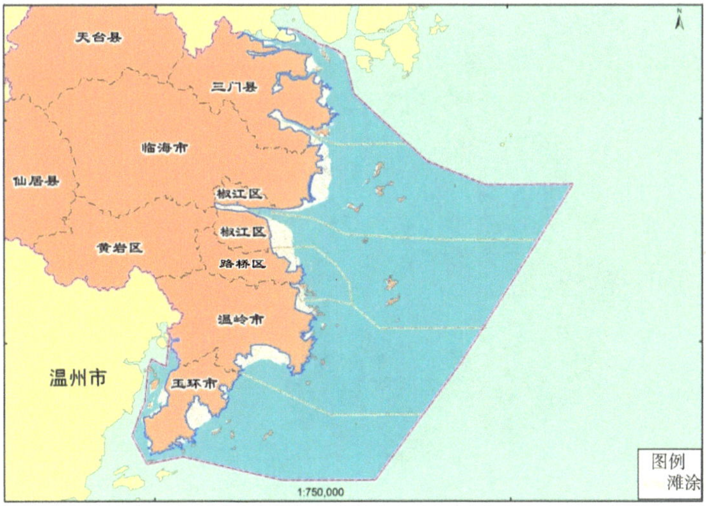

图 4.1-4　滩涂分布

4.1.3 岸线资源

按照新修测岸线统计，台州市海岸线长 699 347 m。其中，自然岸线长 286 144 m，占比为 40.9%；人工岸线长 409 776 m，占比为 58.6%；其他岸线长 3 427 m，占比为 0.5%。

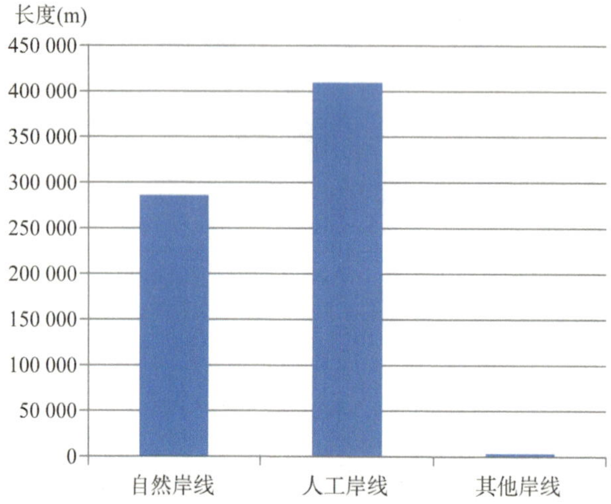

图 4.1-5 岸线类型分布

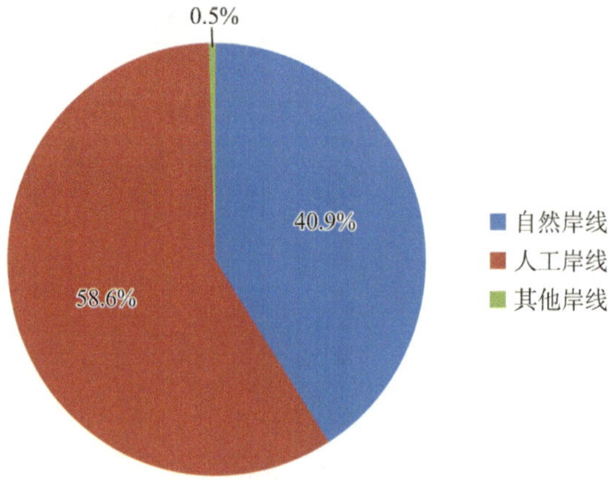

图 4.1-6 岸线占比

图 4.1-7 岸线分布

4.1.4 海岛资源

根据浙江省海岛岸线调查结果，台州市行政管辖海域范围内的海岛数量为 921 个，其中有居民海岛 27 个、无居民海岛 894 个；县级有居民海岛 1 个，乡(镇)级有居民海岛 4 个。台州 921 个海岛的陆域总面积约为 80.38 km^2，海岛岸线长约 870.07 km，以陆域面积不足 1.0 km^2 的微型岛屿为主。

台州海岛分布南北如链、面上呈群、各成体系，以北—南向排列展开，与地质构造线一致，多数集中在水深 10 m 以内的近岸浅海区域和港湾内，远岸岛屿数量较少，集中分布在台州列岛。

台州海岛环大陆分布，绝大多数岛屿离岸较近，没有与大陆岸线距离在 30 km 以上的远岸岛。与大陆相连、面积较大的有居民海岛，交通较为方便，开发程度较高，基础设施完备，区位条件良好，是未来台州海岛和海岸带经济发展的重要战略区域，随着海洋开发的进一步深入，海岛的窗口地位将进一步确立。

表 4.1-1　台州市有居民海岛分布情况

行政区域	一级开发类	二级开发类	三级开发类	四级开发类	合计（个）
三门县	—	蛇蟠岛	—	龙山岛	2
临海市	—	头门岛	雀儿岙岛、田岙岛	—	3
椒江区	—	上大陈岛、下大陈岛	—	—	2
路桥区	—	黄礁岛、道士冠岛、白果山岛	—	—	3
温岭市	—	横门山、九洞门岛、北港山、南港山	隔海山岛	南沙镬岛、北沙镬岛、三蒜岛	8
玉环市	玉环岛	鸡山岛、茅埏岛	大青岛、茅坦岛、大横床岛、披山岛、江岩岛	洋屿岛	9
合计(个)	1	13	8	5	27

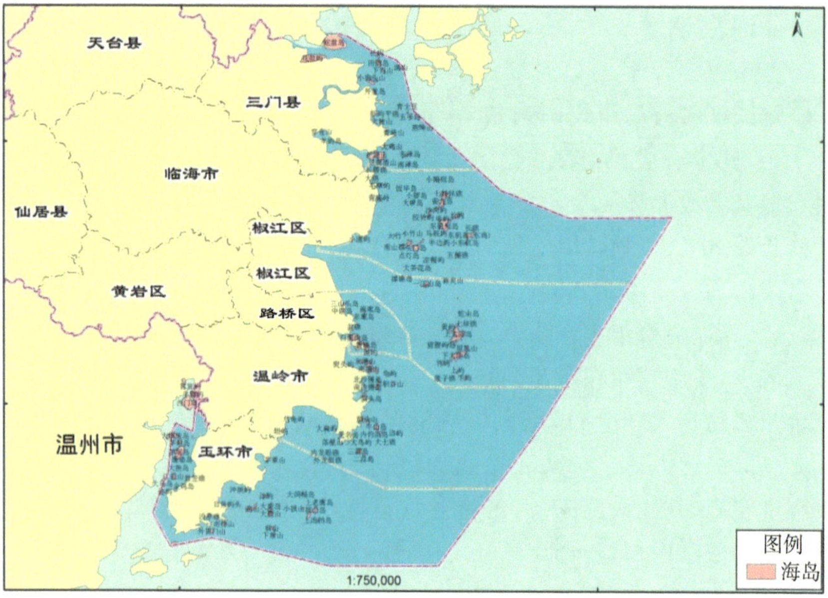

图 4.1-8　海岛分布

4.1.5 海洋再生能源

台州市海洋再生能源主要包括海上风电、海洋能发电等。“十三五”期间，台州 1 号海上风电项目基本完成前期工作。海洋能发电，2020 年(0.41 万 kW)较 2015 年(0.39 万 kW)年均增长 1.01%。

4.1.6 渔业资源

台州渔业资源丰富，拥有大陈、猫头、披山三大渔场，三门湾、乐清湾、大陈岛“两湾一岛”，是浙江省重要的海水养殖基地和贝类苗种基地，也是全国最佳的海水养殖区域之一。渔业是台州国民经济的重要组成部分，2020 年全市渔业产值 312.44 亿元，占全市大农业产值 59.32%以上。根据台州市功能区划，划定养殖及增殖区 23 处，面积为 56 132 hm^2；捕捞区 6 处，面积为 441 617 hm^2；渔业基础设施区 6 处，面积为 4 920 hm^2。

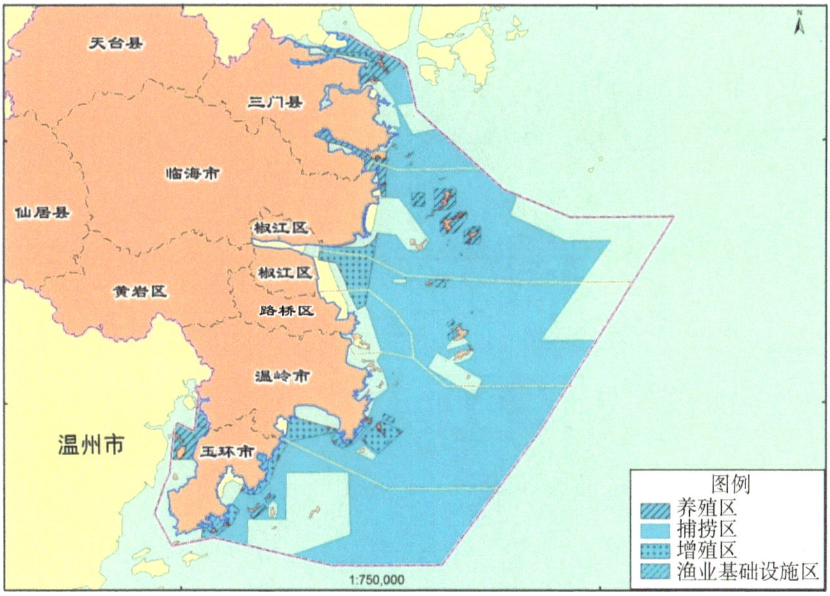

图 4.1-9 渔业功能区分布

4.2　海洋环境

2020 年全市开展了 3 次近岸海域海水质量监测，监测结果表明：春季、夏季和秋季符合第一、二类海水水质标准的海域面积分别为 4 482 km^2、6 451 km^2 和 3 291 km^2，劣于第四类海水水质标准的海域面积分别为 813 km^2、198 km^2 和 637 km^2。主要超标指标为无机氮和活性磷酸盐，春季、夏季分别有部分站

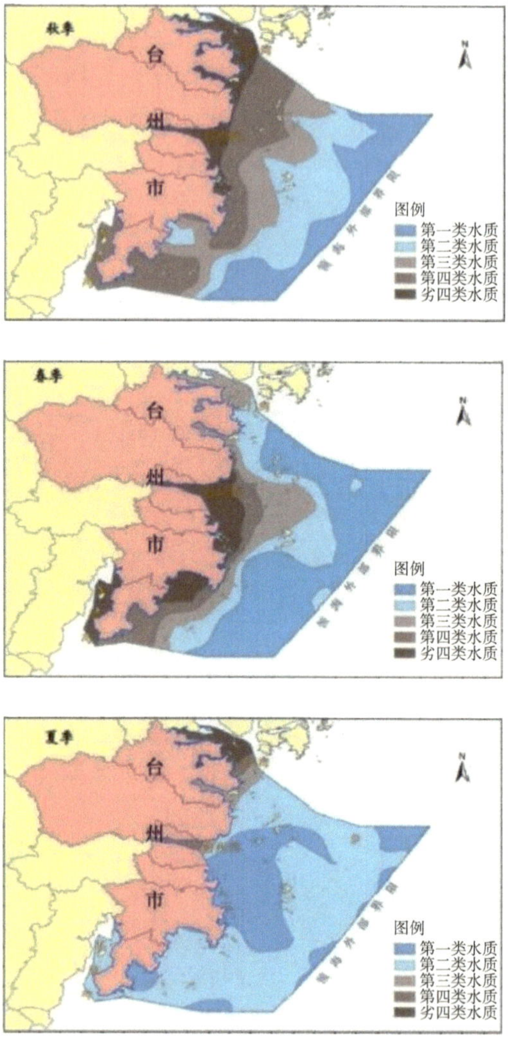

图 4.2-1　2020 年台州市近岸海域海水水质状况分布示意图

位的化学需氧量、溶解氧超过第一类海水水质标准。

全市春季、夏季和秋季分别有 29.4%、5.5%和 48.5%的近岸海域处于富营养化状态。与上一年相比，夏季富营养化海域面积有所减小，春季和秋季富营养化海域面积略有增大。

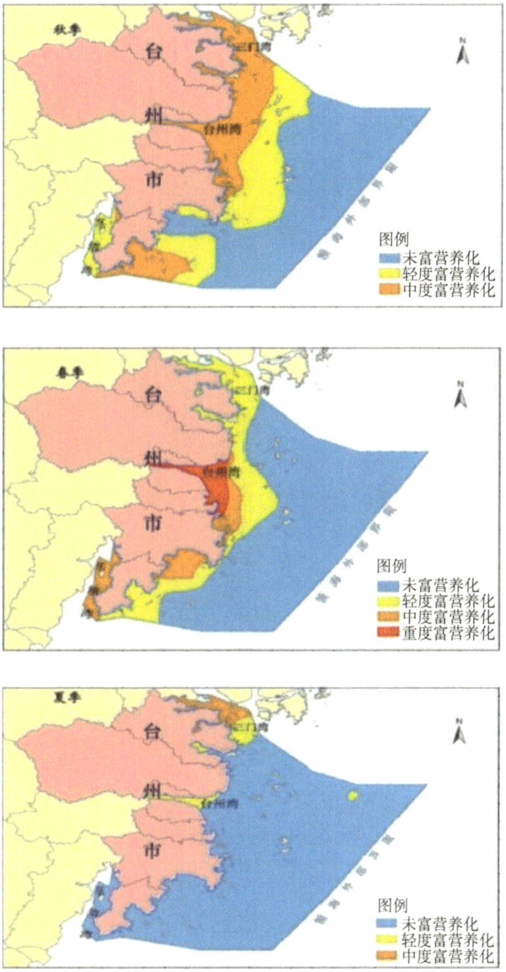

图 4.2-2　2020 年台州市近岸海域海水富营养化状况分布示意图

4.3　海洋生态

台州市海洋生态保护红线划定 1 578.03 km²，占全市海域总面积的

23.88%，其中市区划定 759.92 km²，占海域总面积的 48.16%。全市海洋生态保护红线包含海域、无居民海岛和大陆岸线 3 种类型，其中海洋生态保护红线 1 528.22 km²，占划定总面积的 96.84%；无居民海岛生态保护红线 34.46 km²，占划定总面积的 2.18%，划入无居民海岛 35 个，占全市总个数的 4%；大陆岸线生态保护红线 15.35 km²，占划定总面积的 0.97%，划入大陆岸线 159.11 km，占全市总长度的 22.75%。

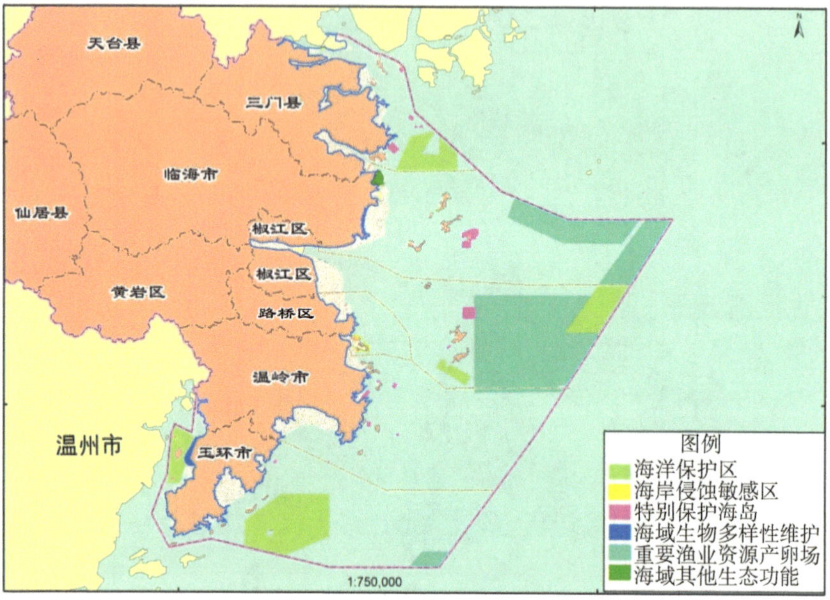

图 4.3-1　海洋生态红线分布

4.4　海洋经济发展状况

4.4.1　基本情况

2020 年，台州市实现海洋生产总值 700 亿元，比 2015 年的 480.67 亿元增长了 45.63%，年均增长 9.13%，海洋生产总值占地区生产总值比重为 13.30%，对地区经济发展的贡献进一步增加。台州港成为浙江省沿海地区性重要港口，对台(台州)运输和贸易的重要口岸。国务院批复同意台州港口岸扩大开放，在海门、大麦屿口岸开放的基础上，实现头门、龙门、健跳各港区全面开放。“十三五”期末，台州港货物吞吐量突破 5 000 万 t，集装箱吞吐量达到

50 万标箱，全市共有生产性泊位 197 个，万吨级及以上深水泊位 11 个。

海洋产业加快转型升级，海洋经济第二、三产业增加值稳步提升，产业结构进一步优化。海洋渔业突出绿色转型，海洋捕捞减量提质，海水养殖、加工和休闲渔业发展态势良好，成功获批国家渔船管理综合改革试验区，建成标准渔港 13 座，获国字号渔业品牌 6 个。第二产业增加值占海洋经济比重显著提高，成为引领全市海洋经济发展的主引擎。临港装备制造成果丰硕，"张謇"号、"沈括"号等一批国内一流科考船，亚洲最大特种甲板船"至宪之星"号成功试水，标志着台州市造船工艺实现新跨越。海洋生物医药优势集聚，椒江绿色药都小镇、临海国际医药小镇同时入选省第三批特色小镇创建名单。港航物流服务和海洋科研服务能力稳步提升，滨海旅游发展迅速。

海岛保护和利用范围进一步扩大。海岸带综合保护与利用规划编制列入自然资源部全国 5 个地级市试点之一。海岛旅游文化资源开发进一步加强。玉环国家级海洋特别保护区（海洋公园）获国家批复，大陈岛国家级海岛现代化示范区建设取得阶段性成果，大陈岛景区顺利通过国家 4A 级旅游景区验收。海岛大花园建设走在全省前列，蛇蟠、东矶、大陈、大鹿四大海岛公园列入浙江省十大海岛公园重点培育对象。

围绕浙江大湾区建设，全力推动开发区园区整合提升，形成"2＋11"产业平台体系。台州湾、三门湾、乐清湾区域统筹发展，"三湾联动"格局加速形成。台州湾新区获批设立，成为第 6 个省级新区。头门港经济开发区获批省级经济开发区，2021 年成功晋级国家级经济技术开发区。台州通用航空产业平台列入全省首批"万亩千亿"新产业平台培育名单。浙台（玉环）经贸合作区列入商务部与浙江省重点合作项目，并荣获全省十佳开放平台。

海洋发展空间导向进一步明确。相继设立了台州南部湾区、台州北部湾区、头门港经济开发区和大陈岛开发建设管委会，加强对重点海洋（湾区）的市级统筹，加快建设台州湾区经济发展试验区。

4.4.2 产业结构

1. 海洋渔业

(1) 海水养殖

"十三五"期间，台州市海水养殖面积有所减少，2020 年较 2015 年降低了 12.8%，产量 2020 年较 2015 年却增长了 28.6%。海水效益表现出较好的发展态势，单位养殖面积产量年均增长率为 8.5%，2020 年较 2015 年增长了 47.7%。

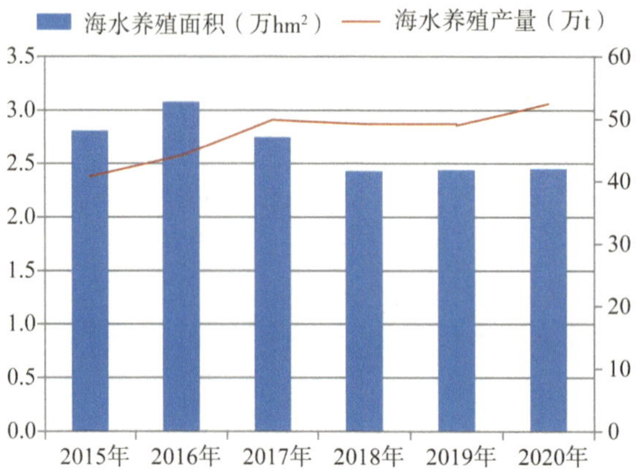

图 4.4-1　海水养殖面积与产量

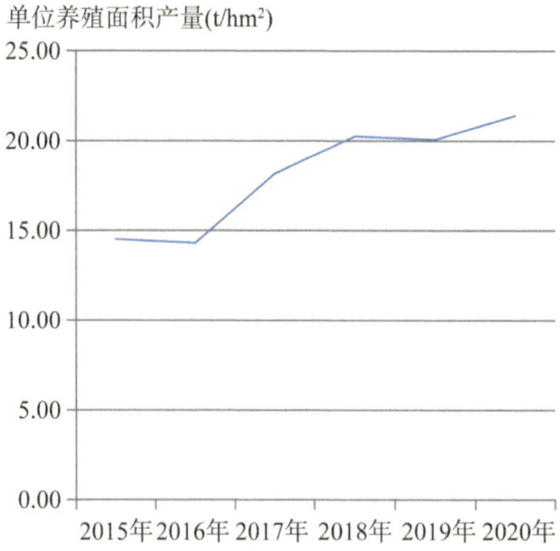

图 4.4-2　单位养殖面积产量

(2) 海洋捕捞

海洋捕捞强度有所下降，海洋捕捞渔船功率数由 2015 年的 111.9 万 kW 降至 2020 年的 94.1 万 kW，降幅达 15.9%。海洋捕捞产量由 2015 年的 110.26 万 t 降至 2020 年的 83.98 万 t，降幅达 23.8%。

图 4.4-3 海洋捕捞产量

(3) 远洋渔业

远洋渔业呈现较快增长态势,2020 年出现较大增幅,2020 年远洋渔业产量是 2015 年的 6.5 倍。

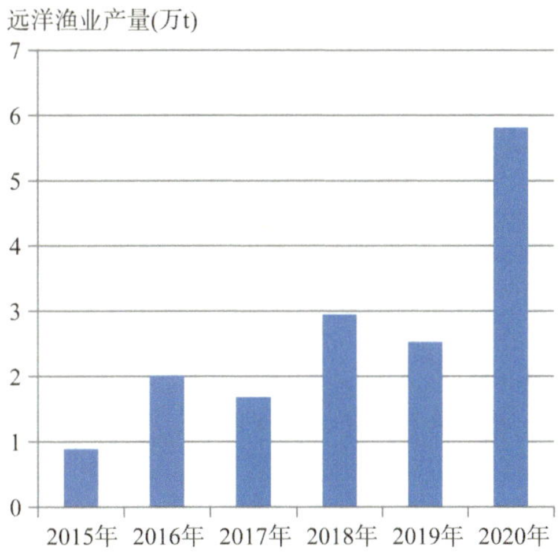

图 4.4-4 远洋渔业产量

(4) 总体情况

"十三五"期间,海水产品产值占渔业产值的比重比较稳定,平均占比在 3.5%左右。

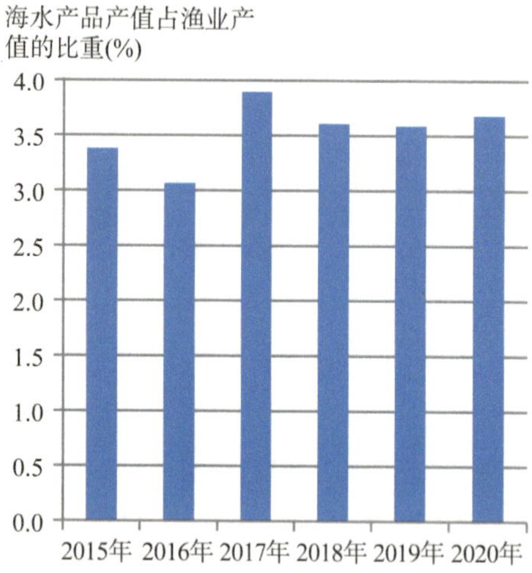

图 4.4-5　海水产品产值占渔业产值的比重

从海水产品产量结构来看，海水养殖和远洋渔业的产量占比呈上升趋势，海洋捕捞产量出现下降趋势，但是需要指出的是，海洋捕捞产量在海水产品产量中的比重始终处于绝对优势状态。总体上，海水产品产量呈下降趋势，原因在于海洋捕捞产量减少。

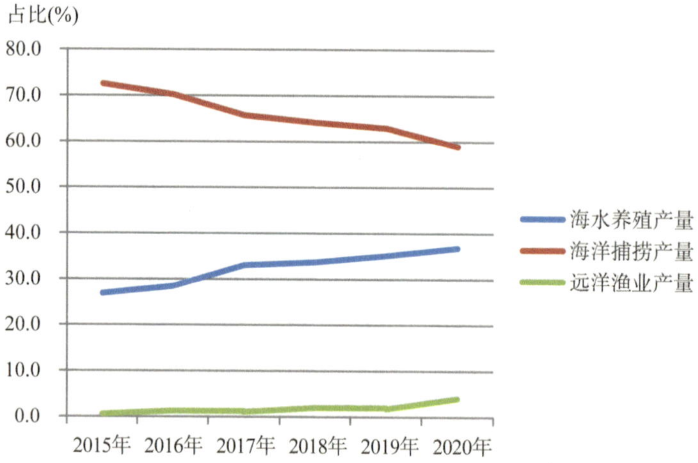

图 4.4-6　海水产品产量结构

但海水产品产值相反，呈上升态势，2020 年较 2015 年增长了 49.0%，说明海洋渔业效益发展态势良好。2020 年较 2015 年单位产量产值增长了 59.2%。

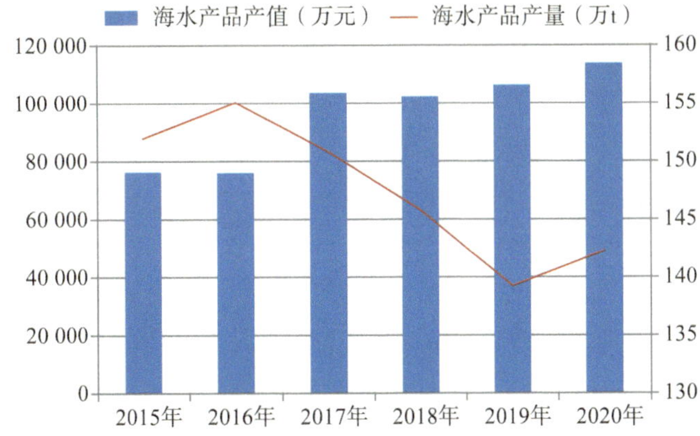

图 4.4-7　海水产品产值与产量

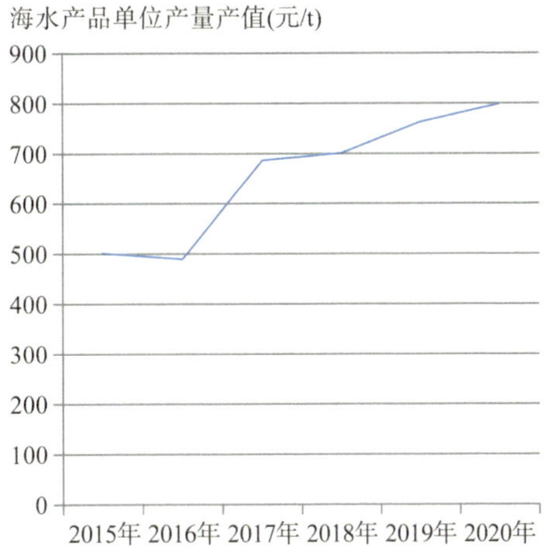

图 4.4-8　海水产品单位产量产值

表 4.4-1　台州市海洋渔业经济

年份	海水养殖面积（万 hm^2）	海水养殖产量（万 t）	海洋捕捞产量（万 t）	远洋渔业产量（万 t）	海水产品产值（万元）
2015 年	2.81	40.83	110.26	0.89	76 290
2016 年	3.08	44.13	108.95	2.01	76 013
2017 年	2.75	49.93	99.2	1.68	103 613
2018 年	2.43	49.26	93.59	2.95	102 316
2019 年	2.44	49.03	87.69	2.53	106 290
2020 年	2.45	52.49	83.98	5.81	113 709

2. 海洋港口

截至2021年底，台州港共有经营性泊位101个，其中万吨级及以上泊位11个，全港通过能力6 820万t，其中集装箱41.3万标箱。2021年台州港完成货物吞吐量为5 938万t，较2020年增长14.1%。完成货物吞吐量中外贸吞吐量为1 146万t，以煤炭、钢铁、水泥等大宗散杂货为主。集装箱快速发展，达到55.1万标箱。内支线航班不断加密，越南等近洋集装箱航线起步发展，内贸航线辐射沿海南北，对台（台州）直航稳步推进。进口水果冷链物流实现零的突破，钢材等贸易功能初步发育，电力、修造船、汽车制造、水泥建材等临港产业初步集聚。口岸扩大开放获国务院批复，金台铁路、台金高速公路增强了港口辐射能力，依托头门港区的国家级经济技术开发区、综合保税区落地，台州港具备了进一步发展的基础和条件。

3. 海洋再生能源

浙能台州1号海上风电项目海上部分位于临海市雀儿岙岛北侧海域，陆上集控中心位于临海市桃渚镇，总投资42亿元，拟安装40台单机容量为7.5 MW的风电机组，总装机规模300 MW。风电场址呈四边形，场区中心点距离海岸约16.5 km，东西向最宽约8.6 km，南北向最长约4.3 km，涉海面积约23 km^2，配套建设一座220 kV海上升压站和一座陆上集控中心。

台州市玉环2号海上风电项目是浙东南最大的海上风电项目，总投资66.7亿元，拟布置36台14 MW风电机组，总装机规模504 MW，年上网电量约16.9亿kW·h，节约标煤约52.7万t，减少二氧化碳排放143.9万t，预计在“十四五”时期末建成投运。届时，玉环可再生能源年发电量近30亿kW·h，占全社会用电量比重将超40%。

4. 其他产业

台州市沿海其他产业还包括船舶工业、电力工业、旅游业、城镇发展等。

4.4.3 发展战略与规划

1.《浙江省海洋经济发展“十四五”规划》

到2025年，海洋强省建设深入推进，海洋经济、海洋创新、海洋港口、海洋开放、海洋生态文明等领域建设成效显著，主要指标明显提升，全方位形成参与国际海洋竞争与合作的新优势。

——海洋经济实力稳居第一方阵。力争全省海洋生产总值突破12 800亿元、占全省GDP比重达到15%，海洋新兴产业增加值占海洋生产总值比重达到 40%，三产增加值占海洋生产总值比重达到 65%，建成一批世界级临港先进制造业和海洋现代服务业集群。

——海洋创新能力跻身全国前列。海洋研究与试验发展经费投入强度达到 3.3%，在浙高校 1 个海洋学科（领域）达到“双一流”建设标准，省级以上海洋科研机构达到 43 个，省级涉海重点实验室和工程研究中心等创新平台达到 35 个，省级以上海洋产教融合基地达到 3 个，建成省智慧海洋大数据中心，海洋领域省实验室实现突破。

——海洋港口服务水平达到全球一流。基本建成世界一流强港，沿海港口货物吞吐量达到 16 亿吨，集装箱吞吐量达到 4 000 万标箱以上。宁波舟山港货物吞吐量达到 13 亿吨，稳居全球第一；集装箱吞吐量达到 3 500 万标箱，稳居全球前三，全球重要港航物流枢纽地位更加稳固。港口自动化码头泊位达到 5 个。宁波舟山国际航运中心综合发展水平跻身全球前 8 位。

——双循环战略枢纽率先形成。深度参与“一带一路”倡议和长江经济带、长三角一体化发展等国家战略成效显著，宁波舟山港集装箱航线达到 260 条，中欧班列达到 3 000 列，江海联运吞吐量达到 4.5 亿吨，集装箱海铁联运吞吐量达到 200 万标箱，西向布局陆港 42 个，陆海内外联动、东西双向互济格局率先形成。

——海洋生态文明建设成为标杆。全面落实海洋生态红线保护管控，近岸海域水质优良率均值较“十三五”期间提升 5 个百分点，建成生态海岸带示范段 4 条、省级以上海岛公园 10 个，大陆自然岸线保有率不低于 35%，海岛自然岸线保有率不低于 78%，近岸滨海湿地面积不减少，海洋灾害预警报准确率达到 84%以上。

至 2035 年，海洋强省基本建成，海洋综合实力大幅提升，海洋生产总值在 2025 年基础上再翻一番，全面建成面向全国、引领未来的海洋科技创新策源地，海洋中心城市挺进世界城市体系前列，形成具有重大国际影响力的临港产业集群，建成世界一流强港，对外开放合作水平、海洋资源能源利用水平、海洋海岛生态环境质量国际领先，拥有全球海洋开发合作重要话语权。

…………

大力提升海洋科创平台能级。推进杭州城西科创大走廊及宁波甬江、G60（浙江段）、温州环大罗山、浙中、绍兴等科创走廊建设，谋划建设湖州、衢州、舟山、台州、丽水等涉海科创平台。高水平建设省海洋科学院，支持宁波建设国内一流的海洋科研机构。加快省大湾区（智慧海洋）创新发展中心、海洋新材料实验室（筹）等新型研发机构建设。聚力打造船舶与海洋工程科技服务、海洋通信、海洋大数据等一批主题产业园和科技企业孵化器。在海洋生物医药、海洋食品精深加工等领域新建一批省级企业科创载体。

…………

千亿级现代海洋渔业集群。集成推广循环水养殖、抗风浪深水网箱、大型围栏养殖、生态增养殖，探索深远海养殖，加快布局智慧渔业，提升渔业装备化、绿色化、智能化水平。高标准建设温州、舟山、台州等地国家级海洋牧场示范区。鼓励开展渔业国际合作，加快远洋渔业产业化发展，打造远洋渔业产业全链条。大力提升水产品精深加工业发展与营销能力，重点突破海洋食品精深加工关键技术，做精一批具有浙江特色的海洋食品。加快休闲渔业创新发展，加强渔港和渔船避风锚地建设，促进海洋渔业一二三产融合发展。

千亿级滨海文旅休闲业集群。实施浙江省文化基因解码工程，深入开展海洋自然和文化遗产调查与挖掘保护，放大宁波、温州、舟山海上丝绸之路文化遗址价值，保护温州、台州等抗倭海防遗址。建设海洋非物质文化遗产馆、围垦文化博物馆等海洋文化设施，策划海洋民俗、海上丝绸之路文化、海防文化等主题展览，高水平打造一批海洋考古文化旅游目的地。开展海洋自然遗产调查，加大自然遗产保护力度，打造一批海岛地质文化村和地质文化小镇。加快推动温州洞头、舟山、台州大陈等邮轮始发港和访问港建设，试行有条件开放公海无目的地邮轮航线。推进象山影视城等建设，打造一批海岛特色影视小镇。创新打造海上运动赛事、海岛休闲度假等海洋旅游产品体系，合理控制海岛旅游客流，推进钱江观潮休闲、滨海古城度假等产品开发，推动十大海岛公园建设，打造“诗画浙江・海上花园”统一旅游品牌，全面建成中国最佳海岛旅游目的地、国际海鲜美食旅游目的地、中国海洋海岛旅游强省。

…………

建设多式联运港。加快建设现代化内河航运体系，建成一批现代化内河港区。提升义乌国际陆港综合能级，打造成宁波舟山港集装箱重要拓展区。推进金华华东联运新城、兰溪港铁公水多式联运枢纽建设，加快丽水海河联运建设，支持衢州打造四省边际多式联运枢纽港。加快合作布局一批长江沿线多式联运泊位及物流园区、分拨中心，提升江海联运服务能力。大力发展海铁联运，加快建设推广“宁波舟山港—浙赣湘（渝川）”集装箱海铁公、台州湾公铁水、乐清湾港区公铁水等多式联运国家示范工程，推动金甬铁路双层高箱集装箱线路建设投运，加快开展梅山铁路支线、北仑货运铁路支线复线、杭甬运河宁波段三期项目研究，争取开工建设，打通出海“最后一公里”。深化建设嘉兴海河联运枢纽工程，全力打造嘉兴长三角海河联运枢纽港。探索推出“高铁＋航空”“班列＋班机”的空铁联运创新产品，共建共享多式联运物流中心。统筹海港、空港、陆港和信息港“四港”联动发展，加快“四港”智慧物流云平台建设，做强“四港”运营商联盟。

…………

打造海洋经济重大平台。统筹推进浙江海洋经济发展示范区建设。提升“17＋1”经贸合作示范区能级，深化宁波、温州国家级海洋经济发展示范区建设，协力打造甬舟温台临港产业带、生态海岸带。积极推进杭州钱塘、宁波前湾、绍兴滨海、台州湾等沿海新区建设，提升金义新区、南太湖新区涉海发展能级。做优做精一批涉海开发区、高新区、综合保税区。加快丽水市生态产品价值实现创新平台建设。

生态海岸带。建设从平湖至苍南全长约 1 800 公里的沿海绿道主干网，配套完善近海快速车道、游览车道，初步建成滨海品质生活共享新空间。加快建设 4 条示范段，推动绍兴、舟山、台州生态海岸带建设。

台州湾新区。突出主导产业，重点发展航空航天、汽车制造、高端装备、现代服务业、新材料、医药健康等产业，打造长三角民营经济高质量发展引领区。

完善陆源污染入海防控机制。加强入海排污口整治提升，深入实施河长制，重点抓好陆源流域污染控制。深入推进钱塘江、曹娥江、甬江、椒江、瓯江、飞云江、鳌江等重点流域水污染防治，构建七大入海河口陆海生态廊道。实施主要入海河流（溪闸）总氮、总磷浓度控制。加快城镇污水处理设施建设与提标改造，加大脱氮除磷力度。强化畜禽养殖治理，严格执行畜禽养殖区域和污染物排放总量“双控”制度，降低农业面源污染。

2.《浙江省海洋生态环境保护“十四五”规划》

锚定 2035 年远景目标，“十四五”时期全省海洋生态环境保护的主要目标是：

近岸海域环境质量稳中有升。近岸海域水质优良比例稳步提升，完成国家下达指标；海水富营养化程度继续降低；陆源入海污染得到有效控制，主要入海河流水质按国家要求稳定达标。

海洋生态安全得到有力保障。海域生物多样性保持稳定，典型生态系统逐渐恢复，重点海湾生态系统健康状态有所改善。大陆自然岸线保有率不低于 35%，海岛自然岸线保有率不低于 78%，滨海湿地恢复修复面积不少于 2 000 公顷。

临海亲海空间品质有效提升。滨海浴场、沙滩环境持续改善，滨海风貌实现绿化美化，海岸带生态显著恢复，基本建成10个“美丽海湾”、10个海岛公园，“美丽海湾”覆盖岸线长度不少于400千米。

海洋生态环境治理能力持续增强。陆海统筹的生态环境治理制度不断完善，数字化治理水平全面提高，生态环境监管能力得到系统加强，环境污染事故应急响应能力显著提升，海洋生态环境治理体系有效构建。

主要指标

“十四五”期间共设置海洋生态环境保护重点指标13项，其中约束性指标4项、预期性指标9项，涵盖海洋环境质量改善、海洋生态保护修复、亲海空间提升等三方面。

表4.4-2 “十四五”海洋生态环境保护目标指标

类别	序号	指标名称	单位	2020年 现状值	2025年 目标值	指标 性质
海洋环境质量改善方面	1	近岸海域水质优良（一、二类）比例	%	43.4（170个监测站位数据）	国家下达指标	约束性
	2	主要入海河流水功能区达标率	%	待国家核定	国家下达指标	预期性
	3	主要海湾富营养化指数下降程度	%	—	5年均值较十三五降低5个百分点	预期性
海洋生态保护修复方面	4	大陆自然岸线保有率	%	—	≥35	约束性
	5	海岛自然岸线保有率	%	—	≥78	约束性
	6	新增岸线修复长度	千米	—	74	预期性
	7	滨海湿地恢复修复面积	公顷	—	2 000	预期性
	8	海洋生态保护红线面积占管理海域面积	%	31.72	符合国家要求	约束性
	9	海洋自然保护地占全省管辖海域面积比例	%	9.0	10	预期性
	10	增殖放流数量	单位	—	100亿	预期性
亲海空间提升方面	11	海岛公园建成数	个	5	10	预期性
	12	“美丽海湾”建成数	个	—	10	预期性
	13	整治修复亲海岸滩长度	千米	—	40	预期性

3.《台州市国民经济和社会发展第十四个五年规划和二〇三五年远景目标纲要》

打造山海联动的新增长极。

大力建设海洋强市。构建完善"一体两翼三带六区"的海洋经济新发展格局，继续做大做强临港产业，大力发展现代海洋渔业、港航物流、海洋生物医药、滨海旅游、海洋新能源等产业，加快培育海洋装备制造、海水综合利用、海洋科研服务和海洋相关新兴产业，积极参与甬台温临港产业带建设。深化与宁波舟山港合作，重点推进头门、大麦屿、龙门、健跳等港区开发，完善陆海集疏运体系和涉港基础设施建设，提高口岸开放水平。以市区和玉环两个示范段创建为先导，持续推进全市生态海岸带建设。加强重点海岛开发保护，加快建设大陈现代化海岛示范区。

打造山海协作工程升级版。念好新时代"山海经"，加强产业链上下游配套，持续推进"消薄飞地"建设，探索"飞地""园区"建设模式，深化路桥区—天台县、温岭市—三门县和玉环市—仙居县产业合作。适时调整布局规划，推进山海协作生态旅游文化产业园高质量发展。加强区域性旅游线路和产品开发，加快创新要素互动共享、民生事业帮扶共享，协同发挥山海资源优势，做优做强绿色产业体系，合力打造"山海台州"城市品牌。

…………

高标准推进美丽海湾行动。实施近岸海域污染综合防治，开展清洁海滩行动，加强入海排污口整治，美丽海湾建设走在全省乃至全国前列。健全和扩展海洋环境监测网络，健全入海河流（溪闸）污染物入海通量监测，实施总氮总磷控制，完善近岸海域水质监测评价体系。深化港长制，强化港口和船舶污染控制，完善船舶污染物接收、转运、处置监管联单制度和联合监管制度。鼓励各地因地制宜推进水产养殖尾水生态化治理，禁止养殖尾水直排。……

4.《台州市海洋经济发展"十四五"规划》

到2025年，海洋经济综合实力再上新台阶，海洋经济发展质量和效益进一步提高，现代海洋产业体系不断完善，海洋经济在全市国民经济和社会发展中的地位和作用继续稳步提升。具体目标是：

——海洋经济综合实力再上新台阶。海洋生产总值有较大提升，进入全省第一梯队。到2025年，全市海洋生产总值力争突破1 000亿元，较2020年增长42.86%，年均增速8.6%。

——海洋科技创新能力进一步增强。以企业为主体、市场为导向、产学研相结合的海洋科技创新体系基本形成，自主科技创新能力明显提升。到 2025 年，海洋研究与试验发展经费投入强度达到 3.3%以上。

——世界一流强港南翼枢纽加快形成。海洋运输能力大幅提高，以头门港为核心的全市港口集疏运体系更趋完善，形成内外贸航线、海河联运、海铁联运、疏港公路综合网络。到 2025 年，全市港口吞吐量达到 1 亿吨，标准集装箱吞吐量达到 100 万标箱。

——生态海洋建设快速推进。建成省级生态海岸带和 4 个海岛花园，海洋生态环境保护与修复取得明显成效，入海污染物总量得到有效控制，海洋污染事故发生明显减少，近岸海域水质优良率达到省下达指标。

——海洋智治能力进一步提升。加大海域使用监管力度，强化海洋环境监测、监视网络建设，加快实现海洋管理现代化、科学化和规范化。金融、信息等现代海洋服务业在海洋经济中的占比显著提升。……

表 4.4-3 "十四五"时期台州市海洋经济发展指标表

一级指标	二级指标	评价年份	
		2020 年实际值	2025 年目标值
海洋经济	海洋生产总值(亿元)	700	1 000
	海洋生产总值占地区生产总值的比重(%)	13.3	13.87
	第三产业增加值占海洋生产总值比重(%)	44	50
海洋创新	海洋科研机构数量(个)	5	6
	海洋研究与试验发展经费投入强度(%)	2.2	3.3
海洋港口	全市沿海港口货物吞吐量(亿吨)	0.51	1
	全市沿海港口集装箱吞吐量(万标箱)	50.3	100
海洋渔业	国内海洋捕捞产量(万吨)	83.98	150
	远洋捕捞产量(万吨)	5.81	
	海水养殖产量(万吨)	52.49	
海洋生态	近岸海域优良水质(一、二类)达标率(%)	65.8	省下达指标
	省级以上海岛花园建成数(个)	—	4

构建"一体、两翼、三带、六区"的海洋经济新发展格局。"一体"即以台州湾区为主体的海洋经济发展核心区，"两翼"即北部湾区、南部湾区，"三带"即海洋产业创新带、海洋休闲旅游带、海洋产业联动带，"六区"即台州湾新区、台州湾经济技术开发区、海峡两岸(玉环)经贸合作区、大陈岛国家级海岛现代化示范区、温岭东部新区、三门东部海洋经济发展示范区。

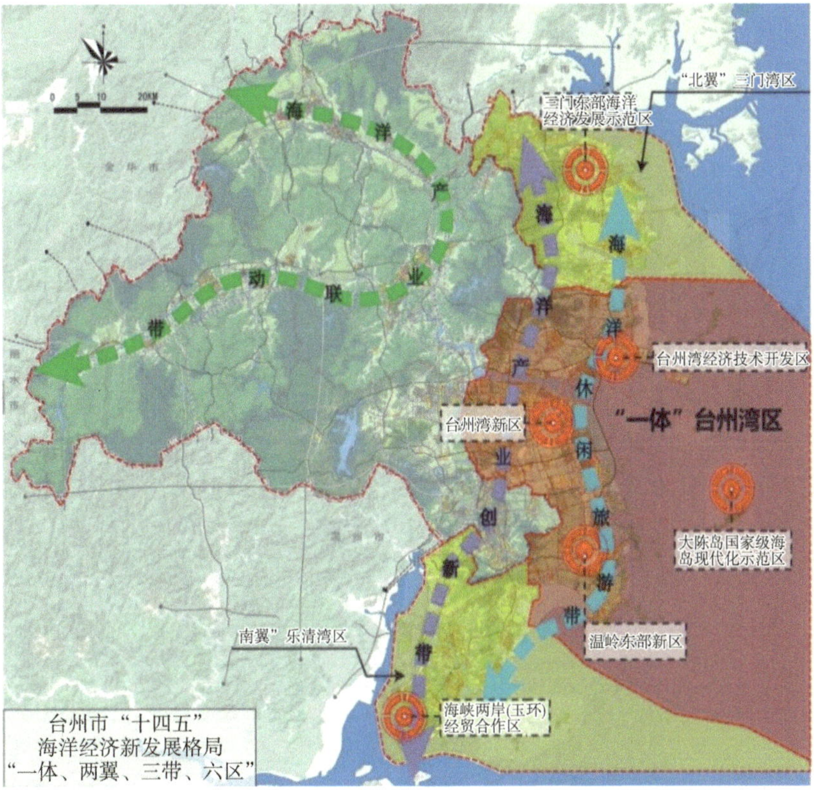

图 4.4-9　台州市"十四五"海洋经济新发展格局图

5.《台州湾经济技术开发区"十四五"发展规划》

对标国家级经济技术开发区创新提升要求和全省高能级战略平台要求，"十四五"时期，开发区综合竞争力迈上新的台阶，现代产业体系、创新开放格局、城市品质功能迈向新的阶段，实现高水平的创新、协调、绿色、开放、共享发展。

规模能级跃上新台阶。构建具有头门港特色的标志性产业链，综合竞争力显著增强，培育一批国际领军企业，打造一批全球知名品牌。工业总产值达到 1 000 亿元，年均增长 10%以上。"十四五"期间成为突破性、标志度、有显示度的高能级战略平台。

创新能力实现新突破。以科技创新和数字化改革催生新的发展动能，实现现代服务业与先进制造业深度融合发展。构建技术研发平台、科技服务平台、科技产业孵化平台等为主体的科技创新平台体系。R&D经费占主营收入比重达到4%以上。

改革开放进入新格局。融入长三角一体化发展取得实质性进展，头门港发展成浙东南通江达海的新枢纽。营商环境达到全国一流水平，打造办事最高效率、办事最诚信、办事最担当、办事最清廉的开发区。港口年吞吐量突破2 000万吨，进出口额达到30亿美元。

生态绿色发展迈向新高度。人居环境福祉进一步增进，地表水监测断面水质达到或优于Ⅳ类，空气优良率达到省市要求并保持稳定，全面消除中度以上污染天气，基本上消除区域臭气污染问题，全年空气质量优良天数比率达到99%以上。

产城融合发展迈向新起点。围绕“数字赋能、整体智治”，通过推进“智慧园区”建设等方式，政府现代化治理能力进一步提高，社会治理模式更加完善，实现生产服务专业化、生活服务便利化、基础服务网络化、公共服务均等化发展，城市建设品位、城市管理水平和城市服务功能大幅提升，教育、医疗、养老、体育、文化等社会事业高品质全面发展。

表4.4-4　台州湾经济技术开发区“十四五”发展目标表

序号	指标	单位	2019年	2020年	2025年	指标属性
1	地区生产总值	亿元	89.5	109.8	250	预期性
2	工业总产值	亿元	440	477	1 000	预期性
3	规上企业从业人员	万人	2.5	3.2	6	预期性
4	“四上”企业营业收入	亿元	440	517	1 000	预期性
5	税收收入	亿元	26	18	50	预期性
6	高新技术产业增加值占规上工业增加值比重	%	52.8	—	70	预期性
7	R&D支出占主营收入比重	%	3.65	3.34	4	预期性
8	省级以上研发机构数	个	36	41	50	预期性
9	高新技术企业数	家	30	43	60	预期性
10	港口吞吐量	万吨	232	377	2 000	预期性
11	进出口总额	亿美元	7.5	14.6	30	预期性
12	亩均税收	万元/亩	26.1	—	35	预期性
13	亩均工业增加值	万元/亩	77.2	—	130	预期性

6.《台州市渔业高质量发展“十四五”规划》

“十四五”期间，聚焦高质量、竞争力、现代化，深化渔业供给侧结构性改革和渔船渔港综合管理改革，补产业短板、拉长产业链、提升价值链，推动渔业高质量发展，构建“综合实力不断壮大、产业结构不断优化、创新要素不断积聚、增收渠道不断延伸、生态环境不断优美”的渔业高质量发展新格局，重点围绕渔港经济、远洋渔业、生态养殖、种业工程、资源修复等方面，实施“三地、一带、五链”(315)行动(渔业产业转型先行地、渔船渔港综合管理改革标杆地、渔区安全监管示范地、沿海渔业经济产业带、五大产业链条)，将台州打造成为渔业高质量发展示范市“重要窗口”。

到2025年，全市渔业产业体系健全完备，产业结构更加优化，渔业质量效益明显提升，产业融合发展显著提高，渔业保供增收更加有力。全市渔业产值337亿元，渔业高质量发展走在全省前列。到2035年，基本实现渔业高水平现代化。“十四五”渔业发展规划主要指标见表4.4-5。

——高质量打造渔业产业转型先行地。在保障有效供给的基础上，实现产业向绿色、生态、优质、高效转变。渔业经济稳定增长，到2025年，全市渔业产值达337亿元，年均增长1.5%。渔业绿色发展水平显著提升。绿色养殖全要素推进，到2025年，规模化养殖场养殖尾水处理率达到100%，水产养殖机械化率达到60%以上，国内捕捞渔船清洁化生产率达到90%以上。

——高层次打造船渔港综合管理改革标杆地。深化台州国家渔船渔港综合管理改革，基本建成标准化渔港管理制度体系，实现依港管船、管渔、管人、管安全，实现改革成效领跑全国。完善“船港通”系统综合管理与服务应用平台，全面推广“物联网+区块链”渔船渔港油污回收处置监测系统，深化限额捕捞、定港上岸和可追溯管理试点，实现渔船全天候、全时段、全区域管控，实时掌握率100%。落实渔业资源与海洋生态补偿制度，构建“海域—流域—陆域”三级防控体系，形成资源养护型捕捞业，渔业资源明显好转。

——高规格打造渔区安全监管示范地。持续深入推进渔业安全专项整治，扎实推进异地伏休监管、渔船隐患专项整治行动，构建渔船安全精密智控平台，实现海上大型渔船宽带覆盖率100%，建立“市—县—乡镇—渔业村(公司)—渔船”五级应急响应体系，形成“自救、呼救、搜救”一体化救援体系，实现渔船避风锚地容量95%以上，确保“十四五”末比“十三五”末渔船安全事故起数和死亡人数显著下降，成为全省渔区安全监管示范。

——高水准打造沿海渔业经济产业带。建设以加工物流、渔业配套、海洋生物、海洋装备等为特色的中北部渔港群，以生产服务、旅游休闲、宜游宜居等为特色的南部渔港群，建设椒江、临海、温岭、玉环现代渔港经济区（带），打造“一带两群四区”沿海渔业经济产业带格局。

——高品质打造五大产业链条。聚焦产地加工、冷链物流、品牌建设等薄弱环节，推进研发、生产、加工、流通、营销等产业链全面升级，促进一二三产业深度融合，延长产业链、提升价值链，着力打造捕捞、贝类养殖 2 条百亿级产业链，青蟹、对虾、大黄鱼 3 条十亿级养殖产业链。

表 4.4-5　“十四五”渔业高质量发展主要指标

类别	主要指标	2020 年	2025 年
综合指标	渔业产值（亿元）	312.44	337
	水产品总产量（万吨）	149.04	150
渔业安全生产	渔业船舶事故死亡人数（人）	18（控制指标）	12
	海上大型渔船宽带覆盖率（%）	10	100
	远洋渔船履约率（%）	98	98 以上
现代渔业绿色发展	规模化养殖场养殖尾水处理率（%）	70	100
	水产养殖机械化率（%）	23	60
	捕捞渔船（24 米以上）清洁化生产率（%）	—	90
	省级以上水产健康养殖示范场（个）	119	160
渔业资源养护	灵江水系禁渔区禁渔期制度	局部区域	全覆盖
	国家级海洋牧场示范区（个）	1	2
	渔业增殖放流数量（亿单位）	[12.5]（工作指标）	[14]
渔港经济区	建设现代化渔港经济区项目（个）	0	2

7.《台州市综合交通运输发展“十四五”规划》

重点推进“十大标志性工程”，基本形成外联内畅、成环成网的综合交通运输体系，实现铁路县县通、轨道零突破、高速绕成环、港口量倍增、机场换新貌。

…………

水路。

完成“1166”总体目标，高水平建成有力支撑内陆腹地经济、助推港产城联动、引领湾区高质量发展的世界一流强港南翼枢纽，助推打造长三角南翼综合交通枢纽城市，计划完成投资 53 亿元。

统筹推动台州港“一港六区”建设，着力构建层次分明、结构合理、功能完善的现代化港口体系。力争港口建设有效投资超100亿元。争取港口货物吞吐量达到1亿吨、集装箱吞吐量达到100万标箱，实现亿吨大港的目标。水运运力达到600万载重吨。加快建设万吨级以上码头泊位，打造浙南集装箱转运中心、头门港综合保税区、对台经贸合作区、大陈航运集聚区、头门港多式联运、三门北部湾区综合物流等6大平台。有效支撑我市及周边腹地生产制造业进出通道，形成港口经济圈。

(1) 港口。

根据《台州港总体规划(2017—2030年)》，台州港将以头门为核心港区，大麦屿、海门为重要港区，统筹发展健跳、龙门、黄岩港区和其他港点。

头门港区：头门港区处于台州港西进"一核一轴"战略中的核心地位，是地区经济发展服务的综合性枢纽港区，将以发展深水泊位为主，为台州市及周边腹地内外贸运输服务，并具有发展临港工业和物流园区功能。同时，推进其与宁波舟山港合作，提高集装箱运输喂给服务能力，打造我市商品车物流枢纽和浙西大宗货物的重要出海通道。

大麦屿港区：台州港的重要港区，主要为台州市提供能源等其他现代运输业服务，提供对台直航运输服务。"十四五"期间，大麦屿港紧抓时代机遇，全力打造浙南地区集装箱转运中心。主动融入全省港口一体化发展体系，加强大麦屿港与宁波舟山港的深度合作，增开集装箱沿海新航线；加强与温州港的合作，通过联合发展扩大港区规模效应；增加对台直航水上客运航线。

海门港区：台州港的重要港区，以服务台州主城区生产生活物资运输为主，根据城市发展需要适时调整优化港区功能，三山作业区退出港口货运功能，拓展旅游客运功能。

健跳港区：台州北部湾区经济发展的核心港区、台州港港产城湾一体化融合发展的示范港区，三门发展临港产业、推进沿海开发、提升城市功能的重要基础。以原材料中转、能源运输为重点，综合发展成为集现代物流、大宗贸易、临港工业、休闲旅游等功能为一体的现代化综合性港口。

龙门港区：逐步成为台州港重要港区，以满足温岭市当地经济发展所需的生产生活物资运输为主，结合临港工业开发，建设配套码头设施，提供物资运输服务。

黄岩港区：主要为黄岩当地所需要的生产、生活物资提供运输服务。

(2) 航道、防波堤、锚地。

大麦屿进港航道：加强对该航道正常性维护疏浚，将航道延伸至普竹作业区，力争提升到15万吨级，并考虑20万吨级散货船进出港的需要。

头门进港航道：头门进港航道一期等级规模满足5万吨级散货船乘潮单向通航（保证率为90%），同时兼顾7万吨级散货船乘潮单向通航（保证率为50%）。远期兼顾LNG船型及其他油品码头发展需要，提升到10万吨级，并考虑北侧20万吨级液体散货船进出港的需要。

健跳进港航道：满足5万吨级散货船通航能力要求，并延伸到蛇蟠水道。远期将航道提升到10万吨级。

内河航道：形成干支衔接、通江达海的内河航运网。聚焦通瓶颈、提等级、强融合，实施内河水运复兴计划，促进内河水运转型发展。规划内河水运线路椒（灵）江、永宁江、前四线、金清港线、栅温线、七条河线、黄路金线、温松线八条内河水运线路形成“两江六线”的内河航道格局。

(3) 陆岛交通码头。

建设3个陆岛码头。续建椒江区大陈镇望夫礁码头和临海田岙岛码头，新建温岭市松门镇海韵新村沙镬岛码头。

8.《台州市能源发展“十四五”规划》

到2030年，继续夯实完善清洁低碳、安全高效、创新融合、开放共享的现代能源体系。可再生能源、天然气利用持续增长，化石能源利用减少，新增能源需求基本依靠清洁能源满足。能源清洁化水平、利用效率等关键指标基本达到全省先进水平。

表 4.4-6　台州市“十四五”能源发展主要指标

项目	主要指标		单位	2020年	2025年	年均增长
能源消费	全社会用电量		亿千瓦时	348.85	436.81	4.60%
	全市最高用电负荷		万千瓦	731	910	4.48%
	燃气	天然气	亿标方	3.855	13.7	28.87%
		液化石油气	万吨	5	5	—
	煤炭（剔除外调电煤量）		万吨	1 153.14	1 150	0
	成品油		万吨	231.15	231.15	—
	煤炭消费比重		%	52.86	46.1	—
	非化石能源消费比重		%	21.78	25	—
	全社会能源消费总量		万吨标准煤	1 558	1 788（暂定）	2.8%

续表

项目	主要指标	单位	2020年	2025年	年均增长
能源供应	电源总装机容量	万千瓦	1 473.6	1 861.05	4.78%
	常规水电	万千瓦	28.3	28.3	—
	抽水蓄能	万千瓦	270	270	—
	煤电(统调电厂)	万千瓦	746	768	0.58%
	煤电(热电联产)	万千瓦	12.85	12.85	—
	天然气发电	万千瓦	0	80	—
	核电	万千瓦	250	250	—
	风电	万千瓦	25.72	107.72	32.99%
	光伏发电	万千瓦	118.16	318.16	21.90%
	垃圾发电	万千瓦	22.16	25.61	2.94%
	海洋能发电	万千瓦	0.41	0.41	—
	新型储能装机规模	万千瓦	0	15	—
	500千伏变电容量	万千伏安	1 125	1 425	4.84%
	500千伏线路	公里	854	1 253	7.97%
	220千伏变电容量	万千伏安	1 254	1 587	4.82%
……					

9.《台州市生态环境保护"十四五"规划》

展望二〇三五年，率先建成美丽中国样板城市，基本实现人与自然和谐共生的现代化。环境质量达到发达国家水平，生态系统质量和服务功能全面提升，碳排放达峰后稳中有降，生态环境治理体系和治理能力现代化全面实现。生产空间集约高效、生活空间宜居适度、生态环境山清水秀、生态文明高度发达的空间格局、生产生活方式全面形成。

锚定二〇三五年远景目标，"十四五"时期，绿色低碳水平显著提升，生态环境质量高位持续改善，碳排放强度持续下降，生态环境安全得到有力保障，优质生态产品供给基本满足公众需求，生态环境治理现代化水平显著提高，生态文明建设先行示范，全域大美格局基本构成。

——绿色低碳发展格局总体形成。"三线一单"生态环境空间管控制度得到严格执行，重点区域建设与生态环境保护基本协调，市域空间开发保护格局得到优化。绿色低碳水平显著提升，生产生活领域绿色转型成效显著，绿色发展支撑体系进一步完善，全民生态自觉成为常态。

——生态环境质量高位持续改善。地表水环境质量持续改善，水生态健康初步恢复，地表水省控断面达到或优于Ⅲ类水体比例达到90.6%以上，消除县控以上Ⅴ类断面；城市空气质量稳居全国重点城市前列，城市空气质量优良天数比例95%以上；近岸海域水质趋于稳定并有所改善；土壤环境质量得到合理管控，受污染耕地和污染地块得到安全利用；基本完成“污水零直排区”建设，全域建成“无废城市”；环保基础设施全面提升，总体实现“气质”清新、“水质”澄澈、“土质”洁净，全面打造青山常在、绿水长流、空气长新的山海水城。

——生态环境安全得到有力保障。山水林田湖草一体的生态系统得到统筹治理，蓝绿生态安全屏障夯实，生态安全格局稳固，生物多样性得到有效保护。固体废物与化学品环境风险防控能力明显增强。优质生态产品供给基本满足人民群众需求。

——现代环境治理体系基本建立。深化改革创新，生态环境治理体系和治理能力现代化加快推进，环境治理党政领导责任体系、环境治理企业责任体系、全民行动体系以及市场体系更加健全，绿色循环发展约束激励机制更加完善，政府治理、企业自治、社会调节实现良性互动，环境治理效能显著提升。

表4.4-7　台州市“十四五”生态环境保护主要指标

<table>
<tr><th>类别</th><th>序号</th><th colspan="2">指标名称</th><th>2020年</th><th>2025年</th><th>属性</th></tr>
<tr><td rowspan="8">环境质量</td><td rowspan="2">1</td><td rowspan="2">地表水断面达到或优于Ⅲ类水质比例(%)*</td><td>省控以上</td><td>80.8</td><td>90.6</td><td>约束性</td></tr>
<tr><td>县控以上</td><td>80</td><td>87</td><td>约束性</td></tr>
<tr><td>2</td><td colspan="2">城市空气质量优良天数比例(%)</td><td>94.5</td><td>95以上</td><td>约束性</td></tr>
<tr><td>3</td><td colspan="2">城市细颗粒物($PM_{2.5}$)平均浓度(微克/立方米)</td><td>25</td><td>22</td><td>约束性</td></tr>
<tr><td>4</td><td colspan="2">地表水县控以上断面Ⅴ类水质比例(%)*</td><td>1.82</td><td>0</td><td>预期性</td></tr>
<tr><td>5</td><td colspan="2">县控以上断面水功能区达标率(%)</td><td>93.6</td><td>95</td><td>预期性</td></tr>
<tr><td>6</td><td colspan="2">近岸海域水质优良(一、二类)比例(按面积,%)*</td><td>65.8</td><td>保持稳定并有所改善</td><td>预期性</td></tr>
<tr><td>7</td><td colspan="2">地下水质量Ⅴ类水比例(%)</td><td>0</td><td>完成上级下达任务</td><td>预期性</td></tr>
</table>

续表

类别	序号	指标名称	2020年	2025年	属性
减污降碳	8	化学需氧量排放量减少(%)	〔30.46〕	完成上级下达任务	约束性
		氨氮排放量减少(%)	〔28.76〕		约束性
		氮氧化物排放量减少(%)	〔16.86〕		约束性
		挥发性有机物排放量减少(%)	〔36.70〕		约束性
	9	单位GDP二氧化碳排放降低(%)	—	完成上级下达任务	约束性
	10	单位GDP能源消耗降低(%)	〔16.30〕	完成上级下达任务	约束性
	11	煤炭消费比重(%)	—	完成上级下达任务	预期性
	12	非化石能源占一次能源消费比例(%)	21.78	25	预期性
风险防控	13	受污染耕地安全利用率(%)	95.96	完成上级下达任务	约束性
	14	污染地块安全利用率(%)*	—	95	约束性
	15	5年期突发环境事件下降比例(%)	7起("十三五"期间总数)	"十四五"期间比"十三五"总数下降5%	预期性
生态保护	16	森林覆盖率(%)	61.37	61.5	约束性
	17	生态保护红线占国土面积比例(%)	—	完成上级下达任务	预期性
	18	生态质量指数(新EI)*	—	完成上级下达任务	预期性
	19	大陆自然岸线保有率(%)	—	完成上级下达任务	预期性

注:1. 带*的指标"十四五"统计口径较"十三五"有调整;
2. 序号1指标"县控以上地表水断面达到或优于Ⅲ类水质比例(%)"对应台州市"十四五"国民经济社会发展纲要中的"全市河流Ⅰ-Ⅲ类水质断面比例(%)";
3. 〔〕为五年累计数。

4.4.4 台州市海洋事业发展与规划的偏离度分析

通过对海洋经济和海洋生态环境的现状与规划目标偏离度分析发现,在经济指标中,除"十四五"目标的海洋生产总值增长率为正偏离外,其他指标均为负偏离。说明台州市海洋事业的发展与规划不及浙江省的整体水平,但对于未来发展预期充满希望。从海洋生态环境方面来看，台州市的现状与规划，除海洋生态保护红线面积占管理海域面积比例外，其他指标均为正偏离。说明无论是现状还是未来预期，台州市的海洋事业发展均本着“生态环境保护”这一发展宗旨。

表 4.4-8 台州市海洋事业发展与规划的偏离度分析表

指标			台州市	增长率(%)	浙江省	增长率(%)	偏离度 a
经济指标	2015 年	海洋生产总值(亿元)	480.67	—	6 180	—	—
	2020 年	海洋生产总值(亿元)	700	45.63	9 200.9	48.90	0.93
		海洋生产总值占地区生产总值比重(%)	13.3	—	14	—	0.95
		第三产业增加值占海洋生产总值比重(%)	44	—	—	—	—
	“十四五”目标	海洋生产总值(亿元)	1 000	42.86	12 800	39.12	1.10
		海洋生产总值占地区生产总值比重(%)	13.87	—	15	—	0.92
		第三产业增加值占海洋生产总值比重(%)	50	—	65	—	0.77
生态环境指标	2020 年	近岸海域优良水质(一、二类)达标率(%)	65.8	—	43.4	—	1.52
	“十四五”目标		完成省下达指标	—	完成国家下达指标	—	≥1.00
	2020 年	海洋生态保护红线面积占管理海域面积比例(%)	25.23	—	31.72	—	0.80
	“十四五”目标		符合省、国家要求	—	符合国家要求	—	≥1.00
备注	当偏离度 $a>1$ 时，为正偏离；当 $a=1$ 时，为不偏离；当 $a<1$ 时，为负偏离。						

4.5 海洋资源使用情况与用海格局

4.5.1 海洋资源使用情况

1. 海域使用现状

截至 2019 年，全市已确权海域使用面积为 11 862.775 6 hm^2，用海项目 744 宗。主要的海域使用类型为渔业用海、工业用海、造地工程用海、交通运输用海等九大类。其中，渔业用海占比最大，为59.6%，其次为工业用海，占20.4%。

表 4.5-1　台州市各行业已确权海域使用情况表

代码	用海类型	已确权用海项目(宗)	用海面积(hm^2)	占全市用海面积比例(%)
1	工业用海	242	2 421.198 1	20.4
2	海底工程用海	24	159.318 4	1.3
3	交通运输用海	188	823.042 1	6.9
4	旅游娱乐用海	8	31.553 9	0.3
5	特殊用海	13	198.808 7	1.7
6	造地工程用海	34	842.519 7	7.1
7	渔业用海	203	7 065.241 2	59.6
8	排污倾倒用海	3	67.375 2	0.6
9	其他用海	29	253.718 3	2.1
合计		744	11 862.775 6	—

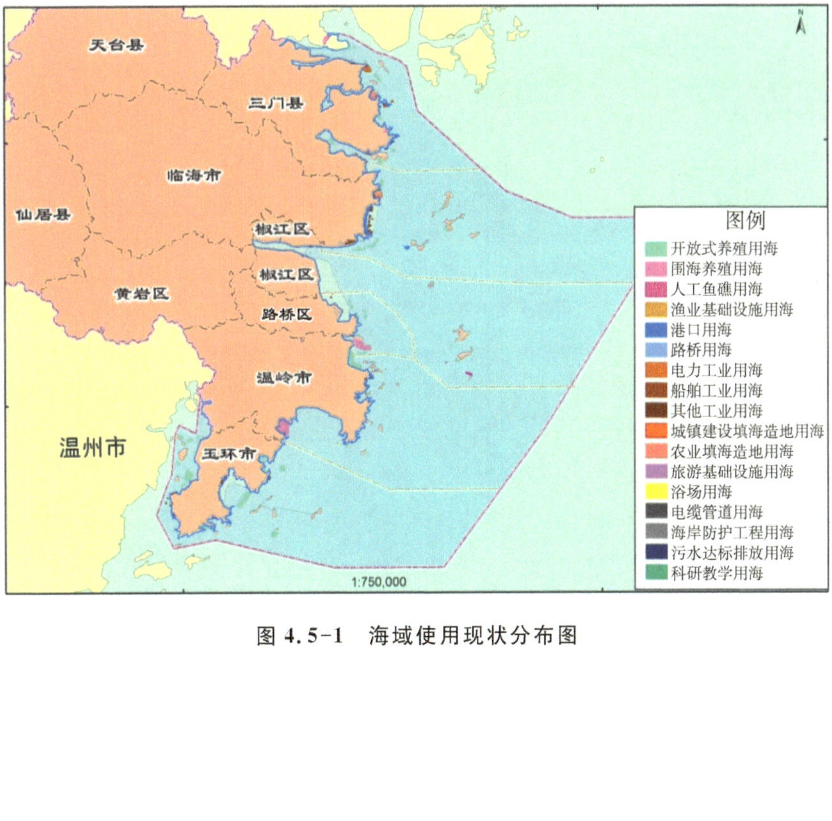

图 4.5-1　海域使用现状分布图

2. 海岸线开发利用现状

截至 2019 年,台州市海岸线总长为 699 346 m。其中,原生自然岸线长度为 286 142 m,人工岸线长度为 409 777 m,其他岸线长度为 3 427 m,自然保有

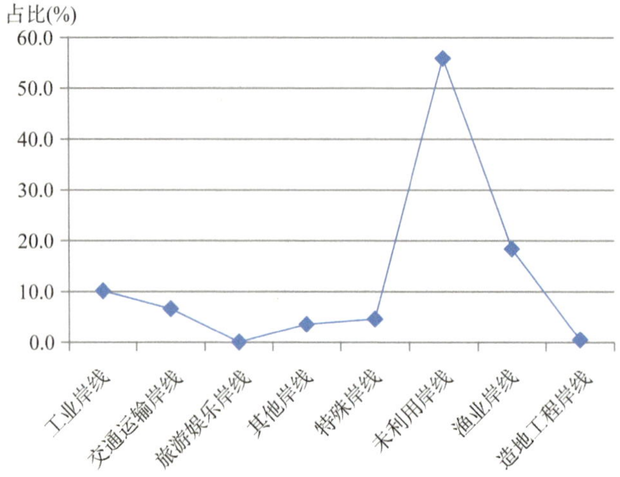

图 4.5-2　岸线使用类型占比统计图

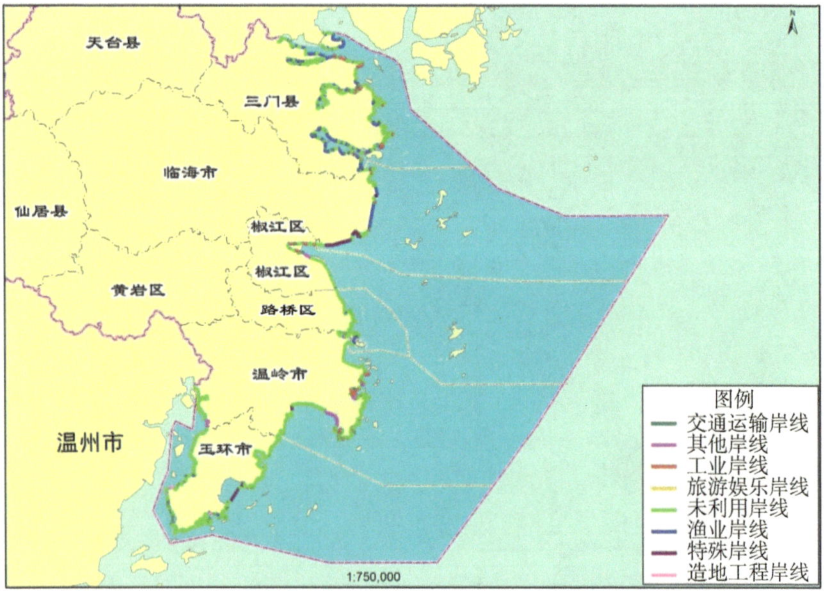

图 4.5-3　台州市海岸线使用现状分布图

率为41.4%。台州市海岸线使用类型包括工业岸线、渔业岸线、造地工程岸线、交通运输岸线、旅游娱乐岸线、其他岸线、特殊岸线和未利用岸线。工业岸线长度为41 718 m，占比为10.2%；渔业岸线长度为75 466 m，占比为18.4%；造地工程岸线长度为2 188 m，占比为0.5%；交通运输岸线长度为27 330 m，占比为6.7%；旅游娱乐岸线长度为250 m，占比为0.1%；其他岸线长度为14 701 m，占比为3.6%；特殊岸线长度为19 041 m，占比为4.6%；未利用岸线长度为229 083 m，占比为59%。

3. 围填海现状

截至目前，台州市累计围填海总量为25 667 hm^2。玉环市围填海规模最大，面积为7 184 hm^2，占全市的28.0%；其次是三门县，用海规模为4 400 hm^2，占比为17.1%；路桥区用海规模为4 247 hm^2，占比为16.5%；其余地区用海比例在13%左右，临海市、温岭市和椒江区占比分别为13.1%、12.7%和12.6%。

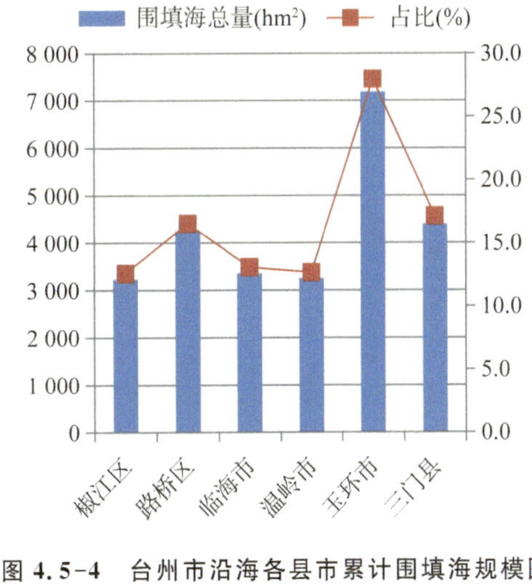

图4.5-4　台州市沿海各县市累计围填海规模图

表4.5-2　台州市沿海各县市累计围填海信息表

行政区	围填海总量(hm^2)	占比(%)
椒江区	3 229	12.6
路桥区	4 247	16.5
临海市	3 356	13.1
温岭市	3 251	12.7

续表

行政区	围填海总量(hm²)	占比(%)
玉环市	7 184	28.0
三门县	4 400	17.1
台州全市	25 667	—

1. 填海造地

台州市累计填海造地面积 13 587 hm^2。玉环市面积最大，为 4 301 hm^2，占全市的 31.7%；温岭市最小，面积为 703 hm^2，占比为 5.2%；椒江区和路桥区填海造地面积占比分别为 21.4% 和 20.1%；临海市填海造地面积为 2 097 hm^2，占比为 15.4%。三门县占比较温岭市高，为 6.3%，面积为 858 hm^2。

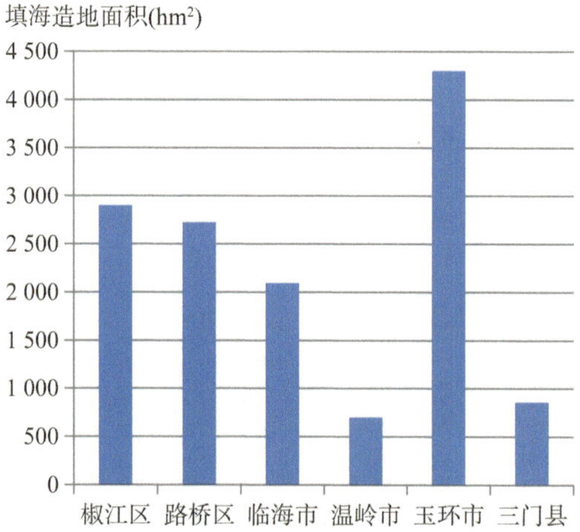

图 4.5-5 台州市沿海各县市累计填海造地规模

表 4.5-3 台州市沿海各县市累计填海造地信息表

行政区	填海造地面积(hm²)	占比(%)
椒江区	2 901	21.4
路桥区	2 727	20.1
临海市	2 097	15.4
温岭市	703	5.2
玉环市	4 301	31.7
三门县	858	6.3

续表

行政区	填海造地面积(hm^2)	占比(%)
台州全市	13 587	—

2. 围海养殖

台州市沿海各县市累计围海养殖面积 12 080 hm^2。三门县围海养殖面积最大，为 3 542 hm^2，占全市总面积的 29.3%；其次为玉环市，围海养殖面积为 2 883 hm^2，占比为 23.9%；温岭市排第三，围海养殖面积为 2 548 hm^2，占比为 21.1%；路桥区和临海市占比分别为 12.6%和 10.4%；椒江区占比最低，为 2.7%。

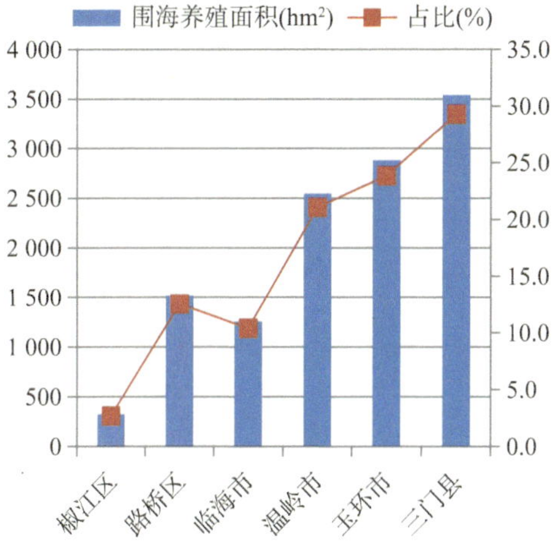

图 4.5-6 台州市沿海各县市累计围海养殖规模

表 4.5-4 台州市沿海各县市累计围海养殖信息表

行政区	围海养殖面积(hm^2)	占比(%)
椒江区	328	2.7
路桥区	1 520	12.6
临海市	1 259	10.4
温岭市	2 548	21.1
玉环市	2 883	23.9
三门县	3 542	29.3
台州全市	12 080	—

4.5.2 用海格局

以科学发展观为指导，贯彻浙江海洋经济发展示范区建设战略部署，坚持人海和谐、陆海联动、改革破障、开发开放，以海洋循环经济为特色，以“一港三湾多岛”为核心载体，全面优化空间布局，全面推进开发开放，加快推进海洋开发体制机制改革，加快完善涉海基础设施，加强海洋生态环境保护，把台州打造成具有较强特色和竞争力的浙江海洋经济强市。

根据台州市沿海地区自然资源禀赋、发展基础和潜力，形成功能定位清晰、发展导向明确、开发秩序规范、经济发展与资源环境相协调的发展态势，推进构建完善“一港三湾多岛”海洋经济发展格局，促进沿海各县（市、区）协同发展，实现海陆统筹，建设海洋经济强市，推动台州向沿海时代迈进。

依托“一港”。“一港”即台州港。重点开发头门港区，大陈、黄礁、西廊岛、牛头颈作业区，加快发展大麦屿港区，逐步形成以台州湾为核心，大麦屿为重点港区，健跳、温岭、黄岩港区为骨干的港口建设格局。加快港区集疏运体系建设，整体提升台州港综合运输能力。合理利用港区深水岸线资源，有序开发、错位发展，建设一批万吨级以上深水泊位和集装箱泊位区。推进进港航道整治工程，提高海门、大麦屿、健跳等港区通航能力。

联动“三湾”。“三湾”即台州湾、三门湾、乐清湾。（1）全力推进台州湾循环经济产业集聚区建设。按照“循环引领、陆海联动、集群集聚、创新带动、协力共建、重点突破”六大原则，把集聚区建设成为中国循环经济发展示范区、长三角民营经济创新示范区、浙江海洋经济发展带重点区和台州转型发展核心引领区。按照“一轴一港一核三区”的总体布局，重点建设台州湾组合式中心港区、台州市区东部组团核心区和临海东部组团、台州石化工业基地、温岭东部组团三个片区。（2）环三门湾地区要依托三门湾地区的港口、滩涂、岸线等优势资源，承接全省的大产业、大项目，加快发展海洋特色优势产业，推进核电、火电、风电、潮汐能等新能源开发利用，科学划分功能分区，努力建成华东地区新兴的能源基地、全省海洋经济发展带的重要节点和现代化滨海生态宜居城市。（3）环乐清湾地区要把握国家推进海西经济区发展的有利机遇，发挥对台经济优势，建设全省对台合作先行区。加快沿海产业带建设，着力发展临港工业，发展集装箱、大宗散货和杂货运输，推动产业、城市、生态融合发展，把玉环市建成海岛特色的城乡一体化综合试验区、海岛新型工业化示范区和浙东南重要的生态海岛城市。

保护和开发利用海岛。在保护海洋生态环境和修复海洋生物资源的前提下，根据各海岛的自然条件，科学规划、合理利用海岛及周边海域资源，发展陆岛、岛间交通，改善基础设施。加强分类指导，积极推进头门、大陈等重要海岛开发利用和保护，加强无居民海岛管理、保护和开发，发展成为全省海岛开发开放的先导地区。

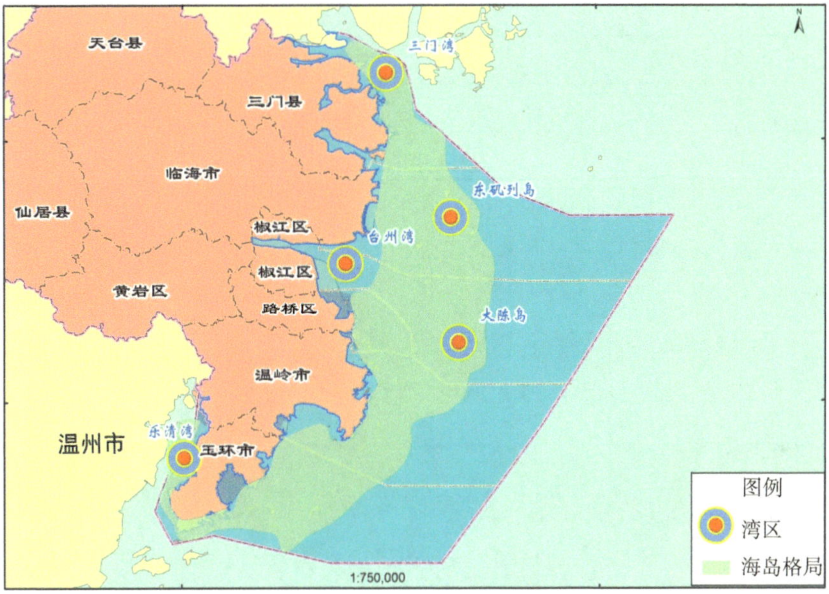

图 4.5-7　台州市用海格局

表 4.5-5　台州市海岸海洋基本功能区

功能区类型				功能区统计		
一级类		二级类		数量(个)	面积(hm²)	岸线(m)
代码	名称	代码	名称			
1	农渔业区	1.1	农业围垦区	5	7 132	65 486
		1.2	养殖区	8	30 707	249 899
		1.6	渔业基础设施区	5	4 193	118 065

续表

功能区类型				功能区统计		
2	港口航运区	2.1	港口区	6	30 813	274 559
		2.2	航道区	4	1 316	135
		2.3	锚地区	2	1 227	—
3	工业与城镇用海区	—	—	7	24 177	289 466
4	矿产与能源区	—	—	2	948	33 202
5	旅游休闲娱乐区	—	—	2	924	24 149
6	海洋保护区	—	—	1	63	—
8	保留区	—	—	1	2 616	23 593
合计				43	104 116	1 078 554

4.5.3 产业布局

台州市海洋产业主要包括海水养殖业、港口及临港工业、养殖及渔光互补融合产业、生态产品生产区、海上风电、海洋生态旅游业，以及其他产业。

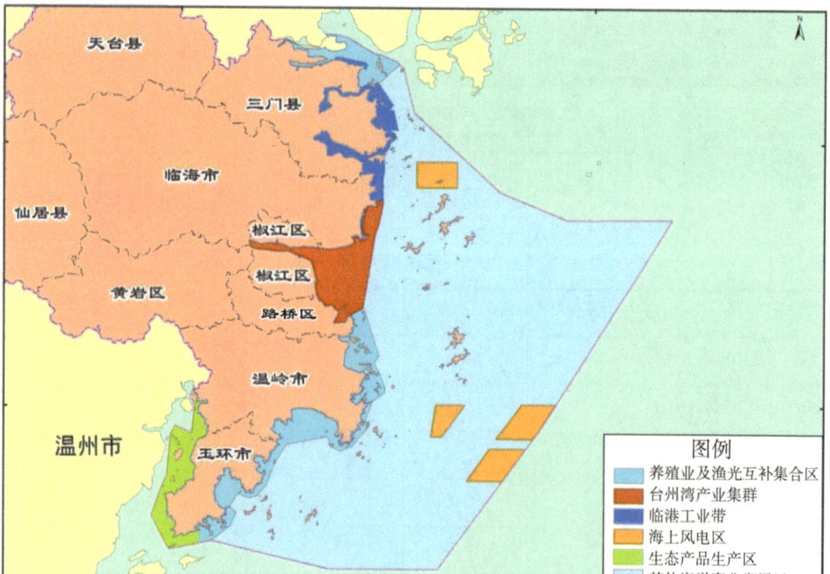

图 4.5-8 台州市海洋产业分布

4.6 海洋资源环境与海洋经济发展特征及问题

4.6.1 海洋资源环境承载力分析

1. 指标体系

1）指标体系构建原则

科学性。选取的指标应反映区域海洋资源环境承载能力的特征，指标的概念和物理意义必须明确，指标相互之间具有独立性，测定方法标准，统计计算方法规范。同时，要充分考虑到系统的动态变化，综合反映沿海经济社会发展现状及发展趋势，便于进行监测与管理，起到导向作用。

层次性。海洋资源环境承载能力是一个多层次、多目标的评价对象，应根据承载体和承载对象的不同划分目标层次，理清目标之间的关系，对总目标进行逐项逐级分解，直到目标能够用具体、直观的指标量化表示，最终形成一个层次化指标体系。

针对性。指标的选取要有针对性，应能够为落实区域海洋资源环境管理的各项政策措施服务，针对不同的承载体和承载对象，着重选取影响较大、具有区域代表性、能够确定预警阈值的指标体系，从而实现对区域海洋资源环境承载状况进行分级预警和科学管控。

可比性。指标数据选取和计算采取通行口径与标准，保证评估指标与结果具有类比性质，应针对特定目标和人口经济发展与海洋资源环境之间的相互作用关系建立与选择指标体系。

可操作性。指标体系应符合国家政策，指标设置应避免过于烦琐，涉及数据应真实可靠并易于量化，并考虑指标使用者对指标的理解接受能力和判断能力；因数据源不足而导致的个别非关键指标的数据缺失，应不会对评估工作的开展及评估结论产生显著影响。

2）评价因素及指标

(1) 海洋空间资源承载能力

根据海洋空间资源的主要开发利用方式，分为岸线开发强度(S_1)、海域开发强度(S_2)2 个二级指标，综合表征海岸线和近岸海域空间资源的承载状况。

(2) 海洋生态环境承载能力

根据海洋生态环境保护的主要内容，分为海洋环境承载状况(E_1)、海洋生态承载状况(E_2)2 个二级指标，以海洋功能区水质达标率表征区域海洋环境承载状况(环境容量),以区域潮间带减少比例表征区域海洋生态承载状况。

表 4.6-1 海洋资源环境承载能力评估指标体系

一级指标	二级指标	指标含义	设置依据
海洋空间资源承载能力(S)	岸线开发强度(S_1)	区域内各类人工岸线长度,依据其资源环境影响系数归一化后,占区域岸线总长度的比例	主要岸线开发利用类型的综合资源环境效应
	海域开发强度(S_2)	区域内各种海域使用类型的面积,依据其资源耗用指数及海域使用符合度归一化后,占海域使用总面积的比例	区域内各种海域使用类型对海域资源总体耗用程度
海洋生态环境承载能力(E)	海洋环境承载状况(E_1)	区域内各类海洋功能区水质状况与水质管理目标比较的单因子评价结果	区域内海水水质状况与管理要求比较的符合程度
	海洋生态承载状况(E_2)	评估区域潮间带减少比例,评估其生境与基准年相比丧失的比例	潮间带生境丧失和重要生物栖息地退化是影响近岸资源可持续利用的重要因素,也是造成近岸海洋生态系统健康状况不佳的主要原因

2. 评价方法

1) 海洋空间资源承载能力评估

(1) 岸线开发强度(S_1)

岸线开发强度(S_1)主要表征由区域内人为活动对大陆岸线的开发利用导致的资源环境影响程度。

选择最主要的五类岸线开发利用类型(即人工海岸类型):围海堤坝岸线、港口岸线、工业用海岸线、填海造地及非透水构筑物岸线、固体矿产开采岸线。分别考虑各类海岸开发活动对海洋资源环境影响的差异,按照公式(4.6-1)计算岸线人工化指数(P_A):

$$P_A=\frac{l_1\times q_1+l_2\times q_2+l_3\times q_3+l_4\times q_4+l_5\times q_5+l_6\times q_6+l_7\times q_7+l_8\times q_8}{L} \tag{4.6-1}$$

式中:L 为海岸线总长度;l_1、l_2、l_3、l_4、l_5、l_6、l_7、l_8 分别为围海养殖岸线、海岸防护工程岸线、科研教学岸线、路桥岸线、港口岸线、工业用海岸线、填海造地及非透水构筑物岸线、固体矿产开采岸线的人工岸线长度;q_1、q_2、q_3、q_4、q_5、q_6、q_7、q_8 分别为围海养殖岸线、海岸防护工程岸线、科研教学岸线、路桥岸线、港口岸线、工业用海岸线、填海造地及非透水构筑物岸线、固体矿产开采岸线等人工岸线类型的海洋资源环境影响因子，其他岸线类型的影响因子为0。

表 4.6-2　人工海岸分类及其海洋资源环境影响

分类		海洋资源环境影响描述	影响因子 w_i
人工岸线	围海养殖岸线	对海洋资源环境有一定影响	0.6
	海岸防护工程岸线	对海洋资源环境有一定影响	0.6
	科研教学岸线	对海洋资源环境有一定影响	0.6
	路桥岸线	对海洋资源环境有一定影响	0.6
	港口岸线	对海洋资源环境有明显影响	0.8
	工业用海岸线	对海洋资源环境有较大影响，部分影响不可恢复	1.0
	填海造地及非透水构筑物岸线	对海洋资源环境有较大影响，部分影响不可恢复	1.0
	固体矿产开采岸线	对海洋资源环境有较大影响，部分影响不可恢复	1.0

海洋功能区划是海洋空间开发利用管理的基本依据。为此，以省级海洋功能区划为基础构建如下海岸线开发利用评价标准：

$$P_{A_0}=\frac{\sum_{i=1}^{8} w_i \cdot l_i}{l_{总}} \tag{4.6-2}$$

式中：P_{A_0} 为海岸线开发利用评价标准；l_i 为区域内第 i 类海洋功能区毗邻海岸线长度；w_i 为第 i 类海洋功能区海洋开发对海岸线的影响因子；$l_{总}$ 为区域海岸线总长度。

表 4.6-3　主要海洋功能区海洋开发对海岸线的影响

海洋功能区类型	海洋开发利用对海岸线的影响程度	影响因子 w_i
工业与城镇用海区	对海岸线有明显影响	1.0
港口航运区	对海岸线有明显影响	1.0
矿产与能源区	对海岸线有一定影响	0.8
农渔业区	对海岸线有一定影响	0.8
旅游休闲娱乐区	对海岸线有一定影响	0.8
海洋保护区	对海岸线影响较小	0.6
特殊利用区	对海岸线影响较小	0.6
保留区	对海岸线影响较小	0.6

在此基础上，将区域岸线人工化指数(P_A)与该区域海岸线开发利用评价标准(P_{A_0})进行比较，评估区域岸线开发强度(S_1)，其计算公式如下：

$$S_1 = \frac{P_A}{P_{A_0}} \tag{4.6-3}$$

根据区域岸线开发强度(S_1)的计算结果，按照表 4.6-4 进行分级评估和赋值。同时，若区域自然岸线保有率低于海洋生态红线控制指标要求，则该区域岸线开发强度为“超载”。

表 4.6-4　岸线开发强度分级评估和赋值方法

评估依据	评估结果	赋分值
$S_1 < 0.50$	可载	3
$0.80 > S_1 \geq 0.50$	临界超载	2
$S_1 \geq 0.80$	超载	1

(2) 海域开发强度(S_2)

海域开发强度(S_2)主要考虑区域内各种海域使用类型对海域资源的耗用程度，既能反映出一个地区海洋开发利用程度，又反映出这个地区海洋开发的潜力。

①海域开发资源效应指数评估

考虑到各种海域使用类型对海域资源的耗用程度和对其他用海的排他性强度的不同，海域开发资源效应指数(P_E)的计算公式如下：

$$P_E = \frac{\sum_{i=1}^{n} l_i A_i}{A} \tag{4.6-4}$$

式中：n 为海域使用类型数；A_i 为第 i 种类型的用海面积；l_i 为第 i 种类型用海的资源耗用指数；A 为区域内海域使用总面积，由海域使用管理数据获得。

表 4.6-5　海域使用类型资源耗用指数

海域使用一级类	海域使用二级类	资源耗用指数 l_i
渔业用海	渔业基础设施用海	1.0
	围海养殖用海	0.8
	开放式养殖用海	0.4
	人工鱼礁用海	0.2

续表

海域使用一级类	海域使用二级类	资源耗用指数 l_i
交通运输用海	港口用海	0.8
	航道	0.5
	锚地	0.3
	路桥用海	0.4
工矿用海	盐业用海	0.8
	临海工业用海	1.0
	固体矿产开采用海	0.2
	油气开采用海	0.2
旅游娱乐用海	旅游基础设施用海	1.0
	海水浴场	0.2
	海上娱乐用海	0.2
海底工程用海	电缆管道用海	0.6
	海底隧道用海	0.6
	海底仓储用海	0.9
排污倾倒用海	废物倾倒用海	1.0
	污水达标排放用海	0.8
围海造地用海	城镇建设用海	1.0
	围垦用海	0.8
特殊用海	科研教学用海	0.5
	保护区用海	0.1
	海岸防护工程用海	0.1
其他用海	其他用海	0.1

②海洋资源效应指数区域评估标准的确定

海洋功能区划是海洋空间开发利用管理的基本依据，为此，以省级海洋功能区划为基础构建如下海洋空间开发利用评价标准：

$$P_{E_0}=\frac{\sum_{i=1}^{n}h_i a_i}{A_{总}} \tag{4.6-5}$$

式中：P_{E_0} 为区域海洋空间开发利用评价标准；a_i 为第 i 类海洋功能区面积；h_i 为第 i 类海洋功能区海洋开发对海域空间资源的影响因子；$A_{总}$ 为区域海洋功能区划面积总和。

表 4.6-6　主要海洋功能区海洋开发对海域空间资源的影响

海洋功能区类型	海域空间资源消耗程度	影响因子 h_i
工业与城镇区	海域空间资源消耗程度极高	1.0
港口航运区	海域空间资源消耗程度很高	0.8
矿产与能源区	海域空间资源消耗程度较高	0.6
农渔业区	海域空间资源消耗程度较高	0.6
旅游休闲娱乐区	海域空间资源消耗程度一般	0.4
特殊利用区	海域空间资源消耗程度低	0.2
海洋保护区	海域空间资源消耗程度低	0.2
保留区	海域空间资源消耗程度低	0.2

③海域开发强度评估

综合考虑区域海域开发资源效应指数（P_E）和区域海洋空间开发利用评价标准（P_{E_0}），得到区域海域开发强度（S_2），其计算公式如下：

$$S_2 = \frac{P_E}{P_{E_0}} \tag{4.6-6}$$

根据区域海域开发强度指数（S_2）的计算结果，按照表 4.6-7 进行分级评估和赋值。同时，若区域围填海面积超过海洋功能区划控制指标要求，则该区域海域开发强度为“超载”。

表 4.6-7　海域开发强度分级评估和赋值方法

评估依据	评估结果	赋分值
$S_2 < 1.50$	可载	3
$1.75 > S_2 \geq 1.50$	临界超载	2
$S_2 \geq 1.75$	超载	1

2）海洋生态环境承载能力评估

（1）海洋环境承载状况（E_1）

以沿海县级行政区的海洋功能区水质达标率表征区域海洋环境承载状况。

①评估范围及评价标准的确定

以《全国海洋功能区划（2011—2020 年）》所划定的近岸海域为评估范围。全国海洋功能区划分为农渔业区、港口航运区、工业与城镇用海区、矿产与能源区、旅游休闲娱乐区、海洋保护区、特殊利用区、保留区 8 个类别。《全国海洋功能区划（2011—2020 年）》明确了各级海洋功能区分类及海洋环境保护要求，如表 4.6-8 所示。按照一级分类进行评价，评价标准如表 4.6-9 所示。

表 4.6-8 海洋功能区水质达标率的评价标准

海洋功能区划		海水水质要求
一级类	二级类	（引用标准：GB 3097—1997）
1. 农渔业区	1.1 农业围垦区	不劣于二类
	1.2 养殖区	不劣于二类
	1.3 增殖区	不劣于二类
	1.4 捕捞区	不劣于一类
	1.5 水产种质资源保护区	不劣于一类
	1.6 渔业基础设施区	不劣于二类（其中渔港区执行不劣于现状海水水质标准）
2. 港口航运区	2.1 港口区	不劣于四类
	2.2 航道区	不劣于三类
	2.3 锚地区	不劣于三类
3. 工业与城镇用海区	3.1 工业用海区	不劣于三类
	3.2 城镇用海区	不劣于三类
4. 矿产与能源区	4.1 油气区	不劣于现状水平
	4.2 固体矿产区	不劣于四类
	4.3 盐田区	不劣于二类
	4.4 可再生能源区	不劣于二类
5. 旅游休闲娱乐区	5.1 风景旅游区	不劣于二类
	5.2 文体休闲娱乐区	不劣于二类
6. 海洋保护区	6.1 海洋自然保护区	不劣于一类
	6.2 海洋特别保护区	使用功能水质要求
7. 特殊利用区	7.1 军事区	
	7.2 其他特殊利用区	防止改变海洋水动力环境条件，避免对海岛、岸滩及海底地形地貌产生影响，防止海岸侵蚀，避免对毗邻海洋生态敏感区、亚敏感区产生影响
8. 保留区	8.1 保留区	不劣于现状水平

表 4.6-9 海洋功能区一级区水质达标率的评价标准

功能区类型	农渔业区	港口航运区	工业与城镇用海区	矿产与能源区	旅游休闲娱乐区	海洋保护区	特殊利用区	保留区
水质要求	不劣于二类	不劣于四类	不劣于三类	不劣于四类	不劣于二类	不劣于一类	不劣于现状	不劣于现状

②海洋环境承载状况评估

根据国家海洋局每年制定的《海洋环境监测工作方案》，海水水质监测指标包括无机氮(DIN)、活性磷酸盐(PO_4-P)、石油类、化学耗氧量(COD)等，监测站位为《海洋环境监测工作方案》中所设置的监测站位，监测及分析测试方法参见《海洋监测规范》(GB 17378)。

按照《中国海洋生态环境状况公报》使用的评价方法进行评价，计算各类海水水质等级的海域范围。并以评估区所辖海域为评价单元，计算符合海洋功能区水质要求的面积占所辖海域面积的比例，即区域海洋环境承载状况(E_1)，并根据表 4.6-10 所示分级评估和赋值方法进行评价和赋分。

表 4.6-10　海洋环境承载状况分级评估和赋值方法

评估依据	评估结果	赋分值
$E_1>0.90$	可载	3
$0.90\geqslant E_1>0.80$	临界超载	2
$E_1\leqslant 0.80$	超载	1

(2) 海洋生态承载状况(E_2)

海洋生态系统和重要生物栖息地退化是影响近岸资源可持续利用的重要因素，也是造成海洋生态系统健康状况不佳的主要原因。因此需评估区域海洋典型生态系统和滩涂减少比例，评估其生境与基准年相比丧失的比例。根据海洋生态系统最大受损率(E_2)的评估结果，按照表 4.6-11 进行分类分级评估和赋分。

表 4.6-11　海洋生态系统最大受损率分级评估和赋值方法

评估依据	评估结果	赋分值
$E_2<5\%$	可载	3
$10\%>E_2\geqslant 5\%$	临界超载	2
$E_2\geqslant 10\%$	超载	1

3. 评价结果

1) 海洋空间资源承载能力评估

(1) 岸线开发强度(S_1)

台州市岸段开发强度指数在 0～1.67 之间，超载区在三门湾、象山港、台州湾、乐清湾及其附近海岸较为集中。

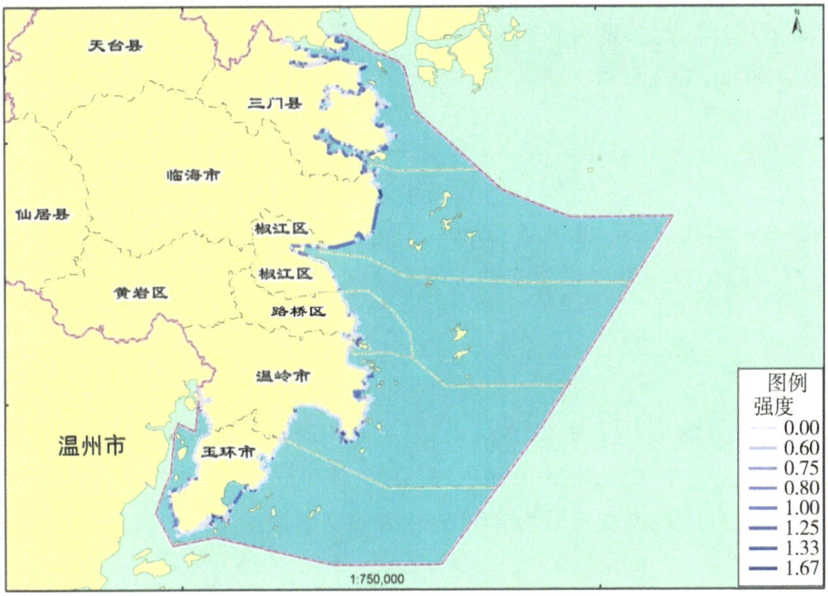

图 4.6-1　台州市岸段开发强度指数分布图

图 4.6-2　台州市岸段承载力分布图

①岸线人工化指数(P_A)

椒江区岸线总长度为30 439 m,其中路桥岸线长度为94 m,港口岸线长度为3 970 m,工业岸线长度为6 012 m。

$$P_{A_{椒江区}}=\frac{94\times 0.6+3\,970\times 0.8+6\,012\times 1.0}{30\,439}=\frac{9\,244.4}{30\,439}=0.304$$

路桥区岸线总长度为29 055 m,其中港口岸线长度为1 337 m,工业岸线长度为577 m,渔业基础设施岸线长度为422 m。

$$P_{A_{路桥区}}=\frac{1\,337\times 0.8+(577+422)\times 1.0}{29\,055}=\frac{2\,068.6}{29\,055}=0.071$$

玉环市岸线总长度为183 884 m,其中海岸防护工程岸线长度为5 303 m,路桥岸线长度为2 780 m,围海养殖岸线长度为532 m,港口岸线长度为14 862 m,城镇建设填海造地岸线长度为3 571 m,渔业基础设施岸线长度为1 905 m,工业岸线长度为1 865 m。

$$P_{A_{玉环市}}=\frac{(2\,780+5\,303+532)\times 0.6+14\,862\times 0.8+(3\,571+1\,905+1\,865)\times 1.0}{183\,884}=\frac{24\,399.6}{183\,884}=0.133$$

三门县岸线总长度为253 746 m,其中围海养殖岸线长度为66 886 m,海岸防护工程岸线长度为933 m,路桥岸线长度1 076 m,港口岸线长度为1 952 m,工业岸线长度为16 727 m,渔业基础设施岸线长度为2 329 m,旅游基础设施岸线长度为193 m。

$$P_{A_{三门县}}=\frac{(66\,886+933+1\,076)\times 0.6+1\,952\times 0.8+(16\,727+2\,329+193)\times 1.0}{253\,746}=\frac{62\,147.6}{253\,746}=0.245$$

温岭市岸线总长度为150 078 m,其中围海养殖岸线长度为2 523 m,海岸防护工程岸线长度为1 478 m,科研教学岸线长度为347 m,港口岸线长度为3 018 m,工业岸线长度为19 595 m,渔业基础设施岸线长度为434 m,旅游基础设施岸线长度为57 m。

$$P_{A_{温岭市}}=\frac{(2\,523+1\,478+347)\times0.6+3\,018\times0.8+(19\,595+434+57)\times1.0}{150\,078}$$

$$=\frac{25\,109.2}{150\,078}=0.167$$

临海市岸线总长度为 52 148 m，其中围海养殖岸线长度为 7 854 m，海岸防护工程岸线长度为 11 602 m，路桥岸线长度为 91 m，港口岸线长度为 146 m，工业岸线长度为 1 746 m，固体矿产开采岸线长度为 1 643 m，渔业基础设施岸线长度为 2 027 m。

$$P_{A_{临海市}}=\frac{(7\,854+11\,602+91)\times0.6+146\times0.8+(1\,746+1\,643+2\,027)\times1.0}{52\,148}$$

$$=\frac{17\,261}{52\,148}=0.331$$

②功能区划影响指数（P_{A_0}）

椒江区岸线总长度为 30 439 m，其中工业与城镇用海区岸线长度为 11 159 m，港口航运区岸线长度为 19 280 m。

$$P_{A_{0椒江区}}=\frac{(11\,159+19\,280)\times1.0}{30\,439}=1.000$$

路桥区岸线总长度为 29 055 m，其中工业与城镇用海区岸线长度为 13 031 m，港口航运区岸线长度为 16 024 m。

$$P_{A_{0路桥区}}=\frac{(13\,031+16\,024)\times1.0}{29\,055}=1.000$$

玉环市岸线总长度为 183 884 m，其中农渔业区岸线长度为 135 531 m，港口航运区岸线长度为 48 353 m。

$$P_{A_{0玉环市}}=\frac{135\,531\times0.8+48\,353\times1.0}{183\,884}=0.853$$

三门县岸线总长度为 253 746 m，其中工业与城镇用海区岸线长度为 56 155 m，港口航运区岸线长度为 40 957 m，矿产与能源区岸线长度为 27 994 m，农渔业区岸线长度为 107 733 m，保留区岸线长度为 20 907 m。

$$P_{A_{0\text{三门县}}}=\frac{20\ 907\times 0.6+(27\ 994+10\ 773)\times 0.8+(56\ 155+40\ 957)\times 1.0}{253\ 746}$$
$$=0.554$$

温岭市岸线总长度为 150 078 m，其中工业与城镇用海区岸线长度为 49 448 m，港口航运区岸线长度为 12 216 m，旅游休闲娱乐区岸线长度为 16 196 m，农渔业区岸线长度为 72 218 m。

$$P_{A_{0\text{温岭市}}}=\frac{(16\ 196+72\ 218)\times 0.8+(49\ 448+12\ 216)\times 1.0}{150\ 078}=0.882$$

临海市岸线总长度为 52 148 m，其中工业与城镇用海区岸线长度为 29 494 m，旅游休闲娱乐区岸线长度为 10 845 m，农渔业区岸线长度为 11 809 m。

$$P_{A_{0\text{临海市}}}=\frac{(11\ 809+10\ 845)\times 0.8+29\ 494\times 1.0}{52\ 148}=0.913$$

③自然岸线保有率(R_A)

椒江区岸线总长度为 30 439 m，自然岸线及河口岸线长度为 1 000 m，自然岸线保有率为 3.3%。

$$R_{A_{\text{椒江区}}}=\frac{1\ 000}{30\ 439}\times 100\%=3.3\%$$

路桥区岸线总长度为 29 055 m，自然岸线长度为 15 268 m，自然岸线保有率为 52.5%。

$$R_{A_{\text{路桥区}}}=\frac{15\ 268}{29\ 055}\times 100\%=52.5\%$$

玉环市岸线总长度为 183 884 m，自然岸线及河口岸线长度为 91 284 m，自然岸线保有率为 49.6%。

$$R_{A_{\text{玉环市}}}=\frac{91\ 284}{183\ 884}\times 100\%=49.6\%$$

三门县岸线总长度为 253 746 m，自然岸线及河口岸线长度为 93 843 m，自然岸线保有率为 37.0%。

$$R_{A_{\text{三门县}}}=\frac{93\ 843}{253\ 746}\times 100\%=37.0\%$$

温岭市岸线总长度为150 078 m，自然岸线长度为63 041 m，自然岸线保有率为42.0%。

$$R_{A_{\text{温岭市}}}=\frac{63\,041}{150\,078}\times 100\%=42.0\%$$

临海市岸线总长度为52 148 m，自然岸线及生态恢复岸线长度为25 136 m，自然岸线保有率为48.2%。

$$R_{A_{\text{临海市}}}=\frac{25\,136}{52\,148}\times 100\%=48.2\%$$

通过测算，台州市沿海县、市(区)中岸线承载力仅有椒江区为超载状态，其他地区均为可载状态。椒江区处于超载状态的原因是自然岸线保有率未达到要求。

表4.6-12 台州市沿海县、市(区)岸线开发强度测算一览表

县、市(区)	岸线人工化指数 P_A	功能区划影响指数 P_{A_0}	开发强度指数	自然岸线保有率(%)	承载力	得分
椒江区	0.304	1.000	0.304	3.3	超载	1
路桥区	0.071	1.000	0.071	52.5	可载	3
玉环市	0.133	0.853	0.156	49.6	可载	3
三门县	0.245	0.554	0.442	37.0	可载	3
温岭市	0.167	0.882	0.189	42.0	可载	3
临海市	0.331	0.913	0.363	48.2	可载	3

(2) 海域开发强度(S_2)

①海域开发资源效应指数评估

椒江区海域使用总面积为7 824 832 m^2，其中开放式养殖用海使用面积为1 153 493 m^2，人工鱼礁用海使用面积为1 171 685 m^2，围海养殖用海使用面积为260 368 m^2，渔业基础设施用海使用面积为475 796 m^2，港口用海使用面积为1 172 131 m^2，路桥用海使用面积为311 294 m^2，城镇建设填海造地用海使用面积为73 318 m^2，船舶工业用海使用面积为1 161 259 m^2，电力工业用海使用面积为301 019 m^2，其他工业用海使用面积为261 891 m^2，旅游基础设施用海使用面积为5 460 m^2，电缆管道用海使用面积为117 837 m^2，污水达标排放用海使用面积为58 935 m^2，科研教学用海使用面积为96 943 m^2，其他用海使用面积为1 203 403 m^2。

$$P_{E_{椒江区}}=\frac{4\ 531\ 656}{7\ 824\ 832}=0.579$$

表 4.6-13　椒江区海域使用现状

用海类型	面积(m^2)	海域使用类型资源耗用指数
开放式养殖用海	1 153 493	0.4
人工鱼礁用海	1 171 685	0.2
围海养殖用海	260 368	0.8
渔业基础设施用海	475 796	1.0
港口用海	1 172 131	0.8
路桥用海	311 294	0.4
城镇建设填海造地用海	73 318	1.0
船舶工业用海	1 161 259	1.0
电力工业用海	301 019	1.0
其他工业用海	261 891	1.0
旅游基础设施用海	5 460	1.0
电缆管道用海	117 837	0.6
污水达标排放用海	58 935	0.8
科研教学用海	96 943	0.5
其他用海	1 203 403	0.1
合计	7 824 832	—

路桥区海域使用总面积为 13 023 060 m^2，其中开放式养殖用海使用面积为 4 102 775 m^2，围海养殖用海使用面积为 7 272 878 m^2，渔业基础设施用海使用面积为 407 753 m^2，港口用海使用面积为 72 668 m^2，路桥用海使用面积为 595 225 m^2，其他工业用海使用面积为 218 119 m^2，城镇建设填海造地用海使用面积为 153 483 m^2，其他用海使用面积为 200 159 m^2。

$$P_{E_{路桥区}}=\frac{8\ 555\ 007.7}{13\ 023\ 060}=0.657$$

表 4.6-14　路桥区海域使用现状

用海类型	面积(m^2)	海域使用类型资源耗用指数
开放式养殖用海	4 102 775	0.4
围海养殖用海	7 272 878	0.8
渔业基础设施用海	407 753	1.0
港口用海	72 668	0.8
路桥用海	595 225	0.4
其他工业用海	218 119	1.0
城镇建设填海造地用海	153 483	1.0
其他用海	200 159	0.1
合计	13 023 060	—

玉环市海域使用总面积为 13 023 060 m^2，其中开放式养殖用海使用面积为 20 674 669 m^2，渔业基础设施用海使用面积为 349 987 m^2，港口用海使用面积为 1 266 803 m^2，路桥用海使用面积为 1 164 018 m^2，船舶工业用海使用面积为 22 838 m^2，电力工业用海使用面积为 320 610 m^2，其他工业用海使用面积为 2 819 152 m^2，城镇建设填海造地用海使用面积为 1 125 265 m^2，农业填海造地用海使用面积为 367 216 m^2，电缆管道用海使用面积为 1 407 884 m^2，海岸防护工程用海使用面积为 440 330 m^2，污水达标排放用海使用面积为 28 189 m^2，其他用海使用面积为 17 485 m^2。

$$P_{E_{\text{玉环市}}}=\frac{15\ 593\ 605.1}{30\ 004\ 446}=0.520$$

表 4.6-15　玉环市海域使用现状

用海类型	面积(m^2)	海域使用类型资源耗用指数
开放式养殖用海	20 674 669	0.4
渔业基础设施用海	349 987	1.0
港口用海	1 266 803	0.8
路桥用海	1 164 018	0.4
船舶工业用海	22 838	1.0

续表

用海类型	面积(m^2)	海域使用类型资源耗用指数
电力工业用海	320 610	1.0
其他工业用海	2 819 152	1.0
城镇建设填海造地用海	1 125 265	1.0
农业填海造地用海	367 216	0.8
电缆管道用海	1 407 884	0.6
海岸防护工程用海	440 330	0.1
污水达标排放用海	28 189	0.8
其他用海	17 485	0.1
合计	30 004 446	—

三门县海域使用总面积为 25 479 424 m^2，其中开放式养殖用海使用面积为 7 780 650 m^2，围海养殖用海使用面积为 3 558 186 m^2，渔业基础设施用海使用面积为 218 552 m^2，港口用海使用面积为 437 836 m^2，路桥用海使用面积为 309 699 m^2，船舶工业用海使用面积为 4 126 894 m^2，电力工业用海使用面积为 4 782 115 m^2，城镇建设填海造地用海使用面积为 149 522 m^2，农业填海造地用海使用面积为 3 241 590 m^2，电缆管道用海使用面积为 54 045 m^2，海岸防护工程用海使用面积为 6 611 m^2，污水达标排放用海使用面积为 586 597 m^2，其他用海使用面积为 227 127 m^2。

$$P_{E_{三门县}} = \frac{18\ 828\ 390.6}{25\ 479\ 424} = 0.739$$

表 4.6-16　三门县海域使用现状

用海类型	面积(m^2)	海域使用类型资源耗用指数
开放式养殖用海	7 780 650	0.4
围海养殖用海	3 558 186	0.8
渔业基础设施用海	218 552	1.0
港口用海	437 836	0.8
路桥用海	309 699	0.4

续表

用海类型	面积(m^2)	海域使用类型资源耗用指数
船舶工业用海	4 126 894	1.0
电力工业用海	4 782 115	1.0
城镇建设填海造地用海	149 522	1.0
农业填海造地用海	3 241 590	0.8
电缆管道用海	54 045	0.6
海岸防护工程用海	6 611	0.1
污水达标排放用海	586 597	0.8
其他用海	227 127	0.1
合计	25 479 424	—

温岭市海域使用总面积为 21 015 613 m^2,其中开放式养殖用海使用面积为 6 174 654 m^2,围海养殖用海使用面积为 9 441 555 m^2,渔业基础设施用海使用面积为 344 420 m^2,港口用海使用面积为 427 863 m^2,船舶工业用海使用面积为 1 923 628 m^2,其他工业用海使用面积为 910 530 m^2,城镇建设填海造地用海使用面积为 428 368 m^2,农业填海造地用海使用面积为 368 172 m^2,旅游基础设施用海使用面积为 6 483 m^2,科研教学用海使用面积为 33 077 m^2,浴场用海使用面积为 66 219 m^2,其他用海使用面积为 890 644 m^2。

$$P_{E_{温岭市}}=\frac{14\ 465\ 843.7}{21\ 015\ 613}=0.688$$

表 4.6-17　温岭市海域使用现状

用海类型	面积(m^2)	海域使用类型资源耗用指数
开放式养殖用海	6 174 654	0.4
围海养殖用海	9 441 555	0.8
渔业基础设施用海	344 420	1.0
港口用海	427 863	0.8
船舶工业用海	1 923 628	1.0
其他工业用海	910 530	1.0

续表

用海类型	面积(m^2)	海域使用类型资源耗用指数
城镇建设填海造地用海	428 368	1.0
农业填海造地用海	368 172	1.0
旅游基础设施用海	6 483	1.0
科研教学用海	33 077	0.5
浴场用海	66 219	0.2
其他用海	890 644	0.1
合计	21 015 613	—

临海市海域使用总面积为 21 947 305 m^2，其中开放式养殖用海使用面积为 6 060 289 m^2，围海养殖用海使用面积为 328 505 m^2，渔业基础设施用海使用面积为 1 181 322 m^2，港口用海使用面积为 1 126 008 m^2，路桥用海使用面积为 1 349 450 m^2，城镇建设填海造地用海使用面积为 410 675 m^2，农业填海造地用海使用面积为 2 487 953 m^2，其他工业用海使用面积为 7 342 617 m^2，电缆管道用海使用面积为 12 780 m^2，海岸防护工程用海使用面积为 1 409 906 m^2，科研教学用海使用面积为 378 m^2，浴场用海使用面积为 237 422 m^2。

$$P_{E_{临海市}}=\frac{15\ 248\ 814.4}{21\ 947\ 305}=0.695$$

表 4.6-18　临海市海域使用现状

用海类型	面积(m^2)	海域使用类型资源耗用指数
开放式养殖用海	6 060 289	0.4
围海养殖用海	328 505	0.8
渔业基础设施用海	1 181 322	1.0
港口用海	1 126 008	0.8
路桥用海	1 349 450	0.4
城镇建设填海造地用海	410 675	1.0
农业填海造地用海	2 487 953	0.8
其他工业用海	7 342 617	1.0

续表

用海类型	面积(m^2)	海域使用类型资源耗用指数
电缆管道用海	12 780	0.6
海岸防护工程用海	1 409 906	0.1
科研教学用海	378	0.5
浴场用海	237 422	0.2
合计	21 947 305	—

②海洋资源效应指数区域评估标准

椒江区海洋功能区总面积为 148 842 hm^2，其中工业与城镇用海区功能区面积为 4 848 hm^2，港口航运区功能区面积为 4 145 hm^2，农渔业区功能区面积为 113 733 hm^2，旅游休闲娱乐区功能区面积为 898 hm^2，特殊利用区功能区面积为 301 hm^2，海洋保护区功能区面积为 14 568 hm^2，保留区功能区面积为 10 349 hm^2。

$$P_{E_{0椒江区}}=\frac{81\,806.6}{148\,842}=0.550$$

表 4.6-19　椒江区海洋功能区情况

海洋功能区类型	面积(hm^2)	海域空间资源消耗程度
工业与城镇用海区	4 848	1.0
港口航运区	4 145	0.8
农渔业区	113 733	0.6
旅游休闲娱乐区	898	0.4
特殊利用区	301	0.2
海洋保护区	14 568	0.2
保留区	10 349	0.2
合计	148 842	—

路桥区海洋功能区总面积为 21 710 hm^2，其中工业与城镇用海区功能区面积为 5 203 hm^2，港口航运区功能区面积为 4 119 hm^2，农渔业区功能区面积为 12 388 hm^2。

$$P_{E_{0路桥区}}=\frac{15\,931}{21\,710}=0.734$$

表 4.6-20　路桥区海洋功能区情况

海洋功能区类型	面积(hm^2)	海域空间资源消耗程度
工业与城镇用海区	5 203	1.0
港口航运区	4 119	0.8
农渔业区	12 388	0.6
合计	21 710	—

玉环市海洋功能区总面积为 152 844 hm^2，其中工业与城镇用海区功能区面积为 4 158 hm^2，港口航运区功能区面积为 10 622 hm^2，农渔业区功能区面积为 100 749 hm^2，旅游休闲娱乐区功能区面积为 635 hm^2，海洋保护区功能区面积为 12 742 hm^2，保留区功能区面积为 23 938 hm^2。

$$P_{E_{0玉环市}}=\frac{80\ 695}{152\ 844}=0.528$$

表 4.6-21　玉环市海洋功能区情况

海洋功能区类型	面积(hm^2)	海域空间资源消耗程度
工业与城镇用海区	4 158	1.0
港口航运区	10 622	0.8
农渔业区	100 749	0.6
旅游休闲娱乐区	635	0.4
海洋保护区	12 742	0.2
保留区	23 938	0.2
合计	152 844	—

三门县海洋功能区总面积为 49 638 hm^2，其中工业与城镇用海区功能区面积为 3 554 hm^2，港口航运区功能区面积为 2 795 hm^2，矿产与能源区功能区面积为 899 hm^2，农渔业区功能区面积为 35 986 hm^2，旅游休闲娱乐区功能区面积为 3 789 hm^2，保留区功能区面积为 2 615 hm^2。

$$P_{E_{0三门县}}=\frac{29\ 959.6}{49\ 638}=0.604$$

表 4.6-22 三门县海洋功能区情况

海洋功能区类型	面积(hm^2)	海域空间资源消耗程度
工业与城镇用海区	3 554	1.0
港口航运区	2 795	0.8
矿产与能源区	899	0.6
农渔业区	35 986	0.6
旅游休闲娱乐区	3 789	0.4
保留区	2 615	0.2
合计	49 638	—

温岭市海洋功能区总面积为 145 049 hm^2，其中工业与城镇用海区功能区面积为 7 663 hm^2，港口航运区功能区面积为 3 747 hm^2，农渔业区功能区面积为 131 590 hm^2，矿产与能源区功能区面积为 52 hm^2，旅游休闲娱乐区功能区面积为 1 431 hm^2，保留区功能区面积为 566 hm^2。

$$P_{E_{0温岭市}}=\frac{90\ 331.4}{145\ 049}=0.623$$

表 4.6-23 温岭市海洋功能区情况

海洋功能区类型	面积(hm^2)	海域空间资源消耗程度
工业与城镇用海区	7 663	1.0
港口航运区	3 747	0.8
农渔业区	131 590	0.6
矿产与能源区	52	0.6
旅游休闲娱乐区	1 431	0.4
保留区	566	0.2
合计	145 049	—

临海市海洋功能区总面积为 158 971 hm^2，其中工业与城镇用海区功能区面积为 5 168 hm^2，港口航运区功能区面积为 8 784 hm^2，农渔业区功能区面积为 108 224 hm^2，旅游休闲娱乐区功能区面积为 270 hm^2，海洋保护区功能区面积为 15 192 hm^2，保留区功能区面积为 21 333 hm^2。

$$P_{E_{0临海市}}=\frac{84\ 596.6}{158\ 971}=0.532$$

表 4.6-24 临海市海洋功能区情况

海洋功能区类型	面积(hm^2)	海域空间资源消耗程度
工业与城镇用海区	5 168	1.0
港口航运区	8 784	0.8
农渔业区	108 224	0.6
旅游休闲娱乐区	270	0.6
海洋保护区	15 192	0.2
保留区	21 333	0.2
合计	158 971	—

通过测算，台州市沿海县、市(区)海域开发强度均处于可载状态。但是需要指出的是，临海市、三门县、温岭市、椒江区四个地区的开发强度指数大于1.0，临海市指数值最大。开发强度指数大于1.0，说明海域开发资源效应指数高于评价标准，且值越大代表开发强度越大，因此应加强关注。

表 4.6-25 台州市沿海县、市(区)海域开发强度测算一览表

县、市(区)	海域开发资源效应指数 P_E	区域海洋空间开发利用评价标准 P_{E_0}	开发强度指数	承载力	得分
椒江区	0.579	0.550	1.053	可载	3
路桥区	0.657	0.734	0.895	可载	3
玉环市	0.520	0.528	0.985	可载	3
三门县	0.739	0.604	1.224	可载	3
温岭市	0.688	0.623	1.104	可载	3
临海市	0.695	0.532	1.306	可载	3

2) 海洋生态环境承载能力评估

(1) 海洋环境承载状况(E_1)

椒江区海洋功能区超出标准面积为75 879 hm^2，达到标准面积为69 888 hm^2，低于标准面积为3 076 hm^2。符合海洋功能区海洋环境保护水质要求的比例为49.0%。

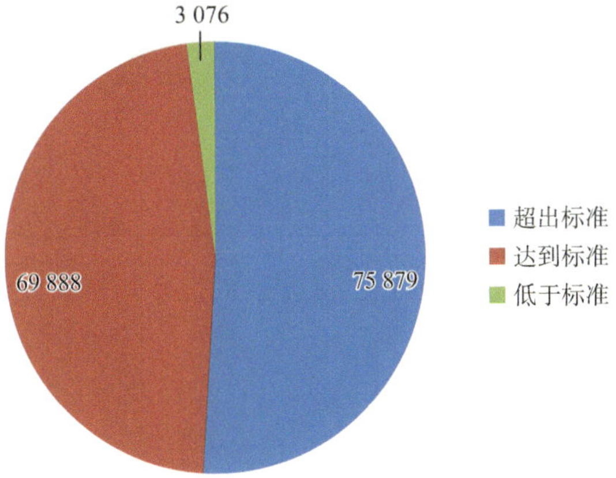

图 4.6-3　椒江区海洋功能区划水质评估结果(单位:hm²)

路桥区海洋功能区超出标准面积为 21 711 hm²。符合海洋功能区海洋环境保护水质要求的比例为 0。

玉环市海洋功能区超出标准面积为 83 151 hm²,达到标准面积为 63 084 hm²,低于标准面积为 6 582 hm²。符合海洋功能区海洋环境保护水质要求的比例为 45.6%。

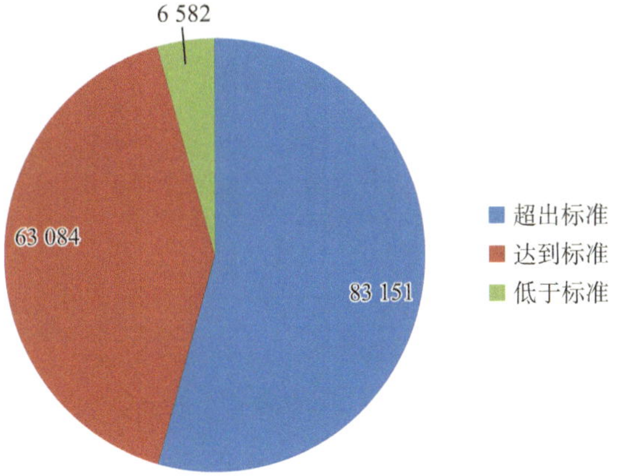

图 4.6-4　玉环市海洋功能区划水质评估结果(单位:hm²)

三门县海洋功能区超出标准面积为 47 022 hm²,达到标准面积为 2 615 hm²。符合海洋功能区海洋环境保护水质要求的比例为 5.3%。

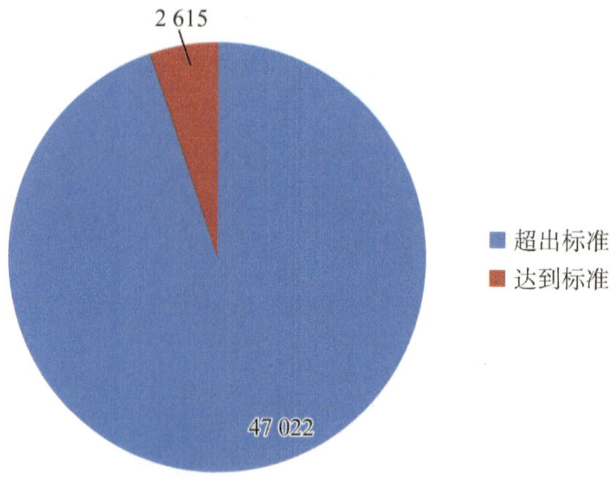

图 4.6-5　三门县海洋功能区划水质评估结果(单位:hm²)

温岭市超出标准面积为 65 835 hm²,达到标准面积为 76 633 hm²,低于标准面积为 2 601 hm²。符合海洋功能区海洋环境保护水质要求的比例为 54.6%。

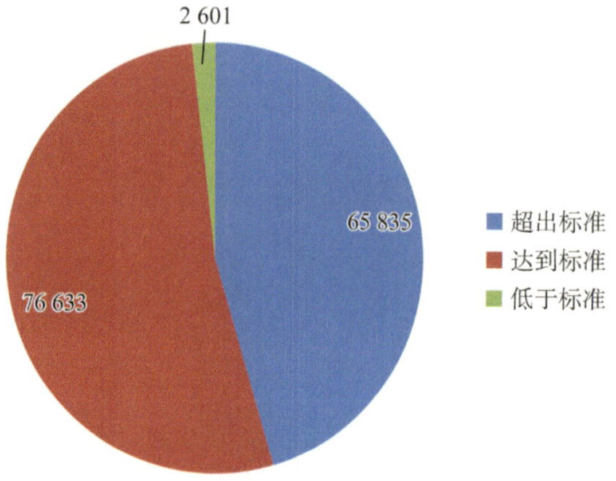

图 4.6-6　温岭市海洋功能区划水质评估结果(单位:hm²)

临海市超出标准面积为 96 080 hm²,达到标准面积为 61 000 hm²,低于标准面积为 1 890 hm²。符合海洋功能区海洋环境保护水质要求的比例为 39.6%。

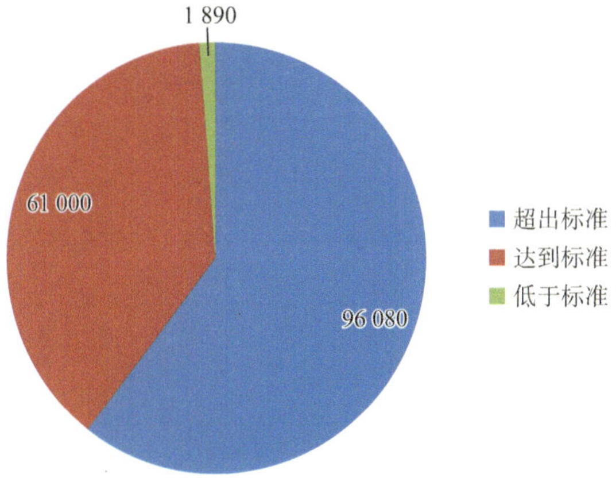

图 4.6-7　临海市海洋功能区划水质评估结果(单位:hm^2)

通过计算分析可知,台州市沿海县、市(区)海洋环境承载状况较差,均为"超载"。

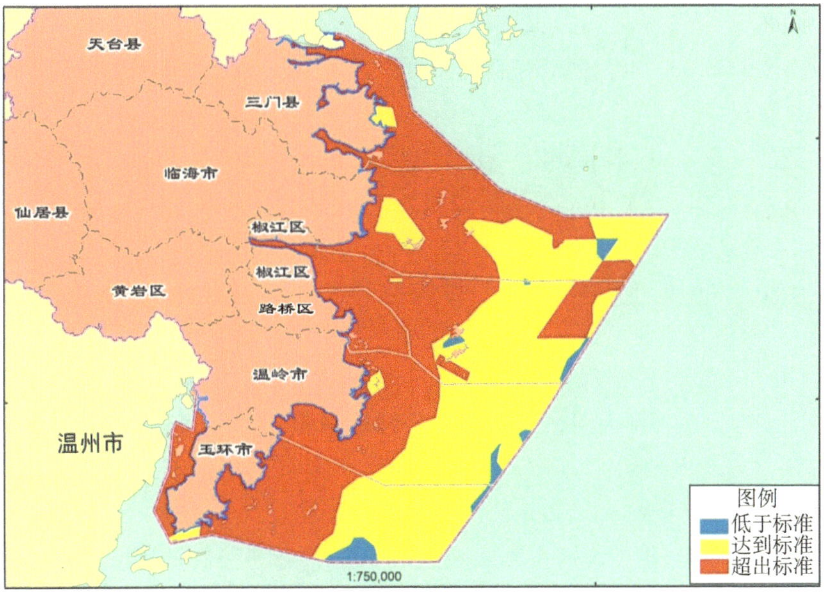

图 4.6-8　台州市水质符合情况分布图

表 4.6-26　台州市沿海县、市(区)海洋环境承载状况测算一览表

县、市(区)	超出标准面积(hm²)	达到标准面积(hm²)	低于标准面积(hm²)	符合比例(%)	承载力	得分
椒江区	75 879	69 888	3 076	49.0	超载	1
路桥区	21 711	0	0	0.0	超载	1
玉环市	83 151	63 084	6 582	45.6	超载	1
三门县	47 022	2 615	0	5.3	超载	1
温岭市	65 835	76 633	2 601	54.6	超载	1
临海市	96 080	61 000	1 890	39.6	超载	1

(2) 海洋生态承载状况(E_2)

椒江区 2016 年的海洋生态红线包括 2 046 hm^2 海洋特别保护区、4 058 hm^2 特别保护海岛、4 645 hm^2 重要河口生态系统、68 579 hm^2 重要渔业海域。其最新划定的海洋红线包括 12 557 hm^2 海洋保护区、1 037 hm^2 特别保护海岛、62 165 hm^2 重要渔业资源产卵场。滩涂面积为 9 908 hm^2，围填海面积为 2 964 hm^2。经计算，椒江区 2016 年的海洋生态红线较最新划定的海洋红线面积减少了 4.5%，滩涂减少了 29.9%。

路桥区在 2016 年未划定生态红线区。其最新划定的海洋红线为海岸侵蚀敏感区，面积为 235 hm^2。滩涂面积为 4 100 hm^2，围填海面积为 2 710 hm^2。经计算，滩涂减少了 66.1%。

玉环市 2016 年的海洋生态红线包括 29 002 hm^2 海洋特别保护区、2 746 hm^2 重要渔业海域。其最新划定的海洋红线包括 416 hm^2 海岸侵蚀敏感区、31 357 hm^2 海洋保护区、868 hm^2 生物多样性维护区、54 hm^2 特别保护海岛、2 747 hm^2 重要渔业资源产卵场。滩涂面积为 8 570 hm^2，围填海面积为 4 307 hm^2。经计算，玉环市 2016 年的海洋生态红线较最新划定的海洋红线面积减少了 11.6%，滩涂减少了 50.3%。

三门县 2016 年的海洋生态红线包括 1 777 hm^2 特别保护海岛、3 500 hm^2 重要滨海旅游区、3 175 hm^2 重要渔业海域、1 742 hm^2 重要滨海湿地。其最新划定的海洋红线包括 414 hm^2 海岸侵蚀敏感区、10 272 hm^2 海洋保护区、711 hm^2 特别保护海岛。滩涂面积为 10 791 hm^2，围填海面积为 860 hm^2。经计算，三门县 2016 年的海洋生态红线较最新划定的海洋红线面积减少了 11.8%，滩涂减少了 8.0%。

温岭市2016年的海洋生态红线包括601 hm^2 重要滨海旅游区、2 917 hm^2 重要渔业海域、1 742 hm^2 重要滨海湿地。其最新划定的海洋红线包括282 hm^2 海岸侵蚀敏感区、488 hm^2 特别保护海岛、1 912 hm^2 重要渔业资源产卵场。滩涂面积为9 662 hm^2，围填海面积为724 hm^2。经计算，温岭市2016年的海洋生态红线较最新划定的海洋红线面积减少了23.8%，滩涂减少了7.5%。

临海市2016年的海洋生态红线包括3 316 hm^2 重要河口生态系统、33 378 hm^2 重要渔业海域。其最新划定的海洋红线包括186 hm^2 海岸侵蚀敏感区、675 hm^2 其他生态功能区、1 157 hm^2 特别保护海岛、30 268 hm^2 重要渔业资源产卵场。滩涂面积为10 825 hm^2，围填海面积为2 122 hm^2。经计算，临海市2016年的海洋生态红线较最新划定的海洋红线面积减少了12.0%，滩涂减少了19.6%。

通过计算分析，台州市沿海县、市(区)的海洋生态承载状况不容乐观，超载区域共4个，分别为椒江区、玉环市、温岭市和临海市，临界超载区域1个，为三门县，仅有路桥区处于可载状态。围填海侵占滩涂湿地是导致区域出现超载的主要原因。

表4.6-27　台州市沿海县、市(区)海洋生态承载状况测算一览表

县、市(区)	2016年红线面积(hm^2)	最新划定红线面积(hm^2)	滩涂面积(hm^2)	围填海面积(hm^2)	生态红线减少比例(%)	滩涂减少比例(%)	承载力	得分
椒江区	79 328	75 759	9 908	2 964	4.5	29.9	超载	1
路桥区	0	235	4 100	2 710	0.0	66.1	可载	3
玉环市	31 748	35 442	8 570	4 307	−11.6	50.3	超载	1
三门县	10 194	11 397	10 791	860	−11.8	8.0	临界超载	2
温岭市	5 260	2 682	9 662	724	23.8	7.5	超载	1
临海市	36 694	32 286	10 825	2 122	12.0	19.6	超载	1

3) 海洋资源环境承载力综合分析

为了表现出各地区海洋资源环境承载力的综合情况，研究建立了海洋资源环境承载力综合评价方法：

$$W_i = \frac{\sum_{i=1}^{n} G_i}{G_{最高分}} \tag{4.6-7}$$

式中：W_i 为海洋资源环境承载力综合指数；G_i 为各项承载力总分；$G_{最高分}$ 为最高分值。W_i 值越大，说明海洋资源环境承载力越强。

表 4.6-28　海洋资源环境承载力判定表

评估依据	评估结果
$W_i \geq 0.67$	可载
$W_i = 0.67$	临界超载
$W_i < 0.67$	超载

经计算，台州市沿海县、市(区)海洋资源环境承载力处于可载状态的区域为路桥区；玉环市、三门县、温岭市、临海市均处于临界超载状态；椒江区处于超载状态。

综合来看，造成台州市沿海县、市(区)海洋资源环境承载力低的原因是海洋生态环境问题，其中海洋水质和滩涂湿地丧失问题尤为重要。

表 4.6-29　台州市沿海县、市(区)海洋资源环境承载力得分及指数表

县、市(区)	岸线得分	海域得分	环境得分	生态得分	总分	评价结果	综合承载力
椒江区	1	3	1	1	6	0.500	超载
路桥区	3	3	1	3	10	0.833	可载
玉环市	3	3	1	1	8	0.667	临界超载
三门县	3	3	1	2	9	0.750	可载
温岭市	3	3	1	1	8	0.667	临界超载
临海市	3	3	1	1	8	0.667	临界超载

4.6.2　海洋资源环境与海洋经济发展协调性分析

通过对海洋资源环境承载力的分析，台州市岸线资源开发强度、海洋环境、海洋生态均处于超载状态，仅有海域资源开发强度处于可载状态。这在一定程度上反映出近岸资源开发对生态环境的影响较大。

本书以投入-产出比来反映海洋资源环境与海洋经济发展的协调程度，其值越大，表明协调性越好。

取值说明：2020 年，台州市海洋产值增长率为 45.63%，浙江省海洋产值增长率为 48.9%。台州市海洋资源环境承载力结果见图 4.6-9。计算方法及过程如下：

$$海洋经济指数(M_e)=\frac{评价区海洋产值增长率}{区域海洋产值增长率}=\frac{45.63\%}{48.9\%}=0.933 \quad (4.6\text{-}8)$$

$$N=\frac{投入}{产出}=\frac{海洋资源环境承载力}{海洋经济指数}=\frac{W_i}{M_e}=\frac{0.500}{0.933}=0.536 \quad (4.6\text{-}9)$$

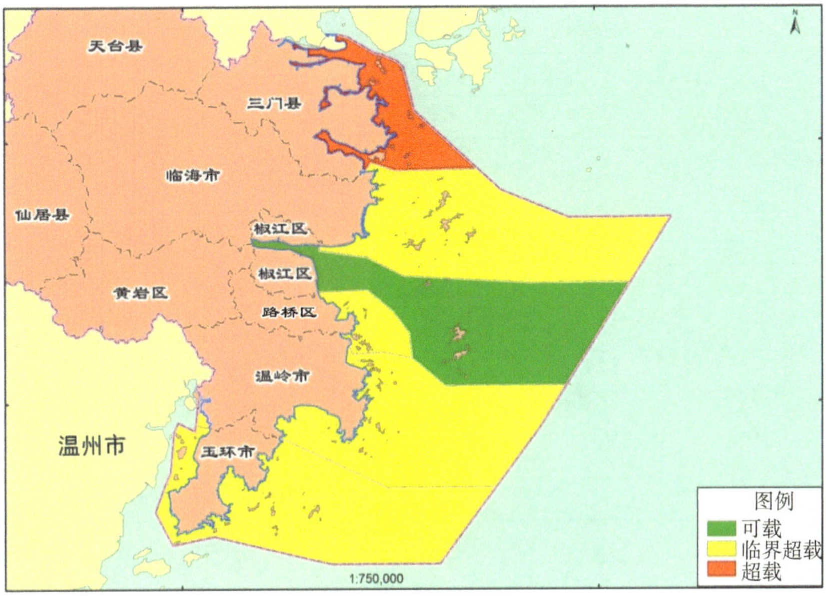

图 4.6-9　台州市沿海县、市(区)综合承载力分布

表 4.6-30　台州市海洋资源环境与海洋经济发展协调性判别表

判断依据	发展类型	备注
$N<1$	经济驱动型	说明经济效益较高，但海洋资源环境承载力较低
$N=1$	均衡发展型	说明经济效益和海洋资源环境承载力处于均衡发展状态
$N>1$	资源保护型	说明经济效益较低，但海洋资源环境承载力高

从判断结果来看，目前台州市海洋事业发展属于经济驱动型。其海洋经济发展在浙江省属于较高水平，但承载力水平较低，处于超载状态。

表 4.6-31 台州市海洋资源环境承载力得分及指数表

评价项目	测算参数	统计与计算结果
岸线开发强度状况	岸线人工化指数(P_A)	0.686
	功能区划影响指数(P_{A_0})	0.789
	开发强度指数	0.869
	自然岸线保有率	0.412
	承载力	超载
	得分	1
海域开发强度状况	海域开发资源效应指数(P_E)	0.646
	区域海洋空间开发利用评价标准(P_{E_0})	0.566
	开发强度指数	1.141
	承载力	可载
	得分	3
海洋环境承载状况	超出标准面积(hm^2)	389 678
	达到标准(hm^2)	273 220
	低于标准(hm^2)	14 149
	符合比例	0.424
	承载力	超载
	得分	1
海洋生态承载状况	2016 年红线面积(hm^2)	161 482
	最新划定红线面积(hm^2)	157 801
	滩涂面积(hm^2)	53 856
	围填海面积(hm^2)	13 687
	生态红线减少比例(%)	2.3
	滩涂减少比例(%)	25.4
	承载力	超载
	得分	1
海域资源环境承载力		0.50
		超载

4.6.3 海洋资源使用效益分析

我国不但是陆域大国，更是海洋大国，海洋为我国经济、社会发展提供了丰富的生活和生产资料[103]。党的十九大报告关于“我国经济已由高速增长阶段转向高质量发展阶段”的总体判断和“加快建设海洋强国”的战略部署，习近平总书记关于“海洋是高质量发展战略要地”的重要论断，凸显出海洋对于我国实现经济高质量发展的重要性[104]。然而，当前海洋经济的发展也存在一定的生态环境问题、社会公众质疑、个别地区不稳定因素及生态发展空间压缩等[105-107]。目前我国海洋经济发展正处于向高质量发展的战略转型期，促进海洋经济高质量发展，符合我国经济社会发展规律和世界经济发展潮流，关系现代化建设和中华民族伟大复兴的历史进程[108]。用海效益的评估，是衡量海洋经济发展状况的一个重要指标和参考。龚艳君等[109]采用层次分析法，选取海域使用经济效益、社会效益、海域空间资源利用、生态环境效益、管理措施落实情况等 5 类评价因子，对典型填海项目进行海域使用综合效益评估；王学哲等[110]采用投入产出比模型，从生态效益和经济效益两个方面论证围海养殖的用海效益。总的来说，我国学者在用海效益评估方面的研究较少且内容单一，主要是针对围填海用海效益评估，而对全要素、全过程的用海效益评估缺少综合性研究成果的结论[111-113]。保障海洋产业高质量发展，实现国家海洋强国战略，解决海域资源要素有效供给和配置是根本问题[114-115]。本书考虑了资源价值、资源供给、生态环境损害等海洋高质量发展的关键要素，选取主要影响因子构建海洋高质量发展效益评估模型，针对海域资源使用效益进行量化评估。以海洋高质量发展效益评估作为手段，引导海域资源使用发展方向，为海洋主管部门的政策制定提供参考和建议，在推动我国海洋经济、海洋战略方面具有重要意义。

1. 分析方法

齐俊婷[115]在《海洋开发活动的经济效益评价研究》一文中，提到海洋开发利用实践中缺乏经济效益评价，而海洋环境评价和海洋功能区划在经济效益评价方面又具有局限性，导致海洋资源、海洋环境、海洋生态系统服务功能的价值难以得到充分体现。因此，海域资源使用的经济收益、资源供给状况及其价值是本研究方法体系中主要考虑的要素。那么，如何通过建立数据模型反映和量化实际用海效益是本书的研究重点。实际用海效益包括海域资源在生产过程中产生的直接经济收益和生态环境系统的负面效应。目前，海域使用金是海域资源要素使用的直接经济收益[79,117-124]。本书选取单位用海收益作为用海效益评估的经济指标，单位用海收益等于统计年限内区域海域使用金征收金额的总和除以海域使用确权总面积。资源要素从海域资源消耗强度方面考虑，选取海域资源消耗率和海岸线资源消耗率作为评价因子。从海水水质和生态保护地两个方面反映生态环境损害程度，选取三类海水水质以下比率和生态红线面积减少率、滩涂湿地面积减少率 3 个评价因子。海洋高质量用海效益评估模型如下：

$$B = V \times R \tag{4.6-10}$$

$$R = 1 - (Re \times 0.5 + Ee \times 0.5) \tag{4.6-11}$$

式中：B 为实际单位用海效益；V 为单位用海收益；R 为收益核减率；Re 为资源消耗率；Ee 为生态环境损害率。

与用经济效益来评估用海效益相比，海洋高质量用海效益评估模型不仅考虑了经济收益，还考虑了资源要素和生态环境要素在经济活动过程中的影响[14]。反映出经济效益不只是直接收益（经济收益），还应体现间接损耗（资源消耗和生态环境损害）。

$$V = \frac{F}{O} \tag{4.6-12}$$

式中：V 为单位用海收益；F 为统计年限内区域海域使用金征收金额的总和；O 为海域使用确权总面积。

2. 分析过程

1）海域使用金累计征收情况

本书为了更加客观地表现海域使用金征收情况，按四个阶段进行统计：第一个阶段为 2007 年之前，国家未制定海域使用金标准；第二个阶段为 2008—2017 年，按照国家 2007 年制定的海域使用金标准征收；第三个阶段为 2018 年，按照国家 2018 年制定的海域使用金标准征收；第四个阶段为 2019—2020 年，按照浙江省的海域使用金标准征收。

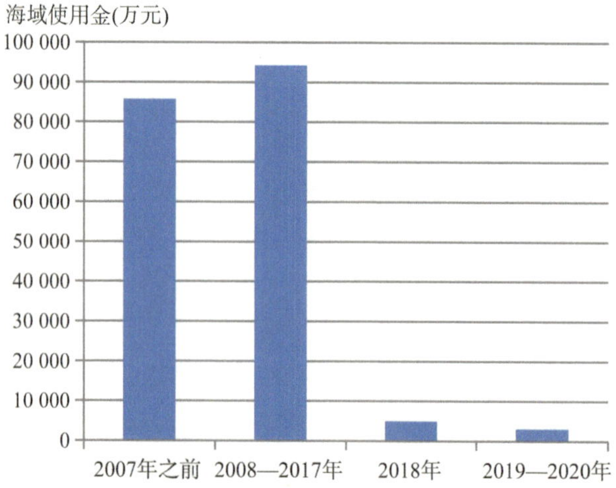

图 4.6-10 台州市各阶段海域使用金征收情况

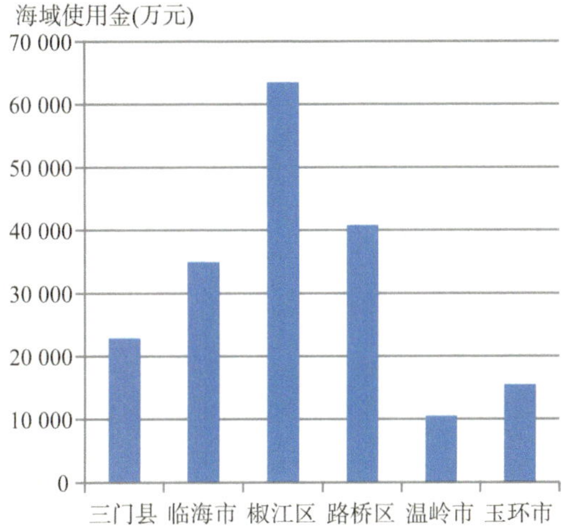

图 4.6-11　台州市沿海县、市(区)海域使用金征收情况

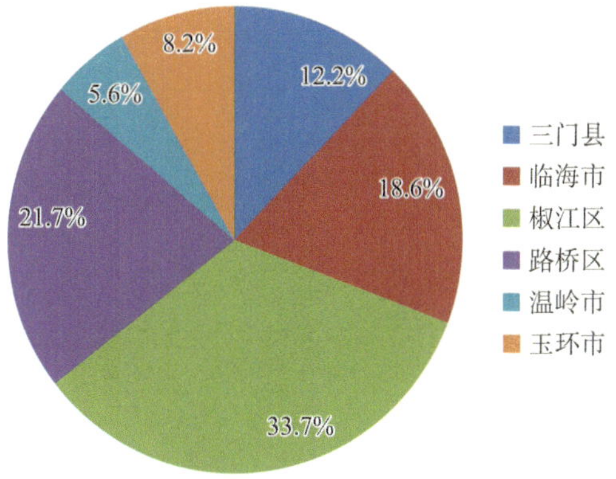

图 4.6-12　台州市沿海县、市(区)海域使用金征收占比

2）海域资源使用单位效益分析

从海域资源使用单位效益来看，最高的是椒江区，为 81 元/m^2；其次是路桥区，为 31 元/m^2；其他地区按照效益高低排序依次为临海市 16 元/m^2、三门县 9 元/m^2、温岭市 5 元/m^2、玉环市 5 元/m^2。

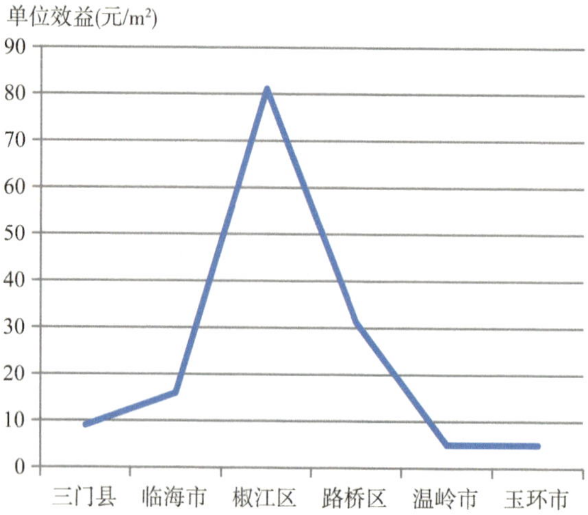

图 4.6-13　台州市沿海县、市(区)海域资源单位使用效益情况

表 4.6-32　台州市沿海县、市(区)海域资源单位使用效益表

地区	海域资源单位使用效益(元/m^2)
三门县	9
临海市	16
椒江区	81
路桥区	31
温岭市	5
玉环市	5

3）核减后海域资源使用单位效益

按照公式(4.6-12)，*Re* 取各地区海域资源使用资源耗损系数的平均值，*Ee* 取地区生态红线面积减少比例、滩涂面积减少比例和超标水质面积比例的平均值。

经过核算，台州市沿海县、市(区)海域资源单位使用效益平均核减率为61.8%。核减后，各地区海域资源单位使用效益高低排序没有改变。

从核减率来看，台州市沿海县、市(区)海域资源单位使用效益平均核减率水平基本相当，海洋空间资源消耗率(*Re*)普遍高于生态环境损害率(*Ee*)。

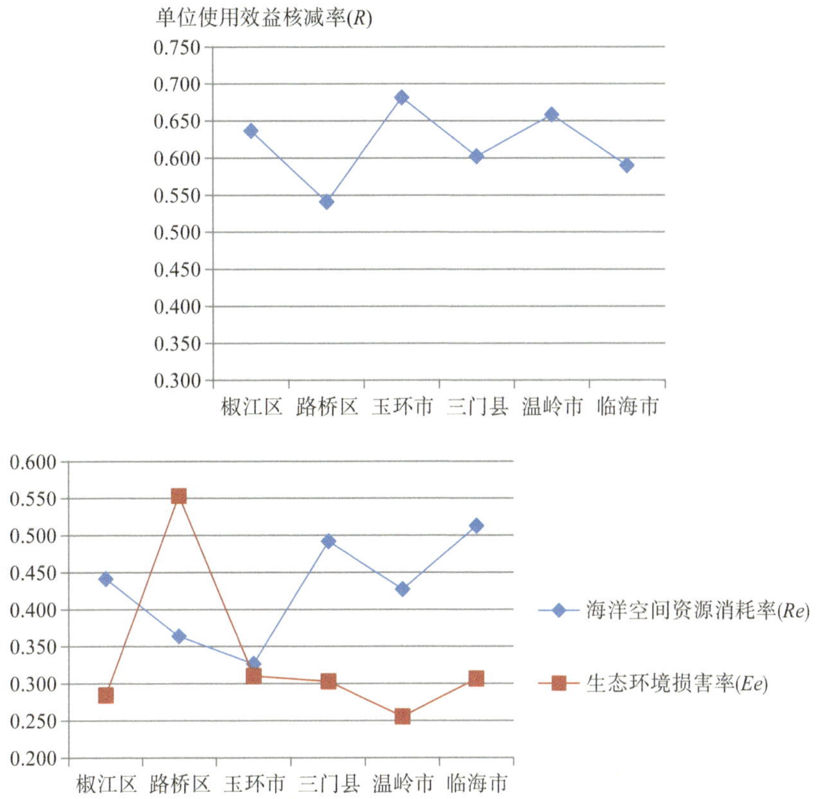

图 4.6-14　台州市沿海县、市(区)海域资源单位使用效益核减参数

从海域资源单位使用效益核减结果来看,海洋空间资源损耗对海域资源单位使用效益的影响较大,实施海域资源的使用管控,有利于海洋经济高质量发展的实现。

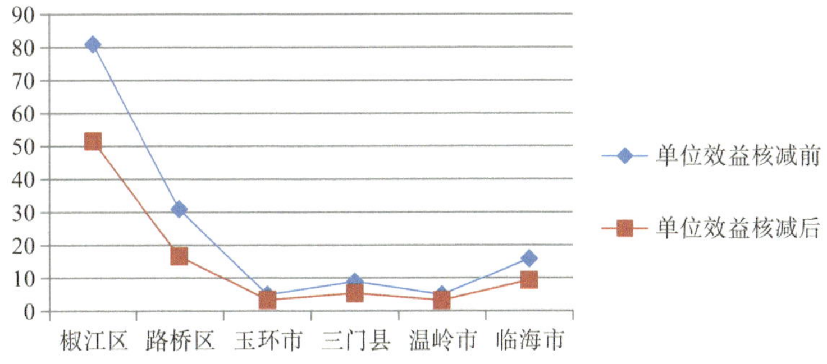

图 4.6-15　台州市沿海县、市(区)海域资源单位使用效益核减前后对比

表 4.6-33　台州市沿海县、市(区)海域资源单位使用效益核减前后对比表

地区	海洋空间资源消耗率(Re)			生态环境损害率(Ee)				单位效益核减率(R)	单位效益核减前(元/m^2)	单位效益核减后(元/m^2)
	岸线资源消耗率	海域资源消耗率	平均值	水质超标比例(%)	生态红线面积减少比例(%)	滩涂面积减少比例(%)	平均值			
椒江区	0.304	0.579	0.442	51.00	4.50	29.90	0.285	0.637	81	52
路桥区	0.071	0.657	0.364	100.00	0.00	66.10	0.554	0.541	31	17
玉环市	0.133	0.520	0.327	54.40	−11.60	50.30	0.310	0.682	5	3
三门县	0.245	0.739	0.492	94.70	−11.80	8.00	0.303	0.603	9	5
温岭市	0.167	0.688	0.428	45.40	23.80	7.50	0.256	0.658	5	3
临海市	0.331	0.695	0.513	60.40	12.00	19.60	0.307	0.590	16	9

表 4.6-34　台州市海洋使用金统计

县、市(区)	用海面积(hm^2)					实缴海域使用金(万元)				
	2007 年之前	2008—2017 年	2018 年	2019—2020 年	合计	2007 年之前	2008—2017 年	2018 年	2019—2020 年	合计
三门县	33.796 8	1 918.301 8	0.000 0	68.189 1	2 020.287 7	339.96	22 482.98	—	82.51	22 905.45
临海市	1.790 6	1 609.672 4	29.541 8	44.617 9	1 685.622 7	0.48	33 411.19	831.36	762.33	35 005.36
椒江区	231.311 6	352.628 1	57.943 1	107.110 5	748.993 3	46 618.95	11 670.49	3 052.22	2 152.93	63 494.59
路桥区	15.354 1	1 020.117 2	95.954 2	0.000 0	1 131.425 5	31 502.35	9 283.98	7.73	—	40 794.06
温岭市	127.811 1	1 189.459 0	590.545 1	1.341 4	1 909.156 6	6 280.42	4 198.19	61.88	0.83	10 541.32
玉环市	1 365.718 5	414.513 0	385.802 5	476.501 6	2 642.535 6	1 088.98	13 232.48	1 048.78	104.63	15 474.88
合计	1 775.782 7	6 504.691 5	1 159.786 7	697.760 5	10 138.021 4	85 831.14	94 279.31	5 001.97	3 103.23	188 215.66

4.6.4 人海系统发展情况分析

人类社会生存和发展环境是由陆地和海洋共同构成的，两者之间的协调关系、耦合关系非常复杂，既独立发展又相互影响。人地关系及人地关系地域系统是地理学研究的核心内容，人类活动与自然环境相互作用，交错构成了一个极其复杂的人地关系地域系统。韩增林[102]提出人海关系及人海关系地域系统是广义的人地关系及人地关系地域系统组成部分和延展，指出海岸及海洋是人海关系及人海关系地域系统的自然载体，是人类社会生存和发展所必须的资源、环境、能源、文化、知识等要素的供给者。因此，以海岸及海洋作为基本空间尺度，研究人海关系地域系统发展规律，调节发展要素配置，探索更符合实际的海岸可持续发展模式，是新发展理念下人海关系的实践。通过构建物理模型模拟人海关系地域系统发展过程，获得人海关系地域系统信息，从而分析其发展规律，是研究人海关系地域系统发展状况的技术途径和工具。目前，学者们分析人海关系地域系统发展规律的方法还仅停留在以发展要素质量评价为核心技术阶段[7-10]，尚未在物理模型构建方面继续开展探索和研究。本书基于人海关系地域系统理论含义，关注人海关系地域系统的主要影响因素，构建人海关系地域系统发展模型，以反映人海关系地域系统发展状况，这是对人海关系地域系统理论的进一步理解和实践。

随着海洋文化、海洋经济等海洋人文活动的产生，地理学研究已从起初的人地关系发展到覆盖了人、陆、海综合体的更为复杂的关系，即人海关系。人地关系地域系统也由仅考虑陆域作为自然空间载体，发展到基于陆海统筹考虑的人海关系地域系统。由此，针对人海关系地域系统研究的核心问题是建立在人地关系地域系统基础上的人海关系发展规律和特征。人海关系地域系统是由各种自然和人文要素组成的，且要素间通过非线性作用相互联系，形成功能实体，即各个不同层次的子系统；其具有时空组合差异性、自禀复杂性、动态关联性和全方位开放性。人海关系地域系统理论内涵及其发展特征是人海关系地域系统发展模型构建的基础，应围绕人、陆、海三个子系统发展的关键和重点要素，充分反映人海关系地域系统发展的差异性、复杂性、关联性和开放性。

1. 评价指标及方法

1）评价指标

研究通过建立人海系统发展评价体系来反映地区的人海系统发展状

况。人海关系的建立应从人与资源、人与环境、人与生态的发展情况来反映人海关系。人海关系可以从两个方面来反映：一是海洋系统来自人类活动的压力；二是海洋功能为人类提供的服务。海洋系统压力主要来自海岸压力、污染输入压力、滩涂湿地灭失压力及海洋经济发展压力，筛选出具有代表性的评价因子，则能够反映出压力的基本情况。同样，海洋服务功能表现为海洋空间资源供给、海水净化功能、海洋碳汇服务、海洋文化旅游服务及海洋物质供给5个方面，并筛选出各自的评价因子。基于以上考虑，研究确定了人海系统发展评价指标，并筛选出了能够表现评价指标的评价因子，见表4.6-35。

表4.6-35　人海系统发展状况评价指标

评价项目	评价指标	评价因子	单位
海洋系统压力（P_s）	海岸压力	单位岸线人口密度	人/km
	污染输入压力	人均主要污染物输入量	t/人
	滩涂湿地灭失压力	单位滩涂人口密度	人/hm^2
	海洋经济发展压力	海洋经济产值增长率	%
海洋服务功能（M_s）	海洋空间资源供给	人均海域空间资源占有量	hm^2/人
	海水净化功能	人均海洋环境容量	t/(人·d)
	海洋碳汇服务	人均碳汇量	t/人
	海洋文化旅游服务	人均海洋文化旅游面积	hm^2/人
	海洋物质供给	人均农渔业区面积	hm^2/人

2）评价方法

研究通过压力与服务的比值（H_e）来表现人海系统发展状况。当$H_e=1$时，为临界值，说明人海系统处于动态平衡的临界点；当$H_e<1$时，海洋系统压力小于海洋服务功能，说明人海系统发展比较和谐；当$H_e>1$时，海洋系统压力大于海洋服务功能，说明海洋系统负担过重，破坏了人海系统的和谐发展。

需要指出的是，人海系统发展状况评价是在相对封闭系统内进行的，相对封闭系统是指子系统相对区域的人海系统。

$$P_s=\frac{\sum_{i=1}^{n}\frac{a_i}{B_i}}{n} \tag{4.6-13}$$

$$M_s = \frac{\sum_{j=1}^{k} \frac{b_j}{B_j}}{k} \tag{4.6-14}$$

$$H_e = \frac{P_s}{M_s} \tag{4.6-15}$$

式中：H_e 为人海关系指数；P_s 为海洋系统压力指数；M_s 为海洋功能服务指数；a_i 为待评价区海洋系统压力第 i 个指标值；B_i 为区域海洋系统压力第 i 个指标值；b_j 为待评价区海洋系统压力第 j 个指标值；B_j 为区域海洋系统压力第 j 个指标值。

2. 评价过程

1）海洋系统压力（P_s）

（1）海岸压力

2020 年，浙江省海岸线长度为 2 134.21 km，人口总数为 64 683 000 人，岸线人口密度为 30 308 人/km。台州市海岸线长度为 699.35 km，人口总数为 6 627 000 人，岸线人口密度为 9 476 人/km。

（2）污染输入压力

2020 年，对台州市水处理发展有限公司、浙江浙能玉环环保水务有限公司、玉环市滨港工业城污水处理厂、三门富春紫光污水处理有限公司、三门沿海污水处理有限公司、温岭市观岙污水处理厂、上实环境（台州）污水处理有限公司等 7 个直排海污染源进行在线监测，由监测结果可知，各直排海污染源在线日均值达标率分别为 93.7%、99.5%、99.4%、99.2%、99.8%、100%、98.1%。7 个排污口全年废水排放量为 110 600 275 t，排放的化学需氧量为 2 918.010 4 t，氨氮为 33.230 t，总磷为 14.26 t，总氮为 966.61 t。人均主要污染物输入量为 17 t。

表 4.6-36　2020 年 7 个排污口污染源排放情况

序号	企业名称	设计处理能力（万 t/d）	化学需氧量（t）	氨氮（t）	总磷（t）	总氮（t）	全年废水排放量（t）	在线日均值达标率（%）
1	台州市水处理发展有限公司	25	1 361.838 4	8.896	2.78	377.3	35 479 012	93.7

续表

序号	企业名称	设计处理能力（万 t/d)	化学需氧量(t)	氨氮(t)	总磷(t)	总氮(t)	全年废水排放量(t)	在线日均值达标率(%)
2	浙江浙能玉环环保水务有限公司	6	299.569 2	8.643	0.77	105.1	18 446 424	99.5
3	玉环市滨港工业城污水处理厂	1	25.333 5	0.322	0.06	2.823	1 807 419	99.4
4	三门富春紫光污水处理有限公司	4	201.468 3	2.696	1.61	78.5	11 581 643	99.2
5	三门沿海污水处理有限公司	—	84.871 5	0.497	0.22	21.76	3 131 757	99.8
6	温岭市观岙污水处理厂	14	477.348 4	7.058	8.11	288.1	33 647 553	100
7	上实环境(台州)污水处理有限公司	—	467.581 1	5.119	0.71	93.02	6 506 466	98.1
合计		—	2 918.010 4	33.231	14.26	966.603	110 600 274	—

注：其中浙江浙能玉环环保水务有限公司于2017年10月开始排入内河，本书考虑近5年直排海排口数量保持一致，将其纳入直排海污染源计算，下同。

依据《2020年中国入海污染源发展状况及海洋污染防治措施分析》，浙江省主要污染物排放总量为209 630万t，人均主要污染物输入量为32 t。

表4.6-37　2020年沿海各省(区、市)直排海污染源污水及主要污染物排放总量

省份	排口数(个)	污水量(万t)	化学需氧量(t)	石油类(t)	氨氮(t)	总氮(t)	总磷(t)	六价铬(kg)	铅(kg)	汞(kg)	镉(kg)
辽宁	25	41 691	6 400	85.1	144	2 978	64	—	—	1.9	0.8
河北	7	57 237	1 978	0.3	39	709	34	28	12.8	5.8	0.3
天津	14	4 918	949	1.5	21	255	5	—	52	2.1	2.9

续表

省份	排口数（个）	污水量（万 t）	化学需氧量(t)	石油类（t）	氨氮（t）	总氮（t）	总磷（t）	六价铬（kg）	铅（kg）	汞（kg）	镉（kg）
山东	68	90 547	26 060	15.4	583	7 357	152	1 096.9	6 890.5	195.4	190.7
江苏	20	6 070	1 812	19.9	40	451	15	72.4	250	5.4	26.3
上海	10	28 245	6 573	24.9	122	1 782	33	—	273.4	44.8	59.7
浙江	100	209 630	55 927	198.9	1 291	17 898	238	403.6	492.4	74.6	179.3
福建	55	138 637	14 761	75.3	641	5 155	120	305.3	45.2	4.6	6.1
广东	72	81 563	19 401	61.2	616	5 359	181	236.9	5 144.1	33.5	91.6
广西	44	19 760	4 796	20.9	357	1 815	532	9.9	503	4	30.9
海南	27	34 696	10 245	7.5	400	3 106	80	—	437.5	10.1	—

(3) 滩涂湿地灭失压力

根据海图统计，台州市滩涂保有量为 53 856 hm^2，滩涂人口密度为 123 人/hm^2。浙江省滩涂保有量为 130 249 hm^2，滩涂人口密度为 497 人/hm^2。

(4) 海洋经济产值增长率

2020 年，台州市海洋经济产值较 2015 年增长了 45.63%，浙江省海洋经济产值较 2015 年增长了 48.90%。

2) 海洋服务功能(M_s)

(1) 海洋空间资源供给

按照海洋功能区划，台州市海域面积为 677 054 hm^2，海域空间资源占有量为 10 hm^2/人。浙江省海域面积为 4 403 689 hm^2，海域空间资源占有量为 15 hm^2/人。

(2) 海水净化功能

海水净化功能通过人均海洋环境容量来反映。海洋环境容量的估算依据 2020 年国家海洋环境监测中心官网公布的海水水质 COD 调查数据，以各站位所在海洋功能区的水质保护要求作为评价标准，测算各站位最大容量值并进行插值运算。结合海水动力环境特征估算浙江省和台州市的海洋环境容量。具体方法如下：

$$W = w \cdot C_{\max} \tag{4.6-16}$$

$$C_{\max} = S_i - p_i \tag{4.6-17}$$

$$w = d \cdot w_{ind} / a_{con} \tag{4.6-18}$$

式中：W 为海洋环境容量；w 为海水自净能力系数；C_{max} 为满足海洋功能区划水质要求的最大容量；S_i 为标准值；p_i 为现状值；d 为水深值；w_{ind} 为扩散系数；a_{con} 为污染浓度衰减常数。

通过对浙江省海域的水质监测站位的COD，超标站位基本处于10 m等深以内。因此，以10 m等深线为界，分为超标区和非超标区。资料显示，浙江省各海湾的扩散系数在150～200 m^2/s之间，该值受水深的影响，水深越浅扩散系数越大。因此，10 m等深线以内扩散系数取200 m^2/s，以外区域扩散系数取150 m^2/s。污染浓度衰减常数为0.049 5。

按照以上步骤计算，台州市海洋环境容量为4 291万t/(人·d)，人均海洋环境容量为6.5 t/(人·d)。浙江省海洋环境容量为35 316万t/(人·d)，人均海洋环境容量为5.5 t/(人·d)。

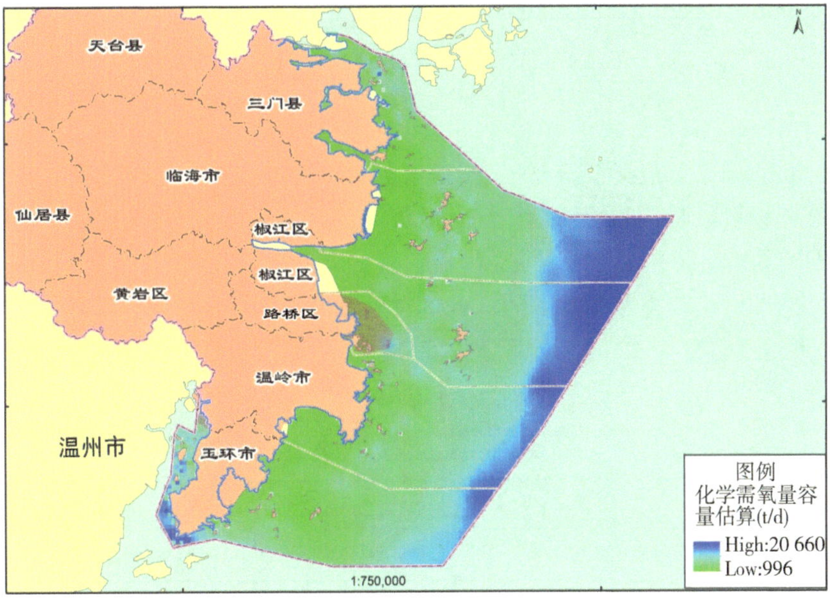

图4.6-16　台州市海洋环境容量分布

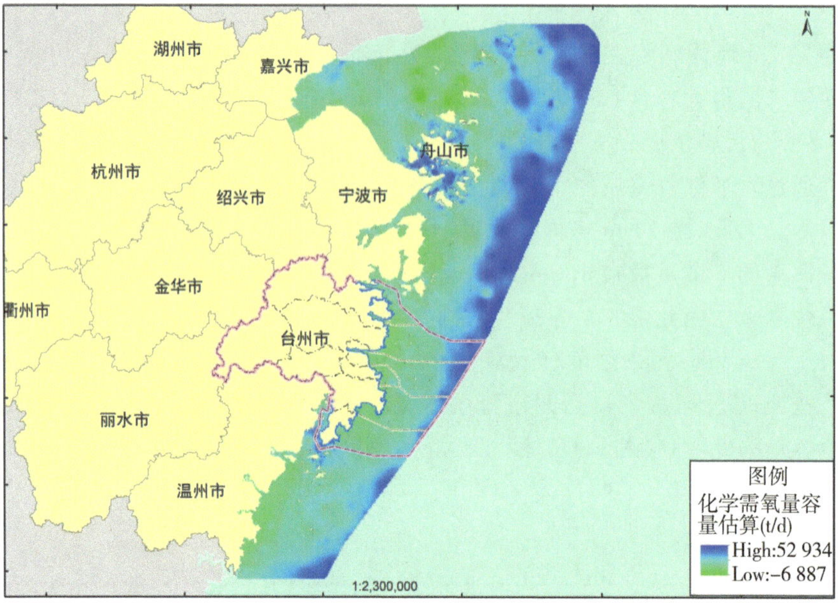

图 4.6-17　浙江省海洋环境容量分布

(3) 海洋碳汇服务

根据《国家蓝色碳汇研究报告:国家蓝碳行动可行性研究》和相关文献统计,红树林平均碳汇能力为 7.34 t/hm²,滨海湿地平均碳汇能力为 8.88 t/hm²。台州市红树林面积为 12 976 hm²,碳汇量为 95 244 t;浙江省红树林面积为 38 677 hm²,碳汇量为 283 889 t。台州市滨海湿地碳汇量为 446 273 t,浙江省滨海湿地碳汇量为 1 156 611 t。经核算,台州市碳汇总量为 541 517 t,人均碳汇量为 0.08 t;浙江省碳汇总量为 1 440 500 t,人均碳汇量为 0.02 t。

表 4.6-38　碳汇量核算表

核算指标	台州市	浙江省
红树林面积(hm²)	12 976	38 677
红树林平均碳汇能力(t/hm²)	7.34	
红树林碳汇量(t)	95 244	283 889
沿海滩涂面积(hm²)	50 256	130 249
滨海湿地平均碳汇能力(t/hm²)	8.88	
滨海湿地碳汇量(t)	446 273	1 156 611

续表

核算指标	台州市	浙江省
碳汇总量(t)	541 517	1 440 500

(4) 海洋文化旅游服务

台州市旅游休闲娱乐区面积为 7 023 hm^2，人均海洋文化旅游面积为 0.001 06 hm^2。浙江省旅游休闲娱乐区面积为 61 883 hm^2，人均海洋文化旅游面积为 0.000 96 hm^2。

(5) 海洋物质供给

海洋物质供给以海洋渔业为主，台州市农渔业区面积为 502 670 hm^2，人均农渔业区面积为 0.076 hm^2。浙江省农渔业区面积为 2 933 612 hm^2，人均农渔业区面积为 0.045 hm^2。

3. 评价结果及分析

台州市相对浙江省海洋系统压力指数(P_s)为 0.506，海洋服务功能指数(M_s)为 1.728。按照公式，计算得到人海关系指数(H_e)为 0.293。$H_e<1$，说明浙江省人海系统内发展相对和谐。

同时我们可以看出，台州市的海洋服务功能较强，海洋碳汇服务尤为突出，海水净化功能和海洋文化旅游服务与浙江省基本持平，海洋物质供给水平高于浙江省，但海洋空间资源供给水平低于浙江省。

4.6.5 海洋要素供求关系分析

2015 年，台州市实现海洋生产总值 480.67 亿元。2020 年，台州市实现海洋生产总值 700 亿元，2020 年较 2015 年增长了 45.63%，年均增长率为 9.13%，海洋生产总值占地区生产总值比重为 13.30%。本书以“十三五”为统计周期，分析要素供给与产业需求的关系。

1) 资源要素与海洋经济供求关系

2015—2019 年间，台州市主要用海类型包括渔业用海、交通运输用海、工业用海和造地工程用海，这 4 类用海面积总和为 5 361.434 6 hm^2，占 2015—2019 年间用海总面积的 91%。资源使用贡献率分别为渔业用海 81.9%、造地工程用海 3.6%、交通运输用海 3.3%、工业用海 2.3%。

表 4.6-39　人海关系发展评价数据及结果一览表

评价项目	评价指标	评价因子	单位	台州市	浙江省	评价结果	平均值	人海关系指数
海洋系统压力（P_s）	海岸压力	单位岸线人口密度	人/km	9 476	30 308	0.313	0.506	0.293
	污染输入压力	人均主要污染物输入量	t/人	17	32	0.531		
	滩涂湿地灭失压力	单位滩涂人口密度	人/hm^2	123	497	0.247		
	海洋经济发展压力	海洋经济产值增长率	%	45.63	48.90	0.933		
海洋服务功能（M_s）	海洋空间资源供给	人均海域空间资源占有量	hm^2/人	10	15	0.667	1.728	
	海水净化功能	人均海洋环境容量	t/(人·d)	6.5	5.5	1.182		
	海洋碳汇服务	人均碳汇量	t/人	0.08	0.02	4.000		
	海洋文化旅游服务	人均海洋文化旅游面积	hm^2/人	0.001 06	0.000 96	1.104		
	海洋物质供给	人均农渔业区面积	hm^2/人	0.076	0.045	1.689		

由分析得出，2015—2019年间，渔业用海和造地工程用海资源使用需求出现增长趋势，交通运输用海和工业用海资源使用需求出现下降态势。但是，从总体用海情况来看，出现了需求增长的趋势。2019年较2015年资源使用面积增长了16.7%，年均增长率为3.94%。

从增长率来看，资源要素供给以3.94%的速度，驱动了9.13%的海洋经济增长速度，产出是投入的2.23倍。但是，海洋生产总值占地区生产总值比重却出现了下降，2020年较2015年降低了0.2个百分点。同时，海洋经济增长速度也不及地区生产总值的增长速度，低了0.9个百分点。说明在高质量发展要求下，以资源要素为驱动的海洋经济已经不能满足地区发展总体要求。

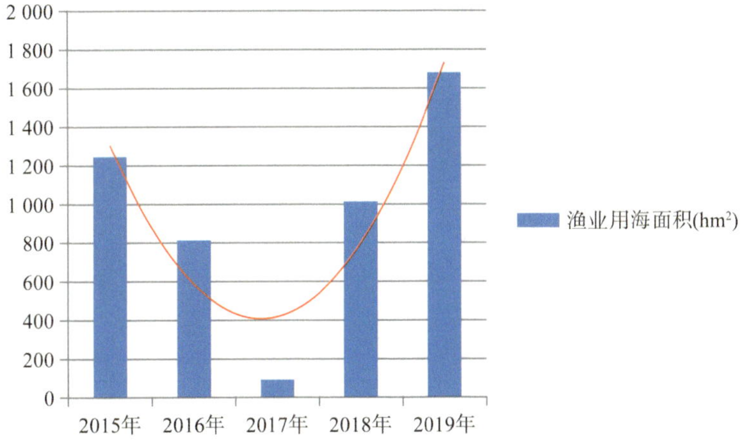

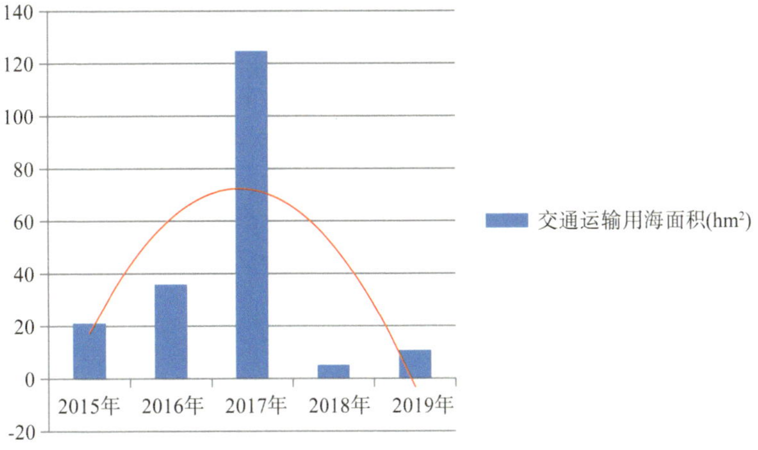

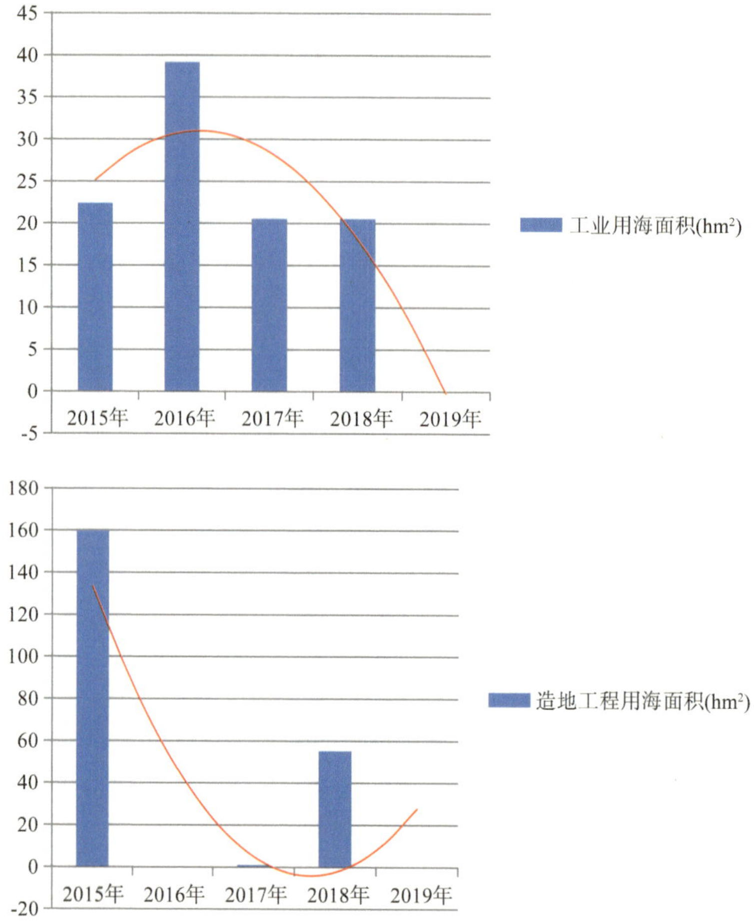

图 4.6-18　2015—2020 年间台州市主要用海产业用海状况

2）环境要素与海洋经济供求关系

台州市 2015 年海水水质超出海洋功能区划保护标准要求的海域面积为 673 761 hm^2，2020 年海水水质超出海洋功能区划保护标准要求的海域面积为 389 678 hm^2。2020 年较 2015 年，超出标准的海域面积减少了 42.16%，年均减少率为 12.79%。

由分析得出，2015 年台州市海水水质环境问题比较严峻，超出标准的海域范围较广，几乎覆盖了台州市整个海域。"十三五"期间，在生态文明建设的要求下，在全面排查整治入海排污口、全面推行河（湖）长制和湾（滩）长制、推进海洋生态保护区建设、强化海洋环境监测能力建设等组合重拳的措施下，台州市海洋生态环境保护工作取得了明显成效。2020 年，台州市近岸海域水质优良比例进一步提升，海水富营养化程度有所改善。

从增长率来看，环境要素供给以 12.79%的改善强度，驱动了 9.13%的海洋经济增长速度，产出是投入的 0.71 倍。可见，环境要素的改善是一个缓慢且投入较大的过程。

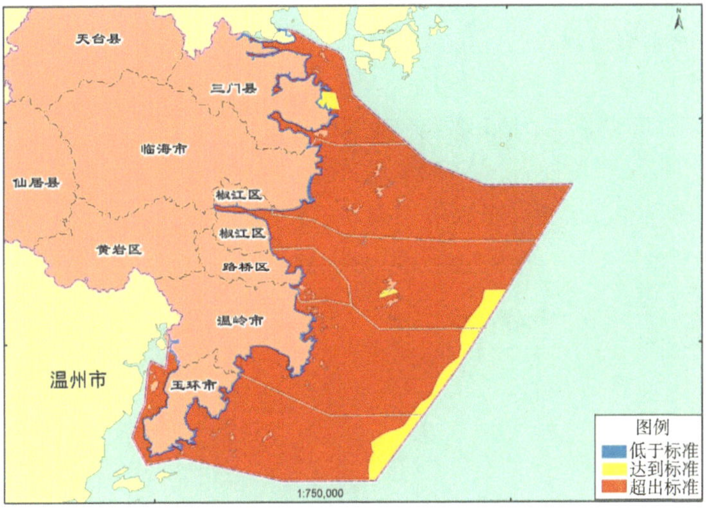

图 4.6-19　2015 年台州市水质符合情况分布

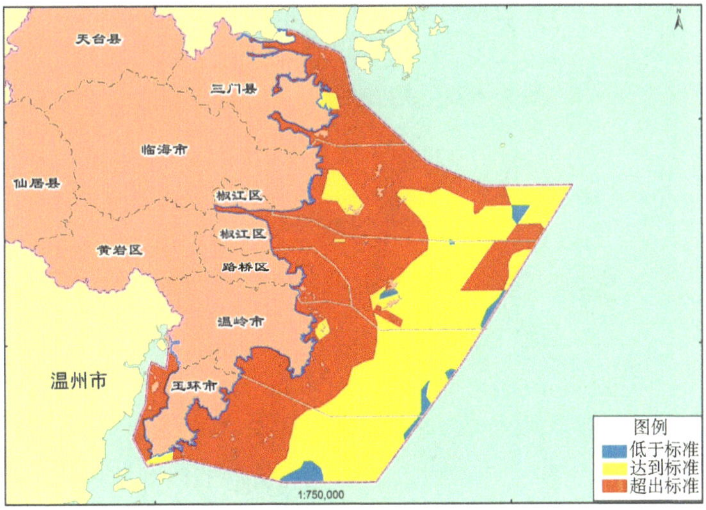

图 4.6-20　2020 年台州市水质符合情况分布

3）生态要素与海洋经济供求关系

台州市 2015 年红树林保有量为 57.8 hm²，2020 年红树林保有量为 129.76 hm²，2020 年较 2015 年，红树林保有量增加了 124.5%，年均增长率为 22.41%。

从增长率来看，生态要素供给以 22.41%的改善强度，驱动了 9.13%的海洋经济增长速度，产出是投入的 0.41 倍。同样，生态要素的改善也是一个缓慢且投入较大的过程。

4. 综合分析

经计算，资源要素、环境要素和生态要素共同影响了经济发展效率，在资源要素 3.94%、环境要素 12.79%、生态要素 22.41%的合力下，共同撬动了 9.13%的海洋经济增长。得到资源要素、环境要素和生态要素对海洋经济的贡献值分别为 0.92%、2.98%、5.23%。

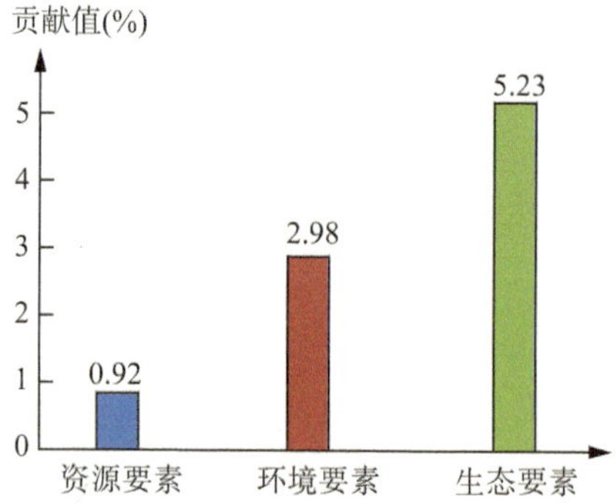

图 4.6-21　要素对海洋经济的贡献值

4.6.6　问题总结

（1）台州市沿海县、市（区）海洋资源环境承载力普遍较低，仅有路桥区处于可载状态，其他地区处于超载和临界超载状态。造成这个问题的原因是海洋生态环境承载力较低，说明海域空间资源使用对生态环境的影响较大。这一点，从海域空间资源使用效益的核减率幅度大、海域空间资源供给不足两个方面也可以看出。因此，对于海域空间资源的使用应向降低资源使用损耗、提高海域空间资源效率、管控海域空间资源使用类型等方向上转型。

（2）人海关系和谐发展的压力主要来自污染输入压力和海洋经济发展压

力。为保持海洋经济发展的增长态势、缓解污染输入压力，应抓住海域空间资源供给这一源头，将环境要素、生态要素和资源要素统一作为海域空间资源发展的要素进行管理。

（3）在高质量发展的要求下，以资源要素为驱动的海洋经济已经不能满足地区总体发展要求，生态环境要素的改善是一个缓慢且投入大的过程。

（4）台州市海域资源要素供给保障不足。

5

台州市海洋产业高质量发展模式探索

5.1 要素质量管控

5.1.1 环境要素质量底线

由海水水质超出海洋功能区划保护标准要求的海域和超标站位的分布特征发现，超标情况主要分布在 10 m 以内水深海域或附近海域，最远距离未超出 20 m 等深线。因此，10 m 以内水深海域是环境要素质量关注的重点，为保持或提升海水水质质量，这是一条需要坚守的底线（图 5.1-1）。

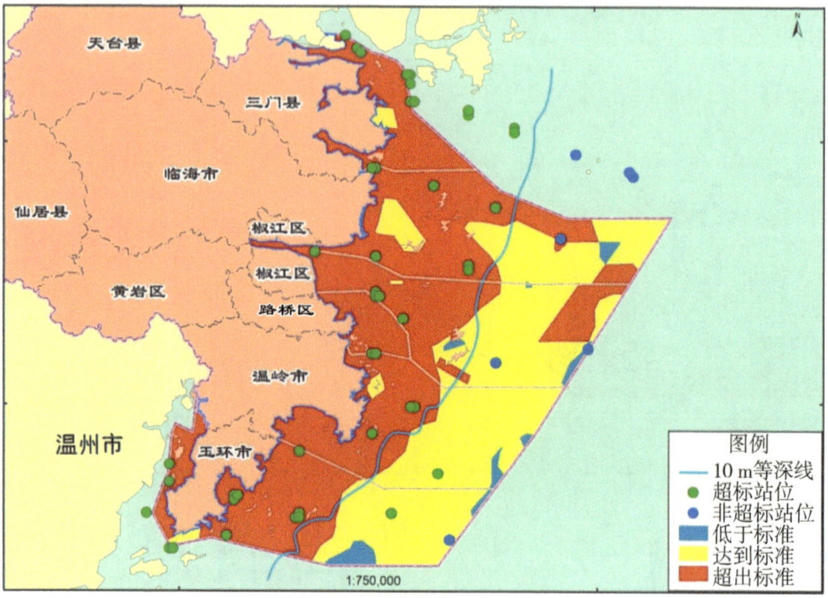

图 5.1-1 水质超标情况分布

《台州市海洋经济发展"十四五"规划》指出："生态海洋建设快速推进。建成省级生态海岸带和 4 个海岛花园，海洋生态环境保护与修复取得明显成效，入海污染物总量得到有效控制，海洋污染事故发生明显减少，近岸海域水质优良率达到省下达指标。"同时，提出近岸海域优良水质（一、二类）达标率为 65.8%，具体见表 5.1-1。

表 5.1-1 人海关系发展评价数据及结果一览表

一级指标	二级指标	评价年份	
		2020 年实际值	2025 年目标值
海洋经济	海洋生产总值(亿元)	700	1 000
	海洋生产总值占地区生产总值的比重(%)	13.30	13.87
	第三产业增加值占海洋生产总值的比重(%)	44	50
海洋创新	海洋科研机构数量(个)	5	6
	海洋研究与试验发展经费投入强度(%)	2.2	3.3
海洋港口	全市沿海港口货物吞吐量(亿 t)	0.51	1.00
	全市沿海港口集装箱吞吐量(万标箱)	50.3	100.0
海洋渔业	国内海洋捕捞产量(万 t)	83.98	150.00
	远洋捕捞产量(万 t)	5.81	
	海水养殖产量(万 t)	52.49	
海洋生态	近岸海域优良水质(一、二类)达标率(%)	65.8	省下达指标
	省级以上海岛花园建成数(个)	—	4

2020 年近岸海域优良水质(一、二类)面积为 305 094 hm^2,达标率为 45.1%。按照《台州市海洋经济发展"十四五"规划》要求,2025 年近岸海域优良水质(一、二类)达标率需提高 20.7%,折算成海域面积需增加 140 149 hm^2。为达到《台州市海洋经济发展"十四五"规划》的预期目标,通过分析得出达标海域线应推移到 5 m 等深线处。因此,将台州市海域进行海水水质分区监控,分为水质严控区、水质攻坚区和水质观察区。分区后,水质严控区海域面积为 182 599 hm^2,水质攻坚区海域面积为 188 261 hm^2,水质观察区海域面积为 306 194 hm^2。

为了实现预期目标,应在现有监测站位的基础上进行加密,加密原则主要考虑两个方面:一是加强 5 m 和 10 m 等深线附近海域的监测,二是加强海岛周边海域监测密度和频次。

分区划分后,水质攻坚区现状水质为二类水质的面积为 19 111 hm^2,二类以下水质的面积为 169 152 hm^2。需提升水质的面积占水质攻坚区二类以下水质面积的 56.6%。因此,"十四五"期间水质提升任务的着力点应放在水质攻坚区,防止水质严控区污染的进一步输入。最终核算,水质攻坚区水质需提升 56.6%,占 2025 年近岸海域优良水质(一、二类)面积折算成海域面积的 68.3%,任务非常艰巨。

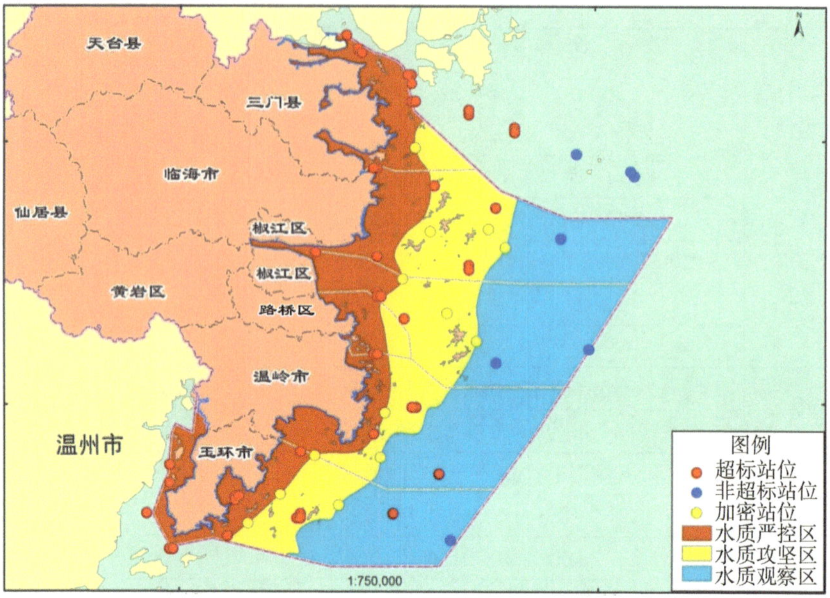

图 5.1-2　水质监控分区及站位布设

5.1.2　生态要素质量红线

1. 海岸生态敏感适宜性分区

1）陆海生态空间格局分析

在保障陆海生态格局连通性、完整性、系统性的基础上，准确识别研究区生态要素，分析其空间分布格局，如自然保护地、生态廊道、滨海旅游区、景观及地址遗迹、其他特殊利用区等。

（1）关键生态要素识别

通过对资料和数据的收集整理，台州市内近岸关键生态要素包括自然保护地、滨海旅游区、景观及地质遗迹、自然岸线等（图 5.1-3）。

（2）关键生态要素叠加分析

通过对自然保护地、滨海旅游区、景观及地质遗迹、自然岸线等近岸关键生态要素进行叠加分析，计算最大影响范围。台州市近岸主要形成了 3 个片区的关键要素聚集地，分布在三门县、温岭市东部和温岭市中部—玉环市等（图 5.1-4）。

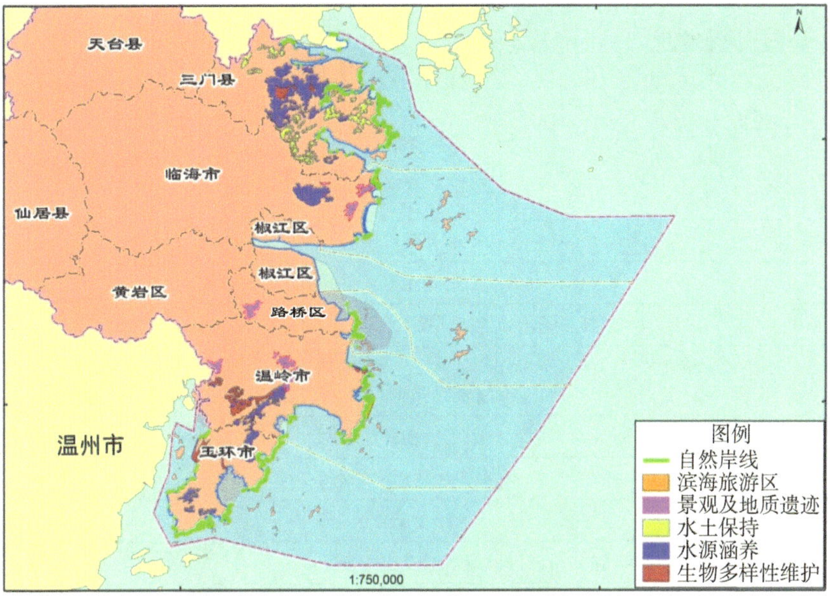

图 5.1-3　台州市近岸关键生态要素分布图

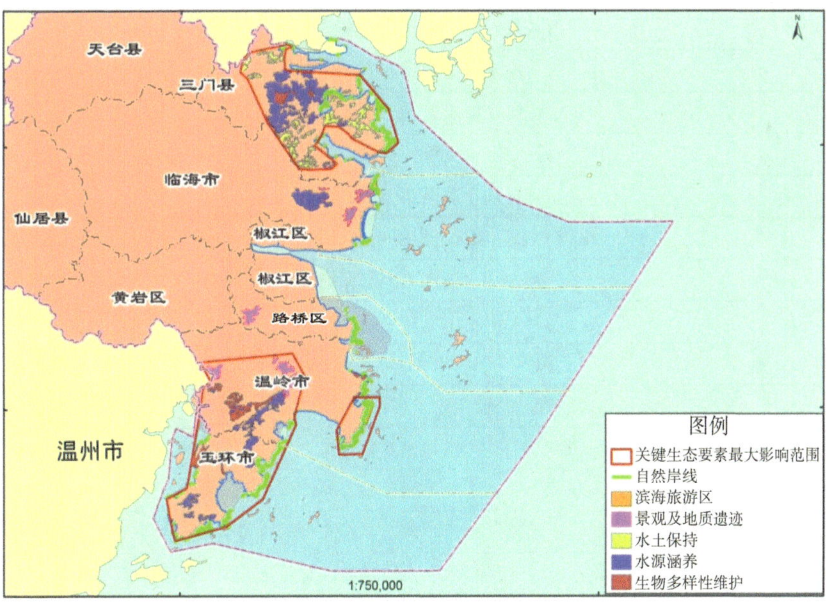

图 5.1-4　台州市近岸关键生态要素影响范围分布图

（3）关键生态要素生态景观的完整性分析

通过分析发现，台州市基本形成了 3 个片区的 2 条生态廊道和 1 处滨海景观带，2 条生态廊道分别为三门陆海生态廊道和玉环—温岭中陆海生态廊道，1 处滨海景观带为温岭松门滨海景观带。

表 5.1-2　台州市近岸保护地名录

地理位置	保护地名称	保护地类型
玉环市	玉环市龙溪水库水源涵养生态保护	水源涵养
玉环市	玉环市清港镇北部水源涵养生态保护	水源涵养
玉环市	玉环市漩门湾国家湿地公园保护区生物多样性维护生态保护（陆域部分）	生物多样性维护
温岭市	温岭市龙门湖湿地公园生物多样性维护生态保护	生物多样性维护
温岭市	温岭市吉屯坑水库水源涵养生态保护	水源涵养
温岭市	温岭市龙皇堂水库水源涵养生态保护	水源涵养
温岭市	温岭市湖漫水库水源涵养生态保护	水源涵养
温岭市	温岭市桐岭水库水源涵养生态保护	水源涵养
温岭市	温岭市横路头水库水源涵养生态保护	水源涵养
温岭市	温岭市江厦森林公园生物多样性维护生态保护	生物多样性维护
温岭市	温岭市石景水库水源涵养生态保护	水源涵养
温岭市	温岭市白溪水库水源涵养生态保护	水源涵养
温岭市	温岭市坑潘水库水源涵养生态保护	水源涵养
三门县	三门县南部水土保持生态保护	水土保持
三门县	三门县白溪水源涵养生态保护	水源涵养
三门县	三门县东南部水土保持生态保护	水土保持
三门县	三门县中部水源涵养生态保护	水源涵养
三门县	三门县北部水土保持生态保护	水土保持
三门县	三门县施家岙水库水源涵养生态保护	水源涵养
三门县	湫水山省级森林公园生物多样性维护生态保护	生物多样性维护
三门县	三门县石门水库水源涵养生态保护	水源涵养
玉环市	玉环市小闾水库水源涵养生态保护	水源涵养
玉环市	玉环市里墩—大坑里—横培—石门坎—玉潭水库水源涵养生态保护	水源涵养
玉环市	玉环市小陈岙—牛栏水库水源涵养生态保护	水源涵养
玉环市	玉环市芳杜水库水源涵养生态保护	水源涵养
玉环市	玉环市里澳水库—里岙山塘—营岙水库及双庙水库—东风水道水源涵养生态保护	水源涵养

续表

地理位置	保护地名称	保护地类型
临海市	临海市童辽水库水源涵养生态保护	水源涵养
三门县	三门县罗岙水库水源涵养生态保护	水源涵养

表 5.1-3　台州市景观及地质遗迹名录

地理位置	名称
临海市	临海市桃渚地质遗迹和风景名胜保护生态保护红线
温岭市	温岭市长屿硐天景区自然景观维护生态保护红线
温岭市	温岭市方山—南嵩岩景区自然景观维护生态保护红线
椒江区	黄石国家地质公园
临海市	临海武坑层状流纹岩地貌

表 5.1-4　台州市滨海旅游区名录

地理位置	名称
温岭市	温岭松门旅游休闲娱乐区
临海市	临海桃渚旅游休闲娱乐区

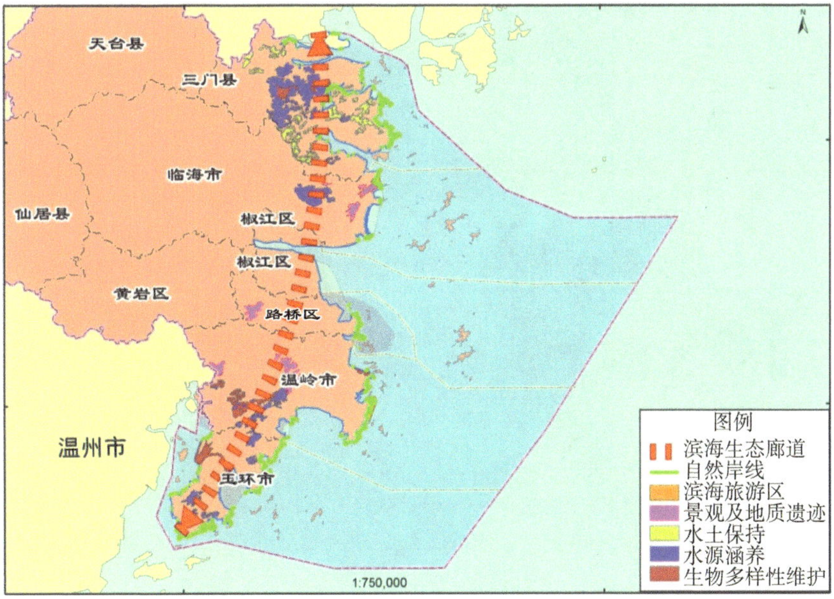

图 5.1-5　台州市近岸生态廊道构成图

2）海岸景观脆弱度评价

（1）景观类型时空演变

经解译分析得到成果数据之后，进行属性检查、拓扑检查、外部验证等，令解译成果数据真实可靠。图 5.1-6 为土地利用数据分析情况，确定了研究区景观类型，采用土地利用转移矩阵方法，分析景观类型变化。

以 1985—2020 年四期遥感影像为基础数据，解译得到研究区景观类型。1985 年景观类型主要是林地，其次是耕地，林地主要分布在西部，耕地主要分布在东南部，城乡工矿用地呈星状分布在耕地附近及沿海地区；2000 年景观类型主要是林地，北部、中部、东南部城乡工矿用地大量增加；2015 年景观类型主要为林地和城乡工矿用地，东南部耕地大量减少，沿海地区主要为耕地和城乡工矿用地；2020 年景观类型主要是林地和城乡工矿用地，林地分布在西北部，城乡工矿用地分布在东南部。

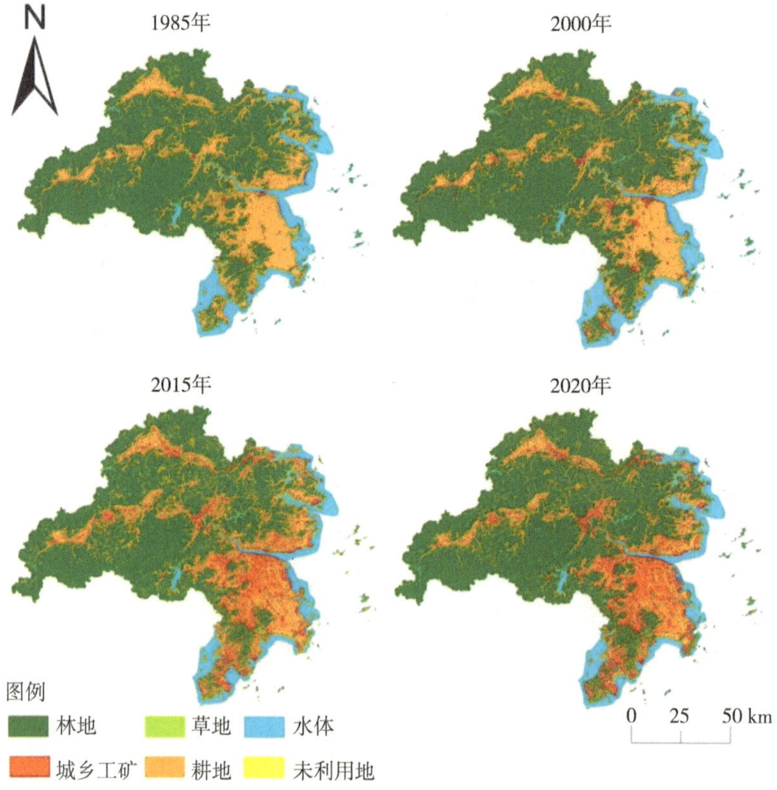

图 5.1-6　1985—2020 年土地类型遥感解译结果

通过转移矩阵分析景观类型变化，6种景观类型在35年间都存在向其他地类转移的情况。1985—2000年景观类型发生较小变化，主要是耕地转为城乡工矿用地，最明显区域分布在中部、东南部和沿海地区，其次是林地转为耕地，景观类型转换分布在1985年的耕地附近；2000—2015年景观类型发生较大变化，主要是林地转为耕地，景观类型转换分布在2000年的耕地附近，其次是耕地转为城乡工矿用地，东南部变化最明显，同时水体转为城乡工矿用地和耕地较明显；2015—2020年景观类型发生巨大变化，主要变化是耕地转为林地，城乡工矿用地持续大幅度增加。

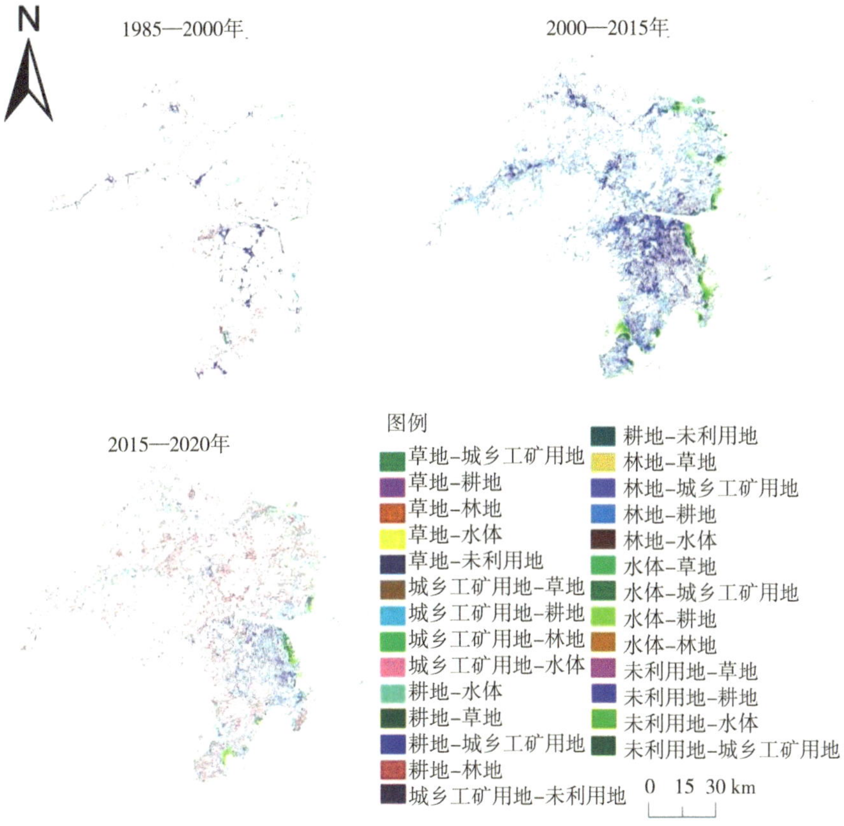

图 5.1-7　1985—2020年土地利用景观类型变化

表 5.1-5 1985—2020 年土地利用转移矩阵 单位:km²

年份	景观类型	草地	城乡工矿用地	耕地	林地	水体	未利用地
1985—2000	草地	0.87	0.24	0.53	1.25	0.16	0
	城乡工矿用地	0	166.43	5.17	0.75	14.63	—
	耕地	0.16	193.29	2 370.09	289.01	44.81	—
	林地	0.15	8.06	110.26	5 992.97	1.12	—
	水体	0	12.48	16.35	3.31	1 134.73	—
	未利用地	0.001	0.064	0.013	—	0.004	0.006
2000—2015	草地	0.04	0.07	0.67	0.39	0.01	—
	城乡工矿用地	4.07	270.83	96.15	2.43	7.07	—
	耕地	17.56	541.89	1 859.07	51.02	32.81	—
	林地	9.91	27.52	948.35	5 296.81	3.86	—
	水体	30.58	84.87	182.82	13.25	882.49	0.01
	未利用地	—	0.002	0.005	—	—	—
2015—2020	草地	0.45	5.30	19.67	5.80	30.96	—
	城乡工矿用地	2.42	780.47	131.36	1.99	8.92	—
	耕地	8.19	302.36	2 061.45	609.36	105.73	—
	林地	0.56	1.36	129.27	5 225.19	7.88	—
	水体	0.63	28.93	48.46	0.35	848.2	—
	未利用地	—	—	—	—	0.01	—

通过叠加分析可以得到 1985—2000 年、2000—2015 年和 2015—2020 年的土地利用转移矩阵,它包括静态的在一定区域和研究时间点的各景观类型面积数据,还包含各景观类型转出和转入的面积信息,可以定量反馈出各类型间动态转化的过程。1985—2000 年,主要是耕地转为城乡工矿用地,面积为 193.29 km²,同时林地也逐渐覆盖了部分不适宜耕种的山地及丘陵,未利用地面积减少;2000—2015 年,水体转为耕地和城乡工矿用地的面积分别为 182.82 km² 和 84.87 km²;2015—2020 年,主要是耕地转为林地和城乡工矿用地,面积分别为 609.36 km² 和 302.36 km²,主要原因是随着政府大力推进退耕还林以及其他相应的环境保护政策,林地逐渐增加,并且由于城市建设和扩张等原因,导致耕地被占用。

随着城镇的发展,景观类型变化越来越大,其中耕地、林地和城乡工矿用地在空间上面积变化较大,城乡工矿用地明显扩张,林地是台州市主要的景观类型,直到 2015 年林地大多数被耕地占用,同时耕地被城乡工矿用地占用最明显，沿海地区水体转为耕地和城乡工矿用地明显。1985—2015年，中国海洋经济迅速发展，海洋强国战略的提出，更是加快了向海洋进军的步伐，海岸带地区的开发建设规模和速度大幅提升，台州市主要采用以破坏生态环境为代价的较为粗放的发展方式，城镇规模的大面积扩大、频繁的围海造田活动、耕地被侵占及长期的毁林开荒促进了土地利用的变化。

(2) 景观格局指数时空演变

景观格局指数包括聚集度、分维数倒数和斑块密度。其中，聚集度反映斑块在景观中的聚集和分散状态；分维数能够表明景观几何形状的复杂程度，在一定程度上反映出人类活动对景观格局的影响，分维数越大，景观斑块复杂程度越高，因此，分维数倒数越大说明景观斑块的复杂程度越低；斑块密度能够反映景观整体的异质性以及某一类型的破碎化程度，反映景观单位面积上的异质性。仅靠景观特征指数反映的信息难以充分说明景观脆弱性问题，因此需选取能够反映研究区主要生态环境问题的植被覆盖指数和生态适宜度进行补充，使评价结果能够对景观生态环境状况以及所受干扰程度进行综合反映。

①聚集度

景观聚集度 C 反映景观中不同斑块类型的非随机性或聚集程度。其一般数学表达式如下：

$$C = C_{\max} + \sum_{i=1}^{n} \sum_{j=1}^{n} P_{ij} \ln(P_{ij}) \tag{5.1-1}$$

式中：$C_{\max}$ 是聚集度指数的最大值；n 是景观中斑块类型总数；P_{ij} 是斑块类型 i 与 j 相邻的概率。

如图 5.1-8 所示，1985—2020 年，景观聚集度由高变低再变高：1985 年景观聚集度最高，斑块在景观上呈现聚集的状态，仅有少部分斑块聚集度分散，呈零星状分布在研究区；2000 年景观聚集度变低，从景观类型上来看，耕地和城乡工矿用地的增加导致聚集度降低；2015 年景观聚集度持续变低，从景观类型上来看，城乡工矿用地持续增加，土地利用强度加大导致聚集度持续变低；与 2015 年相比较，2020 年景观聚集度略有提高，从景观类型上来看，城乡工矿用地增加得较少导致景观更聚集。农耕和城市发展林地水土流失严重、不透水面积增加等现象导致聚集度下降；近 5 年研究区林地景观生态环境保护得较好，土地的集约节约管控使得林地和耕地聚集度提升。

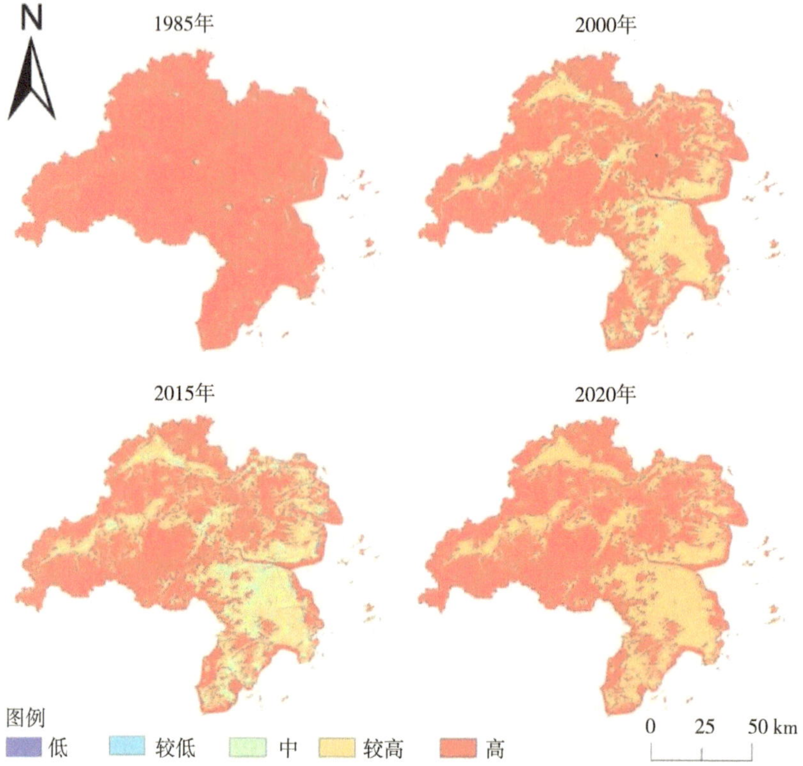

图 5.1-8　1985 年、2000 年、2015 年、2020 年景观聚集度空间分布

②分维数

分维数是描述斑块或景观镶嵌体几何形状复杂程度的非整型维数值。

$$F_d = \frac{2\ln\left(\frac{L}{k}\right)}{\ln A} \tag{5.1-2}$$

式中：F_d 是分维数；L 是斑块的周长；A 是斑块的面积；k 是常数。

分维数倒数越低，说明景观斑块的复杂程度越高。如图 5.1-9 所示，1985—2000 年，斑块几何形状复杂程度持续变高：1985 年景观斑块出现两极分化的状态，水体斑块形状复杂程度较高，其他景观类型斑块复杂程度较低；2000 年景观斑块的复杂程度持续变高，从景观类型上来看，是耕地变化导致景观几何形状变复杂；2015 年景观斑块的复杂程度集中升高，是城乡工矿用地大幅度增加导致景观几何形状变复杂；2020 年景观斑块的复杂程度最高，是城乡工矿用地集中增加导致景观几何状况更复杂，并且集中在沿海地区。

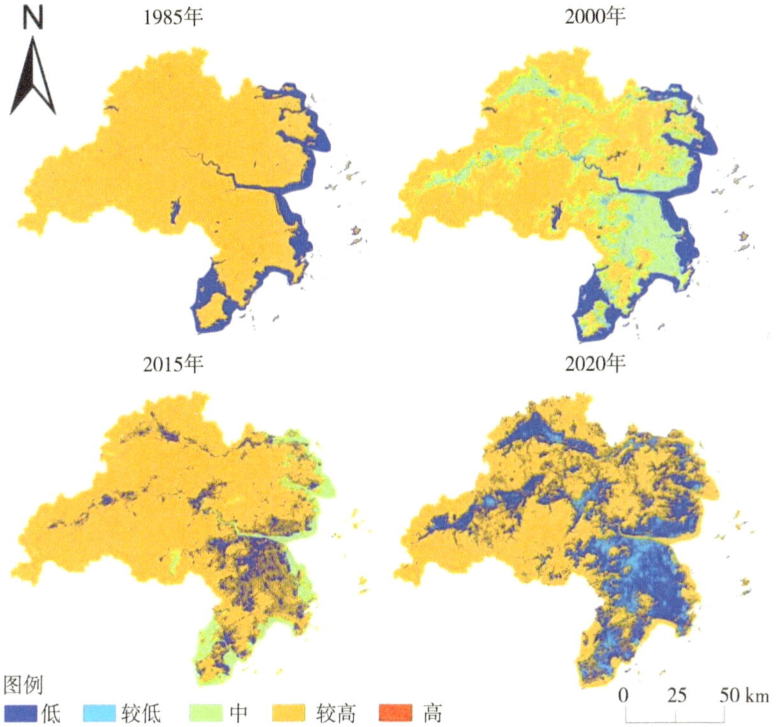

图 5.1-9　1985 年、2000 年、2015 年、2020 年分维数倒数空间分布

③斑块密度

$$PD = \frac{N}{A} \tag{5.1-3}$$

式中：N 为景观中斑块类型的数量；A 为景观总面积。单位面积上的斑块数是描述景观破碎化的重要指标，PD 值越大，表明破碎化程度越高。

如图 5.1-10 所示，1985—2020 年，斑块密度先增大后变小，说明景观破碎化程度先升高后降低。1985 年沿海地区景观斑块密度较小，耕地斑块密度大；2000 年沿海地区景观破碎化程度上升明显；2015 年内陆地区景观破碎度再次提升；与 2015 年相较，2020 年景观破碎化程度降低，这是因为在 2000—2015 年，随着人口的大量涌入，城镇化率提升，斑块破坏程度加剧，2018 年后，围填海活动减少，生态环境保护力度加大，导致 2020 年景观破碎化程度降低。

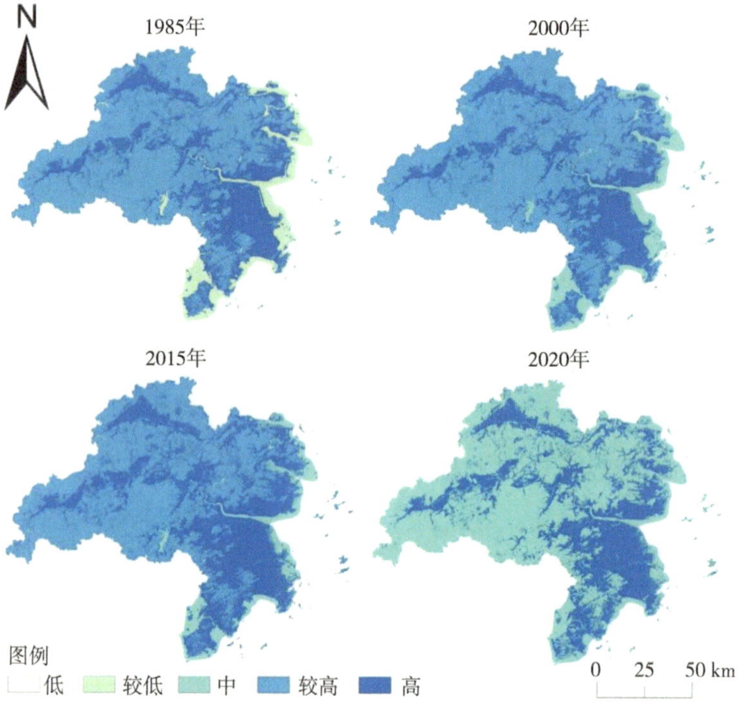

图 5.1-10 1985 年、2000 年、2015 年、2020 年斑块密度空间分布

④植被覆盖度

基于植被覆盖度遥感定量模型，对研究区植被覆盖度划分等级（0～20％、>20％～40％、>40％～60％、>60％～80％、>80％～100％），并以 1、3、5、7、9 作为植被覆盖指数的相对权重级别，由于各级权重总和为 1，因此给各级权重分别赋值为 0.04、0.12、0.20、0.28、0.36，利用如下公式计算植被覆盖指数：

$$V_i = \sum_{i=1}^{n} \frac{A_{ij} \times f_j}{A_i} \tag{5.1-4}$$

式中：V_i 为第 i 种景观类型的植被覆盖指数；A_{ij} 表示第 i 种景观类型分布在 j 植被覆盖等级上的面积；A_i 为第 i 种景观类型的总面积；f_j 为 j 植被覆盖等级的相对作用分；i 为景观类型；j 为植被覆盖等级；n 为景观类型数。

如图 5.1-11 所示，1985—2020 年，植被覆盖度先降低后升高。1985 年未利用地、草地利用率均不高，因此植被覆盖率较低；2000—2015 年，林地植被覆盖率整体逐渐上升，但随着城市的发展，人类活动加剧，2015 年植被覆盖度达到最低；2016 年开始，随着“国家森林城市”的建设，开始重视对林地的保护并积极实施植树造林措施，到 2020 年，全市林地、绿化覆盖率都有所提升，同时气候因子也对植被覆盖指数产生影响，其中年降水总量与植被的相关关系显著。

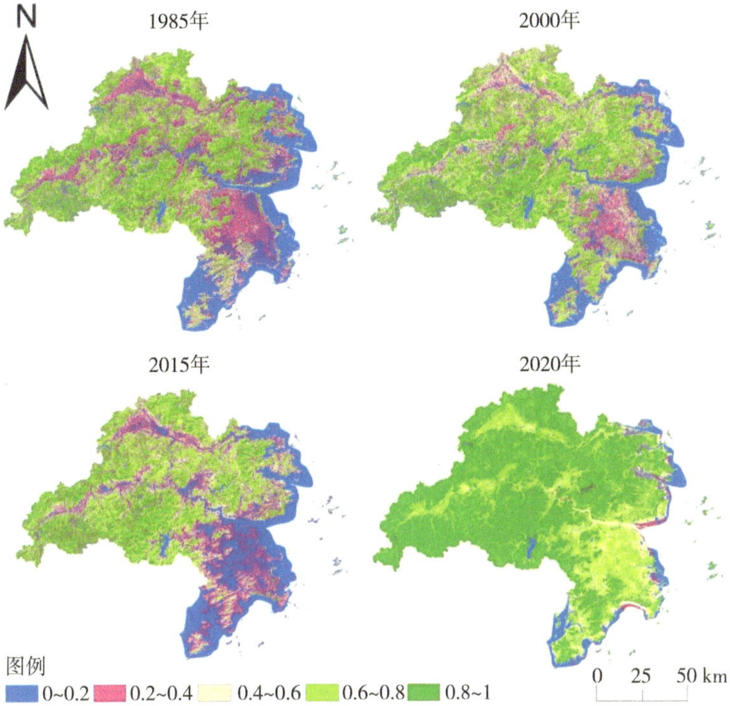

图 5.1-11 1985 年、2000 年、2015 年、2020 年植被覆盖度空间分布

⑤适应性指数

适应性指数选取能代表一个区域生态环境状况优劣的生态适宜度指标来表示，它能在一定水平上反映该区域生态环境的自我恢复能力。对研究区坡度划分等级(0°～5°、>5°～8°、>8°～15°、>15°～25°、>25°～35°)，并给各级权重分别赋值为 0.04、0.12、0.20、0.28、0.36，其计算公式为：

$$U_i = \sum_{i=1}^{m} \frac{B_{ij} \times w_{ij}}{B_i} \quad (5.1\text{-}5)$$

式中：U_i 为某一景观类型的生态适宜度；B_{ij} 为景观类型分布在 j 坡度级别上的面积(m^2)；B_i 为景观类型 i 的面积(m^2)；w_{ij} 为适宜度权重；m 为坡度等级数；j 为坡度级别。

如图 5.1-12 所示，1985—2020 年，水体适宜度升高，林地适宜度较稳定，但耕地适宜度降低。1985 年水体生态适宜度最低，表明水体的自我恢复能力较弱；2000—2015 年，水体生态适宜度增高，但整体表现为较低；2020 年城乡工矿用地生态适宜度由高变低，说明城市过度开发，导致生态环境的自我恢复能力弱。

综上所述，随着城市的扩张开发，部分低效、无序、粗放的活动产生了许多负面效应，滩涂围垦和养殖数量的大幅上升对沿海环境造成了较大污染，围填海活动侵占了自然岸线，高强度的人类活动不断削平岸线，使得岸线曲折度快速下降，严重危害了海洋生态系统的健康功能和社会经济的可持续性发展。同时，伴随着城市的对外扩张，人类活动严重破坏了景观格局变化，导致生态环境变差，其自我恢复能力也变弱。

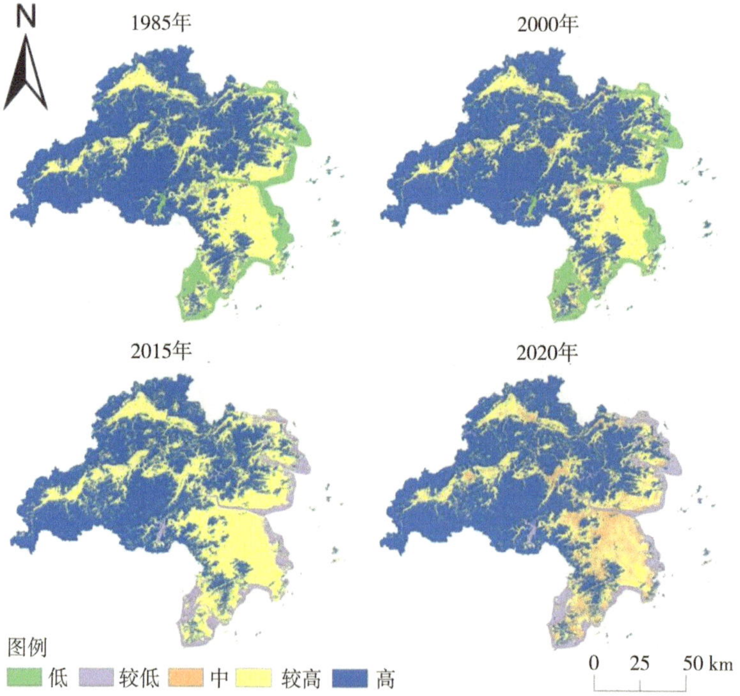

图 5.1-12　1985 年、2000 年、2015 年、2020 年适应性指数空间分布

（3）景观脆弱度时空演变

不同景观类型对外界干扰的敏感性和适应能力存在差异，适应性与敏感性的强弱影响着景观的稳定性。因此，以敏感性指数与适应性指数的比值表示景观脆弱度，其计算公式如下：

$$I_i = \frac{(\alpha C_i + \beta F_i + \gamma PD_i + \delta V_i)}{U_i} \tag{5.1-6}$$

式中：I_i 为景观类型 i 的脆弱度；C_i 为景观类型 i 的聚集度(%)；F_i 为景观类型 i 的分维数倒数；PD_i 为景观类型 i 的斑块密度(个·km^{-2})，V_i 为景观类型 i 的植被覆盖指数；U_i 为景观类型 i 的适宜性指数；α、β、γ、δ 为指标权重，并且 $\alpha+\beta+\gamma+\delta=1$。

当景观类型受到的外界干扰超出了自身调节能力范围，就会激发出其对外界干扰的应激反应，即敏感度。景观脆弱度越高，表明景观受外界的干扰程度越大，敏感性越强，抵御风险的能力越小，景观安全性也就越小。景观脆弱度是根据聚集度、分维数倒数、斑块密度、植被覆盖指数和适应性指数加权得到的。由于景观聚集度、分维数倒数、斑块密度、植被覆盖指数和适应性指数的单位不一致，因此需将指标标准化处理，赋予权重后得到研究区景观脆弱度空间分布(图 5.1-13)。

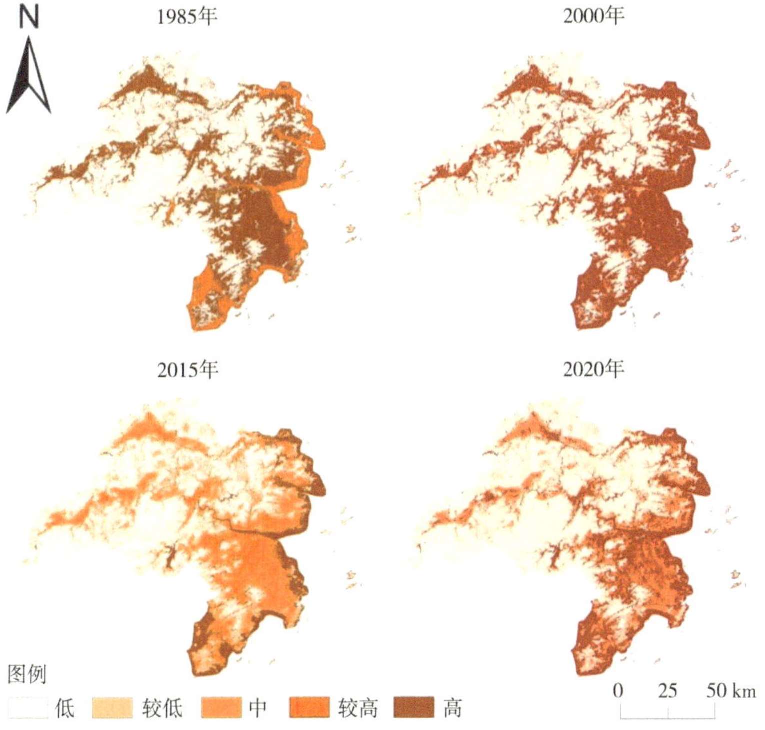

图 5.1-13　1985 年、2000 年、2015 年、2020 年景观脆弱度空间分布

随着沿海产业带和城镇建设的进一步扩大，沿海涉海工程建设尤其是港湾内围填海工程建设的加快，加速了港湾地形地貌的演变，使水动力条件发生变化，造成近岸海域生态环境系统受损，给原本脆弱的生态系统增加了巨大的压力。

(4) 景观格局指数定量分析

通过定量分析景观格局指数可以发现：

①台州市的主要景观类型为林地和水体，因此林地和水体的景观聚集度最高，说明林地和水体具有良好的连贯性。但随着城镇化程度的不断提升，未利用土地的使用率加速增高，导致景观聚集度降低。

②台州市水体分维数倒数最低，其次是耕地。由于沿海地带的城镇不断扩张、人口增长及产业结构变化、围填海活动不断增加，景观类型发生明显变化，斑块形状变得更复杂。

③台州市耕地的斑块密度最大，城乡工矿用地的扩张使得原土地类型为耕地的区域受到复垦影响，耕地景观破碎化程度上升。

④台州市 2020 年植被覆盖度整体上升，林地植被覆盖度最高。自 2012 年开始，生态环境问题不断得到重视，因此林地、绿化覆盖率有所提升。

⑤台州市林地、草地的生态适宜度较高，水体、城乡工矿用地的生态适宜度较低。由于景观类型的自我恢复能力不强，因此要适当增加林地和草地景观，促使生态环境向良好的方向发展。

⑥台州市各景观脆弱度排序为草地＜林地＜耕地＜城乡工矿用地＜水体＜未利用地。伴随着围填海建设，人类活动导致水体、城乡工矿用地的脆弱度较高。2018 年后，围填海建设活动减少，2020 年水体景观脆弱度降低，说明水体自身恢复能力有所提高。

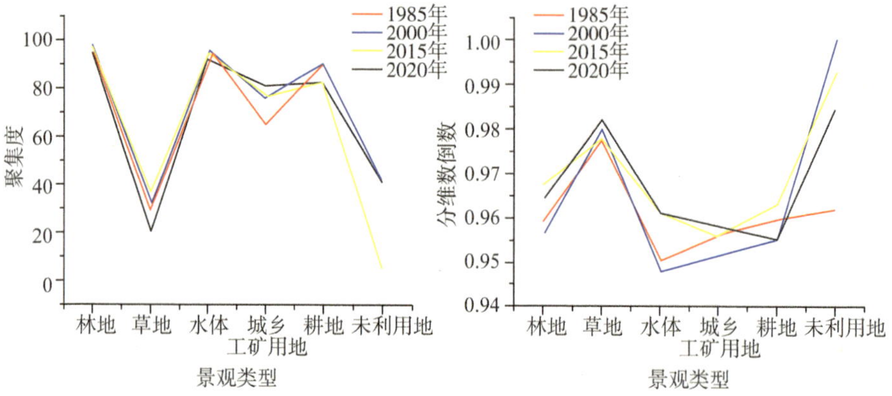

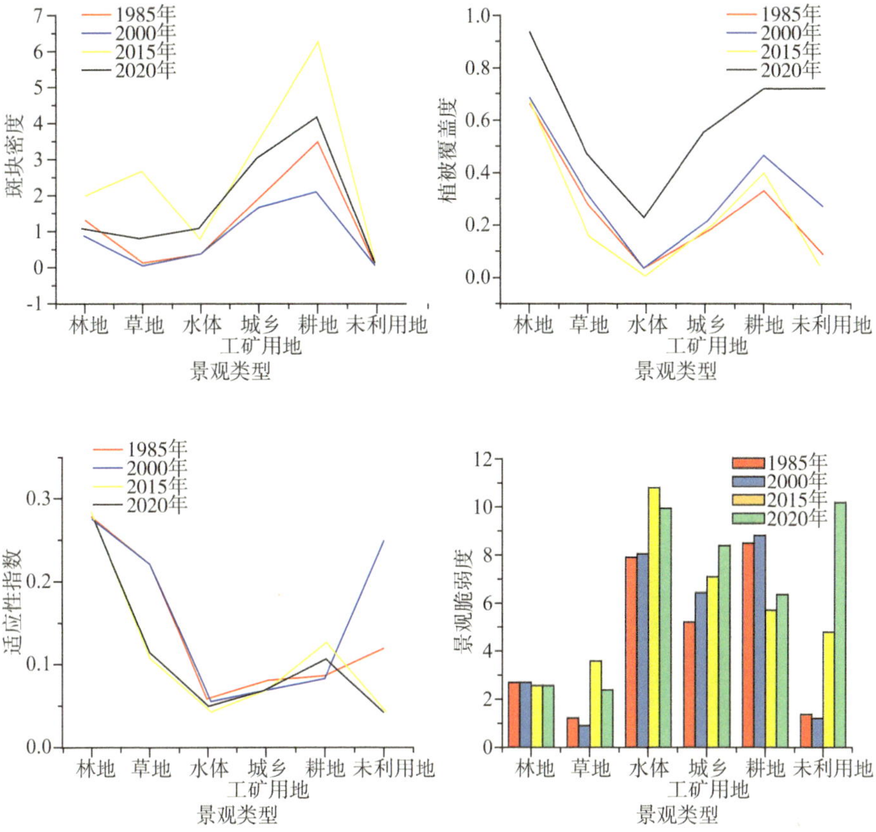

图 5.1-14　不同年份的景观格局指数分析图

表 5.1-6　1985—2020 年土地利用景观格局指数一览表

年份	类型	聚集度(%)	1/分维数	斑块密度(个·km^{-2})	植被覆盖度	适应性指数	景观脆弱度
1985 年	林地	96.380	1.043	1.312	0.672	0.277	2.693
	水体	96.506	1.053	0.393	0.028	0.055	7.903
	耕地	90.305	1.042	3.498	0.337	0.087	8.527
	草地	28.921	1.023	0.163	0.278	0.219	1.222
	城镇用地	64.762	1.046	1.988	0.168	0.080	5.255
	未利用地	40.102	1.039	0.003	0.080	0.121	1.358

续表

年份	类型	聚集度(%)	1/分维数	斑块密度(个·km^{-2})	植被覆盖度	适应性指数	景观脆弱度
2000年	林地	97.372	1.046	0.909	0.686	0.273	2.659
	水体	96.355	1.055	0.362	0.035	0.055	8.047
	耕地	90.438	1.047	2.142	0.472	0.084	8.827
	草地	30.568	1.020	0.064	0.317	0.223	0.919
	城镇用地	76.220	1.051	1.682	0.206	0.079	6.437
	未利用地	40.000	1.000	0.001	0.260	0.250	1.233
2015年	林地	94.255	1.034	2.012	0.673	0.285	2.559
	水体	93.844	1.040	0.794	0.006	0.043	10.811
	耕地	81.771	1.038	6.281	0.404	0.125	5.755
	草地	36.206	1.023	2.694	0.161	0.108	3.614
	城镇用地	76.778	1.046	3.371	0.177	0.070	7.119
	未利用地	3.704	1.007	0.002	0.033	0.040	4.753
2020年	林地	96.449	1.038	2.012	0.932	0.281	2.555
	水体	92.842	1.041	0.794	0.224	0.049	9.797
	耕地	82.144	1.047	6.281	0.716	0.107	6.694
	草地	20.810	1.018	2.694	0.468	0.115	1.866
	城镇用地	80.840	1.044	3.371	0.554	0.069	8.198
	未利用地	40.984	1.016	0.002	0.719	0.042	10.195

3）海岸自然灾害风险评估

根据实际情况选择遥感技术方法，分析地形因素，初步圈定地表变形区和地质灾害隐患区。

地形是用于评估自然灾害的重要因素。通过分析研究区高程、坡度、坡向和起伏度可以发现(图5.1-15)，台州市总体高程较低，但坡度较大，起伏度差异较明显，因此存在地质灾害风险。通过叠加分析初步获得台州市地质灾害评估等级，可以看出地质灾害风险最高的地方分布在西部，且在西部周边，西部的主要景观类型为林地，因此加强对林地的管理尤为重要。

4）海岸生态敏感适宜性分区原则

按照海岸生态风险适宜性将其分为高敏感区、中敏感区和低敏感区。分区原则参考表5.1-7。

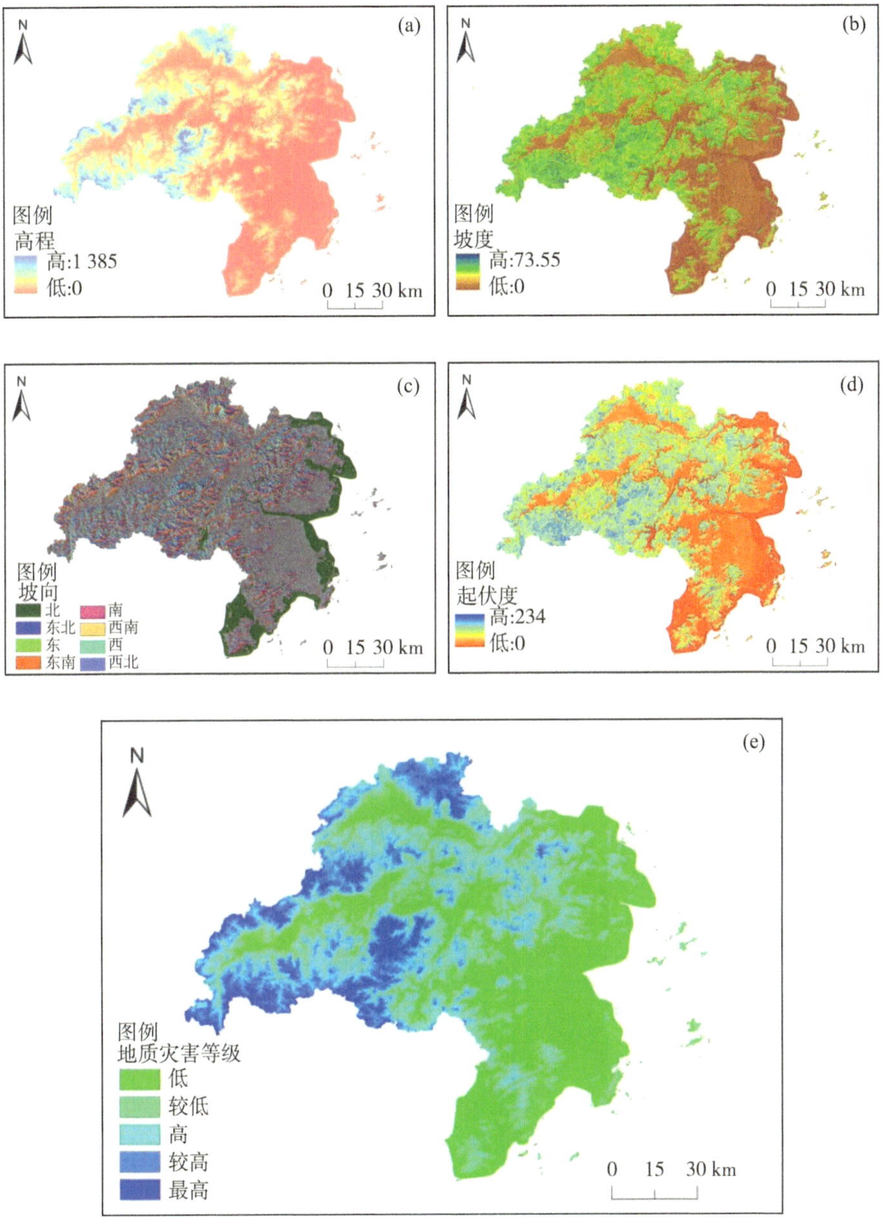

图 5.1-15　台州市海岸地形和地质灾害等级图

表 5.1-7　海岸生态风险适宜性分区判别表

分区	判别标准		
	生态空间	自然灾害风险	景观脆弱度
高敏感区	红线区	高	高
	红线区	高	中
	红线区	中	高
	影响区	高	高
中敏感区	影响区	高	中
	影响区	中	高
	影响区	中	中
低敏感区	影响区	中	低
	影响区	低	中
	影响区	低	低

5）海岸生态敏感适宜性分区

根据台州市近岸水系分布（图 5.1-16）和生态要素范围，划定海岸建筑后退区边界。以椒江入海口为界，分别向南、北延伸，向陆 30 公里，以此作为海岸建筑后退区范围，这里面基本涵盖了海岸重要的生态要素。划定的海岸建筑后退区面积为 316 413.11 hm^2，椒江将其分为南、北两个区域（图 5.1-17）。

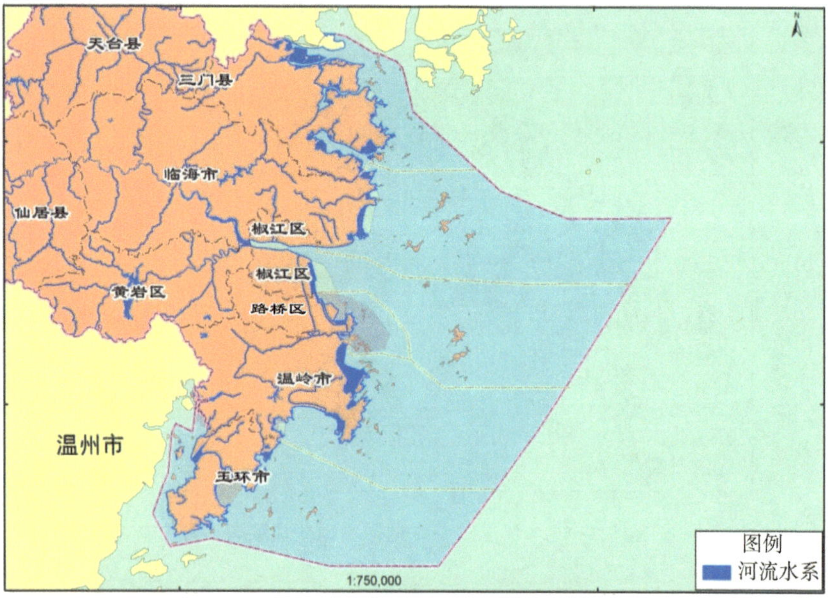

图 5.1-16　台州市海岸水系分布图

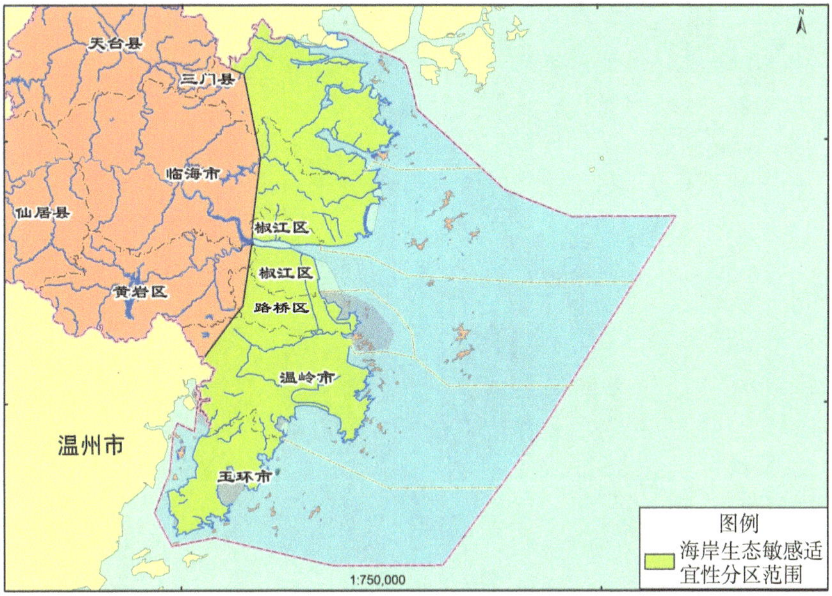

图 5.1-17　海岸建筑后退区分区范围

根据海岸生态风险适宜性分区判别表，通过对景观脆弱度、海岸自然灾害风险评估和关键生态要素的叠加，最终得到海岸生态敏感适宜性分区(图 5.1-18)。南部区域普遍生态敏感性较高，北部区域相对较低。分区后，低敏感区主要在北部区域，面积为 12 091.05 hm^2；中敏感区在南、北区域均有分布，其中在北部分布得较多，中敏感区面积为 82 138.82 hm^2；高敏感区在南、北区域均有分布，其中在南部分布得较多，高敏感区面积为 222 183.24 hm^2。

原则上，在高敏感区内应当严控人类活动。经统计，高敏感区内人类活动(包括建设用地、水田、水库坑塘等)用地面积为 124 608 hm^2，占高敏感区总面积的 56%。建议调出 39 666 hm^2 用地面积。

2. 海洋生态红线

(1) 生态红线与海洋功能区划环境保护目标的协调性

通过将生态红线与海洋功能区划保护目标对比分析发现，台州市海域存在“海洋功能区划的保护目标低于生态红线”的问题。经统计，涉及不协调区海洋功能区共有 5 个，分别为大陈锚地区、大陈港口区、龙门港口区、大麦屿锚地区、大麦屿港口区，面积共计 2 350 hm^2。攻坚区以外不协调区为龙门港口区、大麦屿锚地区、大麦屿港口区，面积合计为 2 311 hm^2(图 5.1-19)。

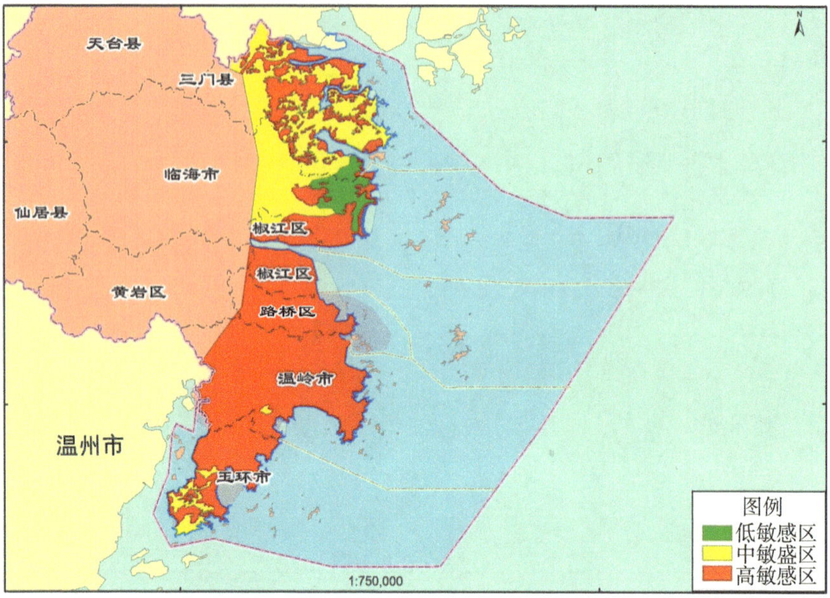

图 5.1-18 海岸生态敏感适宜性分区图

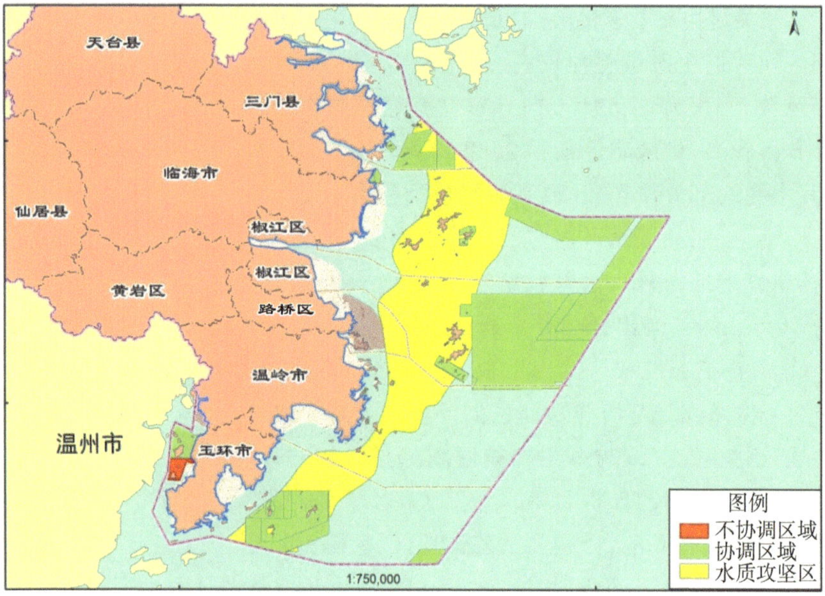

图 5.1-19 生态红线与海洋功能区划环境保护目标协调性图

(2) 生态红线水质现状

经统计，台州市生态红线区内优良水质占比为 68.2%，其他水质类型占比为 31.8%(图 5.1-20)。从水质现状分布来看，生态红线区内的水质状况不容乐观。乐清湾生态红线区水质为劣四类(图 5.1-21)。因此，生态红线区内水质的提升也是海洋经济发展过程中的必要环节。

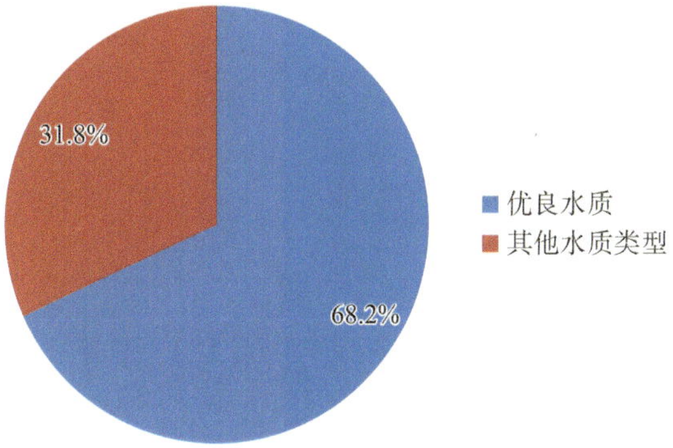

图 5.1-20　生态红线区内水质类型占比

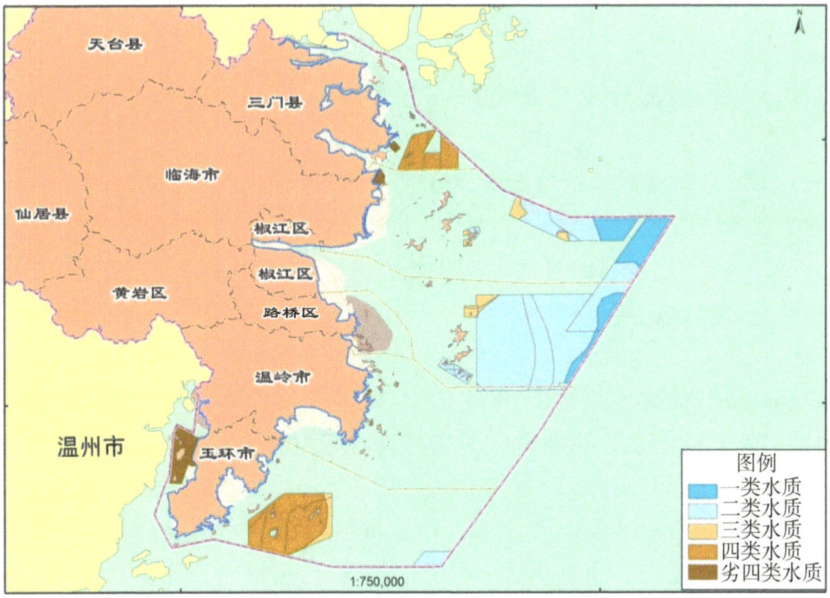

图 5.1-21　生态红线区内水质现状

(3) 生态红线区内用海现状

经统计，台州市生态红线区内海域使用面积为 943.5 hm^2，其中开放式养殖用海面积为 683.2 hm^2，占比最高，为 72.41%，符合生态红线区的保护要求。另外，科研教学用海也符合生态红线区的保护要求，面积为 2.4 hm^2，占比为 0.25%。其他用海类型均不符合生态红线区的保护要求，需调出红线区的面积为 257.9 hm^2，占红线区内用海面积的 27.3%。

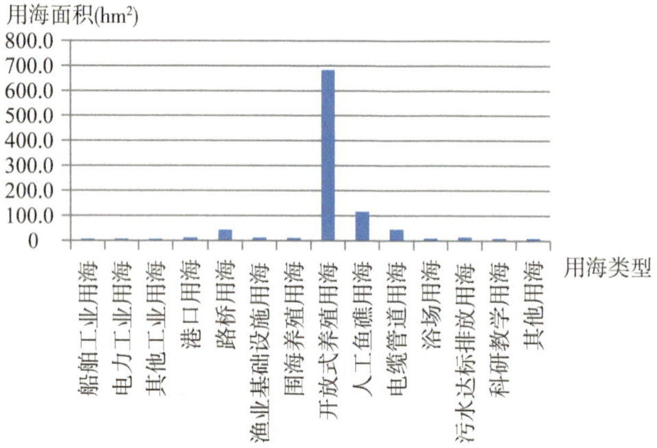

图 5.1-22　生态红线区内用海现状

5.1.3　资源要素开发总量上线与实物量核算

1. 海域空间资源供给功能区划分

1) 资源供给区

保障海洋事业发展的资源要素供给。主要包括增养殖区、渔业基础设施区、捕捞区、港口区、航道区、锚地区、工业区、城镇建设及农业围垦区、矿产与能源区。

管理要求：确定生态红线、环境底线、资源开发上线。(1)生态红线。①用海现状的处置。已建并投入使用的用海现状，严格按照生态红线区保护要求执行，对落后产能制定有序退出机制，逐步实施产业转产、提效；已建但未投入使用的用海现状，对其设定产业准入门槛，严格执行生态保护要求，应先规划再准入；未完成建设的用海现状不再继续建设，已完成建设主体的可纳入已建但未投入使用用海现状管理；未开展建设的用海现状不得再开展建设，退出生态红线区；针对开放式养殖用海，可保留用海现状，但需制定清洁养殖工艺，鼓励生态养殖，提倡“产权入股平台化”管理。②生态补偿。除未开展建设的用海现状外，评估用海现状对生态造成的损失。采用单一项目评估和区域评估两种方式，其中区域评估损失按照单一项目分摊。③迁退项目鼓励政策。已批迁出或退出的用海现状，在资源供给区内可优先选址。(2)环境底线。资源供给区内所有存量和新增用海严格执行环境底线制度，以水质标准作为环境底线的依据，定期对用海区环境容量进行评估，用海区间实施环境容量交易制度。(3)资源开发上线。①资源供给区内满足自然岸线保有率为35%的管理要求，定期核算区域自然岸线保有率，低于35%的区域原则上不予审批占用自然岸线的新增项目。②定期评估区域资源开发强度，以资源开发强度的临界值作为资源开发上线，及时调整用海结构和用海规模。③统筹核算资源供给区间自然岸线，实施“占补平衡”制度，对必须占用自然岸线的新增项目，可异地修复。④统筹核算资源供给区间资源开发强度，实施“飞地建设”制度。⑤开展生态环境整治修复工程，鼓励用海主体积极参与，对于用海主体采用生态环境保护积分制度，整治修复成效可作为用海主体的生态环境保护积分。同时建立生态环境保护积分兑换机制，生态环境保护积分高的用海主体可享有用海准入和选址优先权。⑥海岸建筑后退区内迁退的用地项目，在资源供给区内适当划分迁入区，迁入项目应符合资源供给区管理要求。

2）资源储备区

作为海洋事业发展的资源要素储备。主要包括旅游区和保留区。

管理要求：严格执行生态红线、环境底线、资源开发上线要求。(1)生态红线。①不予批复新增项目，对于存量用海限时退出。②生态补偿。针对存量用海进行生态评估，评估用海现状对生态造成的损失。采用单一项目评估和区域评估两种方式，其中区域评估损失按照单一项目分摊。③迁退项目鼓励政策。已批迁出或退出的用海现状，在资源供给区内可优先选址。(2)环境底线。严格执行环境底线制度，保留区内原则上不予审批新增用海，旅游区内原则上不予新增旅游基础设施用海，鼓励生态旅游用海。(3)资源开发上线。定期评估旅游区生态环境承载力，以资源开发强度的临界值作为资源开发上线，适时调节旅游强度。

3）资源管控区

实施资源严格管控。主要包括生态红线区和特殊利用区。

管理要求：(1)清退存量用海。(2)严格执行生态红线区和特殊利用区水质标准。

2. 资源分区“三线”确定

1）各功能区环境底线

海洋功能区环境底线是指以功能区水质标准为评价基础的水质质量符合

比例。确定方法是计算功能区内各现状水质的面积与功能区总面积的比值，水质质量符合比例即功能区环境底线：

$$Q_{水质底线}=\frac{Q_{符合水质}}{Q_{功能区面积}} \tag{5.1-7}$$

当 $Q_{水质底线}>0.9$ 时，海洋环境处于可载状态，其环境任务是维护现状水质；当 $0.9\geq Q_{水质底线}>0.8$ 时，海洋环境处于临界超载状态，其环境任务是改善水质；当 $Q_{水质底线}\leq 0.8$ 时，海洋环境处于超载状态，其环境任务是治理水质。

通过计算，台州市海洋功能区环境处于可载和超载两种状态，其中环境可载功能区 10 个、超载功能区 71 个。经分析发现，在超载功能区中，农渔业区、旅游休闲娱乐区和保留区的水质标准为二类水质。这三类达标功能区的水质标准达到优良水平，共 43 个功能区，面积合计 538 590 hm^2，占海域面积的 79.5%。由图 5.1-23 可以看出，近岸符合比例基本都在 0.2 以下，均处于超载状态；可载区均在外海。具体功能区水质底线方案见表 5.1-8 和表 5.1-9。

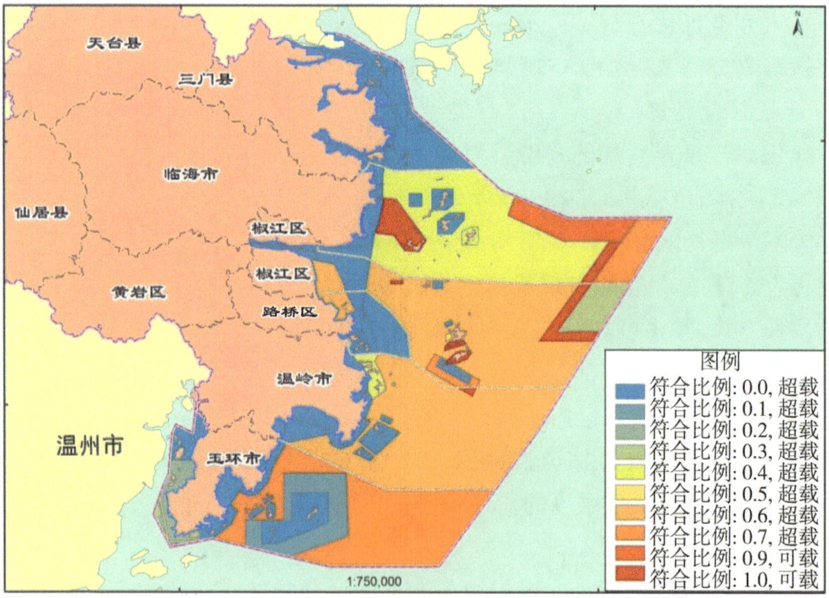

图 5.1-23　海洋功能区水质符合比例及承载力分布图

依据海洋功能区水质符合比例及承载力现状，设定各功能区水质标准预期目标。共拟定两种方案：一是“承载力临界超载”方案，即预期符合水质比例为 0.8；二是“承载力可载”方案，即预期符合水质比例为 0.9。

表 5.1-8　海洋功能区水质底线一览表(方案一)

编号	功能区名称	一级分类	二级分类	功能区面积（hm^2）	水质标准	符合面积（hm^2）	符合比例	预期目标	预期提升面积（hm^2）	提升比例（%）	承载力	任务
B5-6	大陈旅游休闲娱乐区	旅游休闲娱乐区	旅游休闲娱乐区	898	2	898	1.0	1.0	0	0	可载	维护
B7-12	椒江口特殊利用区	特殊利用区	特殊利用区	301	4	301	1.0	1.0	0	0	可载	维护
B2-18-2	大陈锚地区	港口航运区	锚地区	189	4	189	1.0	1.0	0	0	可载	维护
B2-18-1	大陈港口区	港口航运区	港口区	620	4	620	1.0	1.0	0	0	可载	维护
B8-12-2	东海保留区(椒江)	保留区	保留区	7 107	2	7 107	1.0	1.0	0	0	可载	维护
B8-6-2	大陈保留区(温岭)	保留区	保留区	566	2	566	1.0	1.0	0	0	可载	维护
B8-12-1	东海保留区(临海)	保留区	保留区	3 295	2	3 295	1.0	1.0	0	0	可载	维护
A2-13-2	头门港进港航道区	港口航运区	航道区	80	4	80	1.0	1.0	0	0	可载	维护
A2-13-1	头门岛港口区	港口航运区	港口区	8 704	4	8 704	1.0	1.0	0	0	可载	维护
B8-2	渔山列岛保留区	保留区	保留区	18 038	2	16 234	0.9	0.9	0	0	可载	维护
B1-14-1	玉环捕捞区	农渔业区	捕捞区	87 749	2	61 424	0.7	0.8	8 775	10	超载	治理
B8-6-1	大陈保留区(椒江)	保留区	保留区	3 242	2	2 269	0.7	0.8	324	10	超载	治理
B6-12-1	东海水产种质资源海洋保护区(临海)	海洋保护区	海洋保护区	15 192	1	10 634	0.7	0.8	1 519	10	超载	治理
B1-13-1	温岭捕捞区	农渔业区	捕捞区	118 473	2	71 084	0.6	0.8	23 695	20	超载	治理
B1-11-1	椒江捕捞区	农渔业区	捕捞区	105 096	2	63 058	0.6	0.8	21 019	20	超载	治理

续表

编号	功能区名称	一级分类	二级分类	功能区面积（hm^2）	水质标准	符合面积（hm^2）	符合比例	预期目标	预期提升面积（hm^2）	提升比例（%）	承载力	任务
A3-24-1	台州市区东部工业与城镇用海区	工业与城镇用海区	工业与城镇用海区	3 612	3	2 167	0.6	0.8	722	20	超载	治理
B1-11-4	上大陈岛西养殖区	农渔业区	养殖区	206	2	103	0.5	0.8	62	30	超载	治理
A2-16-1	龙门港口区	港口航运区	港口区	3 747	4	1 499	0.4	0.8	1 499	40	超载	治理
A3-24-2	台州市区东部工业与城镇用海区	工业与城镇用海区	工业与城镇用海区	4 848	3	1 939	0.4	0.8	1 939	40	超载	治理
B1-10-6	东矶养殖区	农渔业区	养殖区	1 472	2	589	0.4	0.8	589	40	超载	治理
A2-17-3	大麦屿航道区	港口航运区	航道区	775	4	310	0.4	0.8	310	40	超载	治理
B1-10-1	临海捕捞区	农渔业区	捕捞区	96 428	2	38 571	0.4	0.8	38 571	40	超载	治理
B6-12-2	东海水产种质资源海洋保护区（椒江）	海洋保护区	海洋保护区	12 586	1	3 776	0.3	0.8	6 293	50	超载	治理
A2-17-2	大麦屿锚地区	港口航运区	锚地区	955	4	287	0.3	0.8	478	50	超载	治理
A2-17-1	大麦屿港口区	港口航运区	港口区	8 892	4	1 778	0.2	0.8	5 335	60	超载	治理
B8-7	披山保留区	保留区	保留区	23 938	2	2 394	0.1	0.8	16 757	70	超载	治理
A1-16-2	红脚岩渔业基础设施区	农渔业区	渔业基础设施区	189	2	0	0.0	0.8	151	80	超载	治理
A1-16-3	红脚岩农业围垦区	工业与城镇用海区	农业围垦区	365	3	0	0.0	0.8	292	80	超载	治理
B1-13-3	牛山养殖区	农渔业区	养殖区	400	2	0	0.0	0.8	320	80	超载	治理

续表

编号	功能区名称	一级分类	二级分类	功能区面积（hm^2）	水质标准	符合面积（hm^2）	符合比例	预期目标	预期提升面积（hm^2）	提升比例（%）	承载力	任务
B1-14-2	鸡山养殖区	农渔业区	养殖区	553	2	0	0.0	0.8	442	80	超载	治理
A1-20-1	坎门渔业基础设施区	农渔业区	渔业基础设施区	1 598	2	0	0.0	0.8	1 278	80	超载	治理
A1-16-1	临海东部养殖区	农渔业区	养殖区	1 704	2	0	0.0	0.8	1 363	80	超载	治理
B5-5	五子岛旅游休闲娱乐区	旅游休闲娱乐区	旅游休闲娱乐区	3 789	2	0	0.0	0.8	3 031	80	超载	治理
B1-11-2	椒江增殖区	农渔业区	增殖区	7 737	2	0	0.0	0.8	6 190	80	超载	治理
A3-22	三门沿海工业与城镇用海区	工业与城镇用海区	工业与城镇用海区	1 130	3	0	0.0	0.8	904	80	超载	治理
A8-7	三门东部沿海保留区	保留区	保留区	2 615	2	0	0.0	0.8	2 092	80	超载	治理
A1-15-2	金洋涂农业围垦区	工业与城镇用海区	农业围垦区	913	3	0	0.0	0.8	730	80	超载	治理
A2-12-2	健跳航道区	港口航运区	航道区	235	4	0	0.0	0.8	188	80	超载	治理
A2-12-1	健跳港口区	港口航运区	港口区	2 560	4	0	0.0	0.8	2 048	80	超载	治理
B1-10-3	大小锣养殖区	农渔业区	养殖区	1 083	2	0	0.0	0.8	866	80	超载	治理
B1-10-4	雀儿岙养殖区	农渔业区	养殖区	2 284	2	0	0.0	0.8	1 827	80	超载	治理
B1-10-5	田岙—长屿养殖区	农渔业区	养殖区	2 171	2	0	0.0	0.8	1 737	80	超载	治理
A2-14-3	海门锚地区	港口航运区	锚地区	207	4	0	0.0	0.8	166	80	超载	治理
A2-14-1	海门港口区	港口航运区	港口区	2 827	4	0	0.0	0.8	2 262	80	超载	治理

续表

编号	功能区名称	一级分类	二级分类	功能区面积（hm^2）	水质标准	符合面积（hm^2）	符合比例	预期目标	预期提升面积（hm^2）	提升比例（%）	承载力	任务
A2-14-2	海门航道区	港口航运区	航道区	302	4	0	0.0	0.8	242	80	超载	治理
B1-11-2	一江山养殖区	农渔业区	养殖区	491	2	0	0.0	0.8	393	80	超载	治理
B1-11-3	上大陈岛北养殖区	农渔业区	养殖区	203	2	0	0.0	0.8	162	80	超载	治理
A1-17-1	温岭渔业基础设施区	农渔业区	渔业基础设施区	2 356	2	0	0.0	0.8	1 885	80	超载	治理
A1-18-3	隘顽湾增殖区	农渔业区	增殖区	4 693	2	0	0.0	0.8	3 754	80	超载	治理
A5-16	温岭松门旅游休闲娱乐区	旅游休闲娱乐区	旅游休闲娱乐区	653	2	0	0.0	0.8	522	80	超载	治理
B5-7	三蒜岛旅游休闲娱乐区	旅游休闲娱乐区	旅游休闲娱乐区	778	2	0	0.0	0.8	622	80	超载	治理
A1-18-2	南海涂农业围垦区	工业与城镇用海区	农业围垦区	4 147	3	0	0.0	0.8	3 318	80	超载	治理
A1-18-1	担屿涂农业围垦区	工业与城镇用海区	农业围垦区	1 004	3	0	0.0	0.8	803	80	超载	治理
B1-13-2	积洛三牛增殖区	农渔业区	增殖区	4 114	2	0	0.0	0.8	3 291	80	超载	治理
B5-8-1	大鹿岛风景旅游区	旅游休闲娱乐区	风景旅游区	635	2	0	0.0	0.8	508	80	超载	治理
A3-27	漩门工业与城镇用海区	工业与城镇用海区	工业与城镇用海区	4 158	3	0	0.0	0.8	3 326	80	超载	治理
A1-19-1	玉环东增殖区	农渔业区	增殖区	3 016	2	0	0.0	0.8	2 413	80	超载	治理
B6-7-1	披山海洋特别保护区	海洋保护区	海洋特别保护区	12 742	1	0	0.0	0.8	10 194	80	超载	治理

续表

编号	功能区名称	一级分类	二级分类	功能区面积（hm^2）	水质标准	符合面积（hm^2）	符合比例	预期目标	预期提升面积（hm^2）	提升比例（%）	承载力	任务
B1-14-3	洋屿养殖区	农渔业区	养殖区	203	2	0	0.0	0.8	162	80	超载	治理
A1-19-3	栈台渔业基础设施区	农渔业区	渔业基础设施区	44	2	0	0.0	0.8	35	80	超载	治理
A1-19-2	西沙门渔业基础设施区	农渔业区	渔业基础设施区	700	2	0	0.0	0.8	560	80	超载	治理
A5-15	临海桃渚旅游休闲娱乐区	旅游休闲娱乐区	旅游休闲娱乐区	270	2	0	0.0	0.8	216	80	超载	治理
A3-23	临海东部工业与城镇用海区	工业与城镇用海区	工业与城镇用海区	4 803	3	0	0.0	0.8	3 842	80	超载	治理
A1-15-1	浦坝港养殖区	农渔业区	养殖区	2 890	2	0	0.0	0.8	2 312	80	超载	治理
A1-14-1	三门湾南养殖区	农渔业区	养殖区	7 226	2	0	0.0	0.8	5 781	80	超载	治理
B1-9-1	三门捕捞区	农渔业区	捕捞区	23 114	2	0	0.0	0.8	18 491	80	超载	治理
B1-12-1	路桥捕捞区	农渔业区	捕捞区	10 757	2	0	0.0	0.8	8 606	80	超载	治理
A4-2	江厦矿产与能源区	矿产与能源区	矿产与能源区	52	4	0	0.0	0.8	42	80	超载	治理
A1-21-1	乐清湾温岭养殖区	农渔业区	养殖区	1 554	2	0	0.0	0.8	1 243	80	超载	治理
A1-20-2	坎门增殖区	农渔业区	增殖区	2 066	2	0	0.0	0.8	1 653	80	超载	治理
A1-21-2	乐清湾玉环养殖区	农渔业区	养殖区	4 820	2	0	0.0	0.8	3 856	80	超载	治理
A2-15-1	金清港口区	港口航运区	港口区	4 119	4	0	0.0	0.8	3 295	80	超载	治理
B6-6-1	大陈海洋特别保护区	海洋保护区	海洋特别保护区	1 982	1	0	0.0	0.8	1 586	80	超载	治理

续表

编号	功能区名称	一级分类	二级分类	功能区面积（hm^2）	水质标准	符合面积（hm^2）	符合比例	预期目标	预期提升面积（hm^2）	提升比例（%）	承载力	任务
A4-1	健跳矿产与能源区	矿产与能源区	矿产与能源区	899	4	0	0.0	0.8	719	80	超载	治理
A3-21	三门滨海工业与城镇用海区	工业与城镇用海区	工业与城镇用海区	1 511	3	0	0.0	0.8	1 209	80	超载	治理
A1-15-3	洞港渔业基础设施区	农渔业区	渔业基础设施区	34	2	0	0.0	0.8	27	80	超载	治理
A3-25	黄礁涂工业与城镇用海区	工业与城镇用海区	工业与城镇用海区	1 591	3	0	0.0	0.8	1 273	80	超载	治理
A3-26	温岭东部工业与城镇用海区	工业与城镇用海区	工业与城镇用海区	2 512	3	0	0.0	0.8	2 010	80	超载	治理
A1-14-2	三门湾南增殖区	农渔业区	增殖区	2 722	2	0	0.0	0.8	2 178	80	超载	治理
B1-10-2	临海增殖区	农渔业区	增殖区	2 893	2	0	0.0	0.8	2 314	80	超载	治理
B1-12-2	路桥增殖区	农渔业区	增殖区	1 631	2	0	0.0	0.8	1 305	80	超载	治理
合计	—	—	—	677 054	—	—	—	—	247 923	—	—	—

注：表中数据四舍五入计。

表 5.1-9 海洋功能区水质底线一览表(方案二)

编号	功能区名称	一级分类	二级分类	功能区面积(hm^2)	水质标准	符合面积(hm^2)	符合比例	预期目标	预期提升面积(hm^2)	提升比例(%)	承载力	任务
B5-6	大陈旅游休闲娱乐区	旅游休闲娱乐区	旅游休闲娱乐区	898	2	898	1.0	1.0	0	0	可载	维护
B7-12	椒江口特殊利用区	特殊利用区	特殊利用区	301	4	301	1.0	1.0	0	0	可载	维护
B2-18-2	大陈锚地区	港口航运区	锚地区	189	4	189	1.0	1.0	0	0	可载	维护
B2-18-1	大陈港口区	港口航运区	港口区	620	4	620	1.0	1.0	0	0	可载	维护
B8-12-2	东海保留区(椒江)	保留区	保留区	7 107	2	7 107	1.0	1.0	0	0	可载	维护
B8-6-2	大陈保留区(温岭)	保留区	保留区	566	2	566	1.0	1.0	0	0	可载	维护
B8-12-1	东海保留区(临海)	保留区	保留区	3 295	2	3 295	1.0	1.0	0	0	可载	维护
A2-13-2	头门港进港航道区	港口航运区	航道区	80	4	80	1.0	1.0	0	0	可载	维护
A2-13-1	头门岛港口区	港口航运区	港口区	8 704	4	8 704	1.0	1.0	0	0	可载	维护
B8-2	渔山列岛保留区	保留区	保留区	18 038	2	16 234	0.9	0.9	0	0	可载	维护
B1-14-1	玉环捕捞区	农渔业区	捕捞区	87 749	2	61 424	0.7	0.9	17 550	20	超载	治理
B8-6-1	大陈保留区(椒江)	保留区	保留区	3 242	2	2 269	0.7	0.9	648	20	超载	治理
B6-12-1	东海水产种质资源海洋保护区(临海)	海洋保护区	海洋保护区	15 192	1	10 634	0.7	0.9	3 038	20	超载	治理
B1-13-1	温岭捕捞区	农渔业区	捕捞区	118 473	2	71 084	0.6	0.9	35 542	30	超载	治理
B1-11-1	椒江捕捞区	农渔业区	捕捞区	105 096	2	63 058	0.6	0.9	31 529	30	超载	治理

续表

编号	功能区名称	一级分类	二级分类	功能区面积（hm^2）	水质标准	符合面积（hm^2）	符合比例	预期目标	预期提升面积（hm^2）	提升比例（%）	承载力	任务
A3-24-1	台州市区东部工业与城镇用海区	工业与城镇用海区	工业与城镇用海区	3 612	3	2 167	0.6	0.9	1 084	30	超载	治理
B1-11-4	上大陈岛西养殖区	农渔业区	养殖区	206	2	103	0.5	0.9	82	40	超载	治理
A2-16-1	龙门港口区	港口航运区	港口区	3 747	4	1 499	0.4	0.9	1 874	50	超载	治理
A3-24-2	台州市区东部工业与城镇用海区	工业与城镇用海区	工业与城镇用海区	4 848	3	1 939	0.4	0.9	2 424	50	超载	治理
B1-10-6	东矶养殖区	农渔业区	养殖区	1 472	2	589	0.4	0.9	736	50	超载	治理
A2-17-3	大麦屿航道区	港口航运区	航道区	775	4	310	0.4	0.9	388	50	超载	治理
B1-10-1	临海捕捞区	农渔业区	捕捞区	96 428	2	38 571	0.4	0.9	48 214	50	超载	治理
B6-12-2	东海水产种质资源海洋保护区（椒江）	海洋保护区	海洋保护区	12 586	1	3 776	0.3	0.9	7 552	60	超载	治理
A2-17-2	大麦屿锚地区	港口航运区	锚地区	955	4	287	0.3	0.9	573	60	超载	治理
A2-17-1	大麦屿港口区	港口航运区	港口区	8 892	4	1 778	0.2	0.9	6 224	70	超载	治理
B8-7	披山保留区	保留区	保留区	23 938	2	2 394	0.1	0.9	19 150	80	超载	治理
A1-16-2	红脚岩渔业基础设施区	农渔业区	渔业基础设施区	189	2	0	0.0	0.9	170	90	超载	治理
A1-16-3	红脚岩农业围垦区	工业与城镇用海区	农业围垦区	365	3	0	0.0	0.9	329	90	超载	治理
B1-13-3	牛山养殖区	农渔业区	养殖区	400	2	0	0.0	0.9	360	90	超载	治理

续表

编号	功能区名称	一级分类	二级分类	功能区面积（hm^2）	水质标准	符合面积（hm^2）	符合比例	预期目标	预期提升面积（hm^2）	提升比例（%）	承载力	任务
B1-14-2	鸡山养殖区	农渔业区	养殖区	553	2	0	0.0	0.9	498	90	超载	治理
A1-20-1	坎门渔业基础设施区	农渔业区	渔业基础设施区	1 598	2	0	0.0	0.9	1 438	90	超载	治理
A1-16-1	临海东部养殖区	农渔业区	养殖区	1 704	2	0	0.0	0.9	1 534	90	超载	治理
B5-5	五子岛旅游休闲娱乐区	旅游休闲娱乐区	旅游休闲娱乐区	3 789	2	0	0.0	0.9	3 410	90	超载	治理
B1-11-2	椒江增殖区	农渔业区	增殖区	7 737	2	0	0.0	0.9	6 963	90	超载	治理
A3-22	三门沿海工业与城镇用海区	工业与城镇用海区	工业与城镇用海区	1 130	3	0	0.0	0.9	1 017	90	超载	治理
A8-7	三门东部沿海保留区	保留区	保留区	2 615	2	0	0.0	0.9	2 354	90	超载	治理
A1-15-2	金洋涂农业围垦区	工业与城镇用海区	农业围垦区	913	3	0	0.0	0.9	822	90	超载	治理
A2-12-2	健跳航道区	港口航运区	航道区	235	4	0	0.0	0.9	212	90	超载	治理
A2-12-1	健跳港口区	港口航运区	港口区	2 560	4	0	0.0	0.9	2 304	90	超载	治理
B1-10-3	大小锣养殖区	农渔业区	养殖区	1 083	2	0	0.0	0.9	975	90	超载	治理
B1-10-4	雀儿岙养殖区	农渔业区	养殖区	2 284	2	0	0.0	0.9	2 056	90	超载	治理
B1-10-5	田岙—长屿养殖区	农渔业区	养殖区	2 171	2	0	0.0	0.9	1 954	90	超载	治理
A2-14-3	海门锚地区	港口航运区	锚地区	207	4	0	0.0	0.9	186	90	超载	治理
A2-14-1	海门港口区	港口航运区	港口区	2 827	4	0	0.0	0.9	2 544	90	超载	治理

续表

编号	功能区名称	一级分类	二级分类	功能区面积（hm^2）	水质标准	符合面积（hm^2）	符合比例	预期目标	预期提升面积（hm^2）	提升比例（%）	承载力	任务
A2-14-2	海门航道区	港口航运区	航道区	302	4	0	0.0	0.9	272	90	超载	治理
B1-11-2	一江山养殖区	农渔业区	养殖区	491	2	0	0.0	0.9	442	90	超载	治理
B1-11-3	上大陈岛北养殖区	农渔业区	养殖区	203	2	0	0.0	0.9	183	90	超载	治理
A1-17-1	温岭渔业基础设施区	农渔业区	渔业基础设施区	2 356	2	0	0.0	0.9	2 120	90	超载	治理
A1-18-3	隘顽湾增殖区	农渔业区	增殖区	4 693	2	0	0.0	0.9	4 224	90	超载	治理
A5-16	温岭松门旅游休闲娱乐区	旅游休闲娱乐区	旅游休闲娱乐区	653	2	0	0.0	0.9	588	90	超载	治理
B5-7	三蒜岛旅游休闲娱乐区	旅游休闲娱乐区	旅游休闲娱乐区	778	2	0	0.0	0.9	700	90	超载	治理
A1-18-2	南海涂农业围垦区	工业与城镇用海区	农业围垦区	4 147	3	0	0.0	0.9	3 732	90	超载	治理
A1-18-1	担屿涂农业围垦区	工业与城镇用海区	农业围垦区	1 004	3	0	0.0	0.9	904	90	超载	治理
B1-13-2	积洛三牛增殖区	农渔业区	增殖区	4 114	2	0	0.0	0.9	3 703	90	超载	治理
B5-8-1	大鹿岛风景旅游区	旅游休闲娱乐区	风景旅游区	635	2	0	0.0	0.9	572	90	超载	治理
A3-27	漩门工业与城镇用海区	工业与城镇用海区	工业与城镇用海区	4 158	3	0	0.0	0.9	3 742	90	超载	治理
A1-19-1	玉环东增殖区	农渔业区	增殖区	3 016	2	0	0.0	0.9	2 714	90	超载	治理
B6-7-1	披山海洋特别保护区	海洋保护区	海洋特别保护区	12 742	1	0	0.0	0.9	11 468	90	超载	治理

续表

编号	功能区名称	一级分类	二级分类	功能区面积（hm^2）	水质标准	符合面积（hm^2）	符合比例	预期目标	预期提升面积（hm^2）	提升比例（%）	承载力	任务
B1-14-3	洋屿养殖区	农渔业区	养殖区	203	2	0	0.0	0.9	183	90	超载	治理
A1-19-3	栈台渔业基础设施区	农渔业区	渔业基础设施区	44	2	0	0.0	0.9	40	90	超载	治理
A1-19-2	西沙门渔业基础设施区	农渔业区	渔业基础设施区	700	2	0	0.0	0.9	630	90	超载	治理
A5-15	临海桃渚旅游休闲娱乐区	旅游休闲娱乐区	旅游休闲娱乐区	270	2	0	0.0	0.9	243	90	超载	治理
A3-23	临海东部工业与城镇用海区	工业与城镇用海区	工业与城镇用海区	4 803	3	0	0.0	0.9	4 323	90	超载	治理
A1-15-1	浦坝港养殖区	农渔业区	养殖区	2 890	2	0	0.0	0.9	2 601	90	超载	治理
A1-14-1	三门湾南养殖区	农渔业区	养殖区	7 226	2	0	0.0	0.9	6 503	90	超载	治理
B1-9-1	三门捕捞区	农渔业区	捕捞区	23 114	2	0	0.0	0.9	20 803	90	超载	治理
B1-12-1	路桥捕捞区	农渔业区	捕捞区	10 757	2	0	0.0	0.9	9 681	90	超载	治理
A4-2	江厦矿产与能源区	矿产与能源区	矿产与能源区	52	4	0	0.0	0.9	47	90	超载	治理
A1-21-1	乐清湾温岭养殖区	农渔业区	养殖区	1 554	2	0	0.0	0.9	1 399	90	超载	治理
A1-20-2	坎门增殖区	农渔业区	增殖区	2 066	2	0	0.0	0.9	1 859	90	超载	治理
A1-21-2	乐清湾玉环养殖区	农渔业区	养殖区	4 820	2	0	0.0	0.9	4 338	90	超载	治理
A2-15-1	金清港口区	港口航运区	港口区	4 119	4	0	0.0	0.9	3 707	90	超载	治理

续表

编号	功能区名称	一级分类	二级分类	功能区面积（hm^2）	水质标准	符合面积（hm^2）	符合比例	预期目标	预期提升面积（hm^2）	提升比例（%）	承载力	任务
B6-6-1	大陈海洋特别保护区	海洋保护区	海洋特别保护区	1 982	1	0	0.0	0.9	1 784	90	超载	治理
A4-1	健跳矿产与能源区	矿产与能源区	矿产与能源区	899	4	0	0.0	0.9	809	90	超载	治理
A3-21	三门滨海工业与城镇用海区	工业与城镇用海区	工业与城镇用海区	1 511	3	0	0.0	0.9	1 360	90	超载	治理
A1-15-3	洞港渔业基础设施区	农渔业区	渔业基础设施区	34	2	0	0.0	0.9	31	90	超载	治理
A3-25	黄礁涂工业与城镇用海区	工业与城镇用海区	工业与城镇用海区	1 591	3	0	0.0	0.9	1 432	90	超载	治理
A3-26	温岭东部工业与城镇用海区	工业与城镇用海区	工业与城镇用海区	2 512	3	0	0.0	0.9	2 261	90	超载	治理
A1-14-2	三门湾南增殖区	农渔业区	增殖区	2 722	2	0	0.0	0.9	2 450	90	超载	治理
B1-10-2	临海增殖区	农渔业区	增殖区	2 893	2	0	0.0	0.9	2 604	90	超载	治理
B1-12-2	路桥增殖区	农渔业区	增殖区	1 631	2	0	0.0	0.9	1 468	90	超载	治理
合计	—	—	—	677 054	—	—	—	—	311 648	—	—	—

注：表中数据四舍五入计。

经测算，方案一达到预期目标，水质提升面积总计 247 923 hm^2，其中二类水质标准新增面积为 191 380 hm^2，占台州市海域总面积的 28.3%。方案二达到预期目标，水质提升面积总计 311 648 hm^2，其中二类水质标准新增面积为 245 239 hm^2，占台州市海域总面积的 36.2%。

因此，方案一和方案二达到预期目标后，均能完成“十四五”规划的水质要求。但是需要指出的是，提标比例在 50%以上的功能区方案一有 57 个，方案二有 59 个，提升任务非常艰巨。

为了更有效地提升水质环境质量，本书采用任务分摊的方式，确定符合功能区实际水质状况的水质底线，着力从水质攻坚区入手。在水质攻坚区内，需要重点解决的是水质达到二类标准且处于超载的功能区；其次是水质达到二类标准且处于可载但符合比例未达 1.0 的功能区。解决了这两类功能区的水质问题将获得提升台州市全海域优良比例的绝对增量。具体见表 5.1-10 与表 5.1-11。

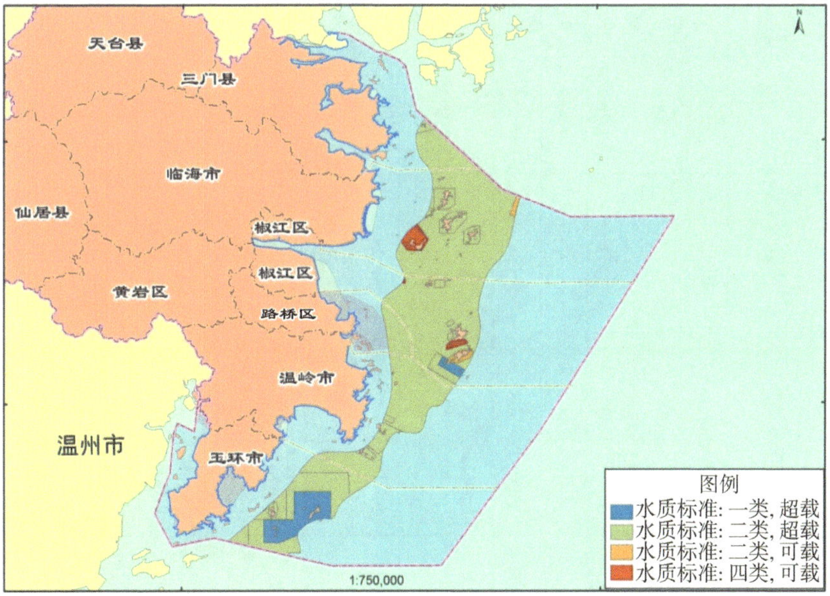

图 5.1-24　水质攻坚区内海洋功能区水质符合比例及承载力分布图

表 5.1-10　水质攻坚区内海洋功能区水质底线一览表(方案一)

编号	功能区名称	一级分类	二级分类	功能区面积(hm^2)	水质标准	符合比例	预期目标	预期提升面积(hm^2)	提升比例(%)	承载力	环境任务	资源分区
B8-2	渔山列岛保留区	保留区	保留区	615	2	0.9	—	—	—	可载	维护	资源储备区
B8-6-1	大陈保留区(椒江)	保留区	保留区	2 133	2	0.7	0.8	213	10.0	超载	治理	资源储备区
B1-14-1	玉环捕捞区	农渔业区	捕捞区	9 020	2	0.7	0.8	902	10.0	超载	治理	资源供给区
B1-11-1	椒江捕捞区	农渔业区	捕捞区	38 334	2	0.6	0.8	7 667	20.0	超载	治理	资源供给区
B1-13-1	温岭捕捞区	农渔业区	捕捞区	26 746	2	0.6	0.8	5 349	20.0	超载	治理	资源供给区
B1-11-4	上大陈岛西养殖区	农渔业区	养殖区	206	2	0.5	0.8	62	30.0	超载	治理	资源供给区
B1-10-6	东矶养殖区	农渔业区	养殖区	1 472	2	0.4	0.8	589	40.0	超载	治理	资源供给区
B1-10-1	临海捕捞区	农渔业区	捕捞区	50 654	2	0.4	0.8	20 262	40.0	超载	治理	资源供给区
B8-7	披山保留区	保留区	保留区	15 468	2	0.1	0.8	10 828	70.0	超载	治理	资源储备区
B5-5	五子岛旅游休闲娱乐区	旅游休闲娱乐区	旅游休闲娱乐区	898	2	0.0	0.8	718	80.0	超载	治理	资源储备区
B1-13-3	牛山养殖区	农渔业区	养殖区	348	2	0.0	0.8	278	80.0	超载	治理	资源供给区
B1-14-2	鸡山养殖区	农渔业区	养殖区	36	2	0.0	0.8	29	80.0	超载	治理	资源供给区
B5-7	三蒜岛旅游休闲娱乐区	旅游休闲娱乐区	旅游休闲娱乐区	702	2	0.0	0.8	562	80.0	超载	治理	资源储备区
B5-8-1	大鹿岛风景旅游区	旅游休闲娱乐区	风景旅游区	621	2	0.0	0.8	497	80.0	超载	治理	资源储备区
B1-10-4	雀儿岙养殖区	农渔业区	养殖区	2 284	2	0.0	0.8	1 827	80.0	超载	治理	资源供给区

续表

编号	功能区名称	一级分类	二级分类	功能区面积（hm^2）	水质标准	符合比例	预期目标	预期提升面积（hm^2）	提升比例（%）	承载力	环境任务	资源分区
B1-10-5	田岙—长屿养殖区	农渔业区	养殖区	2 171	2	0.0	0.8	1 737	80.0	超载	治理	资源供给区
B1-11-2	一江山养殖区	农渔业区	养殖区	491	2	0.0	0.8	393	80.0	超载	治理	资源供给区
B1-11-3	上大陈岛北养殖区	农渔业区	养殖区	203	2	0.0	0.8	162	80.0	超载	治理	资源供给区
B1-13-2	积洛三牛增殖区	农渔业区	增殖区	2 725	2	0.0	0.8	2 180	80.0	超载	治理	资源供给区
B1-9-1	三门捕捞区	农渔业区	捕捞区	9 758	2	0.0	0.8	7 806	80.0	超载	治理	资源供给区
B1-12-1	路桥捕捞区	农渔业区	捕捞区	6 298	2	0.0	0.8	5 038	80.0	超载	治理	资源供给区
合计	—	—	—	171 183	—	—	—	67 099	39.2	—	—	—

表 5.1-11 水质攻坚区内海洋功能区水质底线一览表（方案二）

编号	功能区名称	一级分类	二级分类	功能区面积（hm^2）	水质标准	符合比例	预期目标	预期提升面积（hm^2）	提升比例（%）	承载力	环境任务	资源分区
B8-2	渔山列岛保留区	保留区	保留区	615	2	0.9	—	—	—	可载	维护	资源储备区
B8-6-1	大陈保留区（椒江）	保留区	保留区	2 133	2	0.7	0.9	427	20.0	超载	治理	资源储备区
B1-14-1	玉环捕捞区	农渔业区	捕捞区	9 020	2	0.7	0.9	1 804	20.0	超载	治理	资源供给区
B1-11-1	椒江捕捞区	农渔业区	捕捞区	38 334	2	0.6	0.9	11 500	30.0	超载	治理	资源供给区
B1-13-1	温岭捕捞区	农渔业区	捕捞区	26 746	2	0.6	0.9	8 024	30.0	超载	治理	资源供给区
B1-11-4	上大陈岛西养殖区	农渔业区	养殖区	206	2	0.5	0.9	82	40.0	超载	治理	资源供给区
B1-10-6	东矶养殖区	农渔业区	养殖区	1 472	2	0.4	0.9	736	50.0	超载	治理	资源供给区
B1-10-1	临海捕捞区	农渔业区	捕捞区	50 654	2	0.4	0.9	25 327	50.0	超载	治理	资源供给区
B8-7	披山保留区	保留区	保留区	15 468	2	0.1	0.9	12 374	80.0	超载	治理	资源储备区
B5-5	五子岛旅游休闲娱乐区	旅游休闲娱乐区	旅游休闲娱乐区	898	2	0.0	0.9	808	90.0	超载	治理	资源储备区
B1-13-3	牛山养殖区	农渔业区	养殖区	348	2	0.0	0.9	313	90.0	超载	治理	资源供给区
B1-14-2	鸡山养殖区	农渔业区	养殖区	36	2	0.0	0.9	32	90.0	超载	治理	资源供给区
B5-7	三蒜岛旅游休闲娱乐区	旅游休闲娱乐区	旅游休闲娱乐区	702	2	0.0	0.9	632	90.0	超载	治理	资源储备区
B5-8-1	大鹿岛风景旅游区	旅游休闲娱乐区	风景旅游区	621	2	0.0	0.9	559	90.0	超载	治理	资源储备区
B1-10-4	雀儿岙养殖区	农渔业区	养殖区	2 284	2	0.0	0.9	2 056	90.0	超载	治理	资源供给区

续表

编号	功能区名称	一级分类	二级分类	功能区面积（hm^2）	水质标准	符合比例	预期目标	预期提升面积（hm^2）	提升比例（%）	承载力	环境任务	资源分区
B1-10-5	田岙—长屿养殖区	农渔业区	养殖区	2 171	2	0.0	0.9	1 954	90.0	超载	治理	资源供给区
B1-11-2	一江山养殖区	农渔业区	养殖区	491	2	0.0	0.9	442	90.0	超载	治理	资源供给区
B1-11-3	上大陈岛北养殖区	农渔业区	养殖区	203	2	0.0	0.9	183	90.0	超载	治理	资源供给区
B1-13-2	积洛三牛增殖区	农渔业区	增殖区	2 725	2	0.0	0.9	2 453	90.0	超载	治理	资源供给区
B1-9-1	三门捕捞区	农渔业区	捕捞区	9 758	2	0.0	0.9	8 782	90.0	超载	治理	资源供给区
B1-12-1	路桥捕捞区	农渔业区	捕捞区	6 298	2	0.0	0.9	5 668	90.0	超载	治理	资源供给区
合计	—	—	—	171 183	—	—	—	84 156	49.2	—	—	—

经统计，水质攻坚区内海洋功能区水质达到二类标准且处于超载的功能区有 20 个，其中农渔业区 15 个，旅游休闲娱乐区 3 个，保留区 2 个。方案一预期提升面积为 67 099 hm^2，占台州市海域总面积的 9.9%，对“十四五”规划目标的贡献值为 47.9%。方案二预期提升面积为 84 156 hm^2，占台州市海域总面积的 12.4%，对“十四五”规划目标的贡献值为 60.0%。

2) 各功能区生态红线

在海洋功能区划内将生态红线划定为保护区进行管理，近岸功能区自然岸线保有率达到 35%以上。台州市自然岸线保有率在 0～95%之间，其中自然岸线保有率低于 35%的功能区有 20 个，类型包括工业与城镇用海区、农业围垦区、港口区、渔业基础设施区、养殖区和增殖区。

按照各功能区自然岸线的长度实施分区管理，将自然岸线长度大于 10 000 m 的功能区划分为自然岸线保育区，将小于 10 000 m 的功能区划分为自然岸线养护区。具体分区见表 5.1-12。

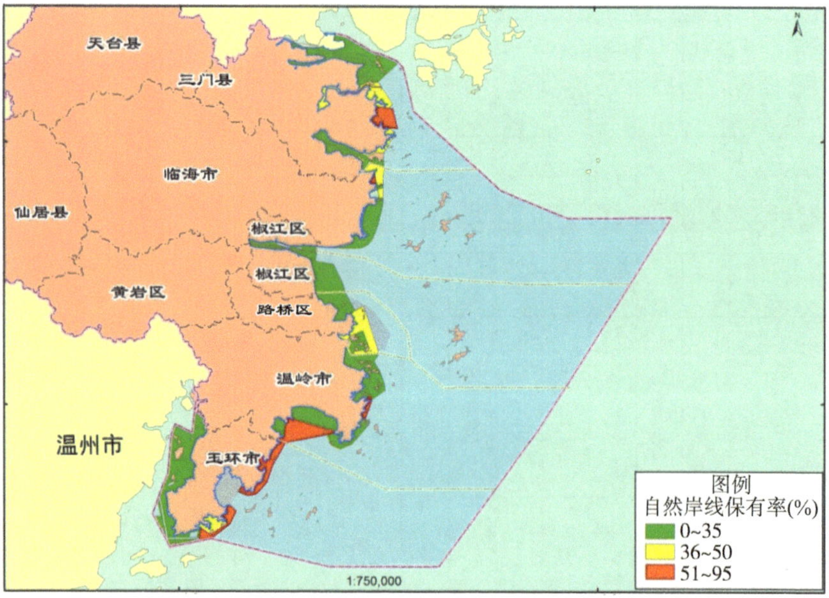

图 5.1-25　海洋功能区自然岸线保有率分布图

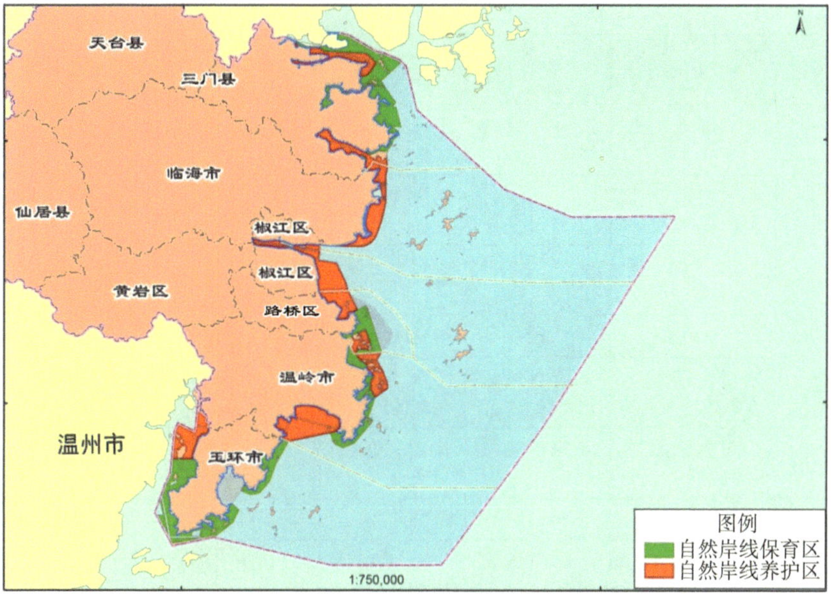

图 5.1-26　海洋功能区自然岸线分区划分图

表 5.1-12　海洋功能区自然线保有率及分区一览表

代码	功能区名称	一级类型	二级类型	自然岸线长度(m)	保有率(%)	岸线分区
A1-19-1	玉环东增殖区	农渔业区	增殖区	26 138	69	自然岸线保育区
A2-17-1	大麦屿港口区	港口航运区	港口区	22 383	34	自然岸线保育区
A2-12-1	健跳港口区	港口航运区	港口区	21 911	43	自然岸线保育区
A3-22	三门沿海工业与城镇用海区	工业与城镇用海区	工业与城镇用海区	21 672	49	自然岸线保育区
A1-17-1	温岭渔业基础设施区	农渔业区	渔业基础设施区	17 905	32	自然岸线保育区
A8-7	三门东部沿海保留区	保留区	保留区	16 472	70	自然岸线保育区
A1-20-1	坎门渔业基础设施区	农渔业区	渔业基础设施区	16 202	38	自然岸线保育区
A5-16	温岭松门旅游休闲娱乐区	旅游休闲娱乐区	旅游休闲娱乐区	15 223	94	自然岸线保育区
A2-15-1	金清港口区	港口航运区	港口区	13 888	42	自然岸线保育区
A4-	健跳矿产与能源区 1	矿产与能源区	矿产与能源区	11 633	37	自然岸线保育区

续表

代码	功能区名称	一级类型	二级类型	自然岸线长度(m)	保有率(%)	岸线分区
A3-26	温岭东部工业与城镇用海区	工业与城镇用海区	工业与城镇用海区	11 372	22	自然岸线保育区
A1-19-2	西沙门渔业基础设施区	农渔业区	渔业基础设施区	10 751	67	自然岸线保育区
A1-14-1	三门湾南养殖区	农渔业区	养殖区	10 606	27	自然岸线保育区
A1-20-2	坎门增殖区	农渔业区	增殖区	10 107	66	自然岸线保育区
A3-23	临海东部工业与城镇用海区	工业与城镇用海区	工业与城镇用海区	8 953	12	自然岸线养护区
A5-15	临海桃渚旅游休闲娱乐区	旅游休闲娱乐区	旅游休闲娱乐区	8 550	95	自然岸线养护区
A1-18-3	隘顽湾增殖区	农渔业区	增殖区	7 534	53	自然岸线养护区
A3-25	黄礁涂工业与城镇用海区	工业与城镇用海区	工业与城镇用海区	6 370	22	自然岸线养护区
A1-21-2	乐清湾玉环养殖区	农渔业区	养殖区	4 279	13	自然岸线养护区
A1-14-2	三门湾南增殖区	农渔业区	增殖区	3 973	11	自然岸线养护区
A1-15-1	浦坝港养殖区	农渔业区	养殖区	3 909	9	自然岸线养护区
A3-24-1	台州市区东部工业与城镇用海区	工业与城镇用海区	工业与城镇用海区	3 810	11	自然岸线养护区
A3-24-2	台州市区东部工业与城镇用海区	工业与城镇用海区	工业与城镇用海区	3 810	11	自然岸线养护区
A1-16-1	临海东部养殖区	农渔业区	养殖区	3 612	39	自然岸线养护区
A1-16-2	红脚岩渔业基础设施区	农渔业区	渔业基础设施区	2 552	25	自然岸线养护区
A2-16-1	龙门港口区	港口航运区	港口区	1 729	3	自然岸线养护区
A1-15-2	金洋涂农业围垦区	工业与城镇用海区	农业围垦区	1 714	16	自然岸线养护区
A1-19-3	栈台渔业基础设施区	农渔业区	渔业基础设施区	1 038	25	自然岸线养护区
A3-21	三门滨海工业与城镇用海区	工业与城镇用海区	工业与城镇用海区	866	4	自然岸线养护区

续表

代码	功能区名称	一级类型	二级类型	自然岸线长度(m)	保有率(%)	岸线分区
A1-18-1	担屿涂农业围垦区	工业与城镇用海区	农业围垦区	350	2	自然岸线养护区
A1-21-1	乐清湾温岭养殖区	农渔业区	养殖区	329	1	自然岸线养护区
A1-18-2	南海涂农业围垦区	工业与城镇用海区	农业围垦区	127	1	自然岸线养护区
A2-14-1	海门港口区	港口航运区	港口区	104	0	自然岸线养护区
A2-12-2	健跳航道区	港口航运区	航道区	80	59	自然岸线养护区

3) 各功能区资源开发上线

(1) 各功能区海域开发强度指数

本书以海洋功能区为统计单元,统计了各功能区内海域使用现状,并计算了每个海洋功能区的海域开发强度指数。台州市海域开发强度指数在0～1.03之间,均处于可载状态。从空间分布来看,海域开发强度指数较高的功能区主要集中在近岸海域。具体见表5.1-13。

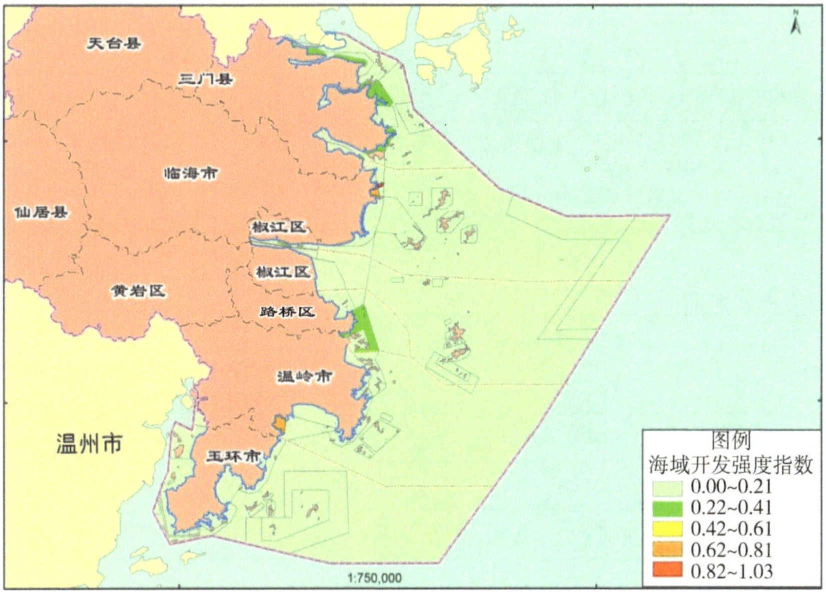

图5.1-27　海洋功能区海域开发强度指数分布图

表 5.1-13 海洋功能区海域开发强度指数

序号	代码	功能区名称	一级类型	二级类型	海域开发强度指数
1	A1-14-1	三门湾南养殖区	农渔业区	养殖区	0.08
2	A1-14-2	三门湾南增殖区	农渔业区	增殖区	0.01
3	A1-15-1	浦坝港养殖区	农渔业区	养殖区	0.08
4	A1-15-2	金洋涂农业围垦区	工业与城镇用海区	农业围垦区	0.01
5	A1-15-3	洞港渔业基础设施区	农渔业区	渔业基础设施区	0.00
6	A1-16-1	临海东部养殖区	农渔业区	养殖区	0.09
7	A1-16-2	红脚岩渔业基础设施区	农渔业区	渔业基础设施区	1.03
8	A1-16-3	红脚岩农业围垦区	工业与城镇用海区	农业围垦区	0.79
9	A1-17-1	温岭渔业基础设施区	农渔业区	渔业基础设施区	0.05
10	A1-18-1	担屿涂农业围垦区	工业与城镇用海区	农业围垦区	0.79
11	A1-18-2	南海涂农业围垦区	工业与城镇用海区	农业围垦区	0.00
12	A1-18-3	隘顽湾增殖区	农渔业区	增殖区	0.00
13	A1-19-1	玉环东增殖区	农渔业区	增殖区	0.06
14	A1-19-2	西沙门渔业基础设施区	农渔业区	渔业基础设施区	0.18
15	A1-19-3	栈台渔业基础设施区	农渔业区	渔业基础设施区	0.10
16	A1-20-1	坎门渔业基础设施区	农渔业区	渔业基础设施区	0.13
17	A1-20-2	坎门增殖区	农渔业区	增殖区	0.00
18	A1-21-1	乐清湾温岭养殖区	农渔业区	养殖区	0.05
19	A1-21-2	乐清湾玉环养殖区	农渔业区	养殖区	0.05
20	A2-12-1	健跳港口区	港口航运区	港口区	0.28
21	A2-12-2	健跳航道区	港口航运区	航道区	0.08
22	A2-13-1	头门岛港口区	港口航运区	港口区	0.01
23	A2-13-2	头门港进港航道区	港口航运区	航道区	0.00
24	A2-14-1	海门港口区	港口航运区	港口区	0.13
25	A2-14-2	海门航道区	港口航运区	航道区	0.00
26	A2-14-3	海门锚地区	港口航运区	锚地区	0.22

续表

序号	代码	功能区名称	一级类型	二级类型	海域开发强度指数
27	A2-15-1	金清港口区	港口航运区	港口区	0.23
28	A2-16-1	龙门港口区	港口航运区	港口区	0.02
29	A2-17-1	大麦屿港口区	港口航运区	港口区	0.08
30	A2-17-2	大麦屿锚地区	港口航运区	锚地区	0.00
31	A2-17-3	大麦屿航道区	港口航运区	航道区	0.04
32	A3-21	三门滨海工业与城镇用海区	工业与城镇用海区	工业与城镇用海区	0.27
33	A3-22	三门沿海工业与城镇用海区	工业与城镇用海区	工业与城镇用海区	0.27
34	A3-23	临海东部工业与城镇用海区	工业与城镇用海区	工业与城镇用海区	0.17
35	A3-24-1	台州市区东部工业与城镇用海区	工业与城镇用海区	工业与城镇用海区	0.03
36	A3-24-2	台州市区东部工业与城镇用海区	工业与城镇用海区	工业与城镇用海区	0.03
37	A3-25	黄礁涂工业与城镇用海区	工业与城镇用海区	工业与城镇用海区	0.00
38	A3-26	温岭东部工业与城镇用海区	工业与城镇用海区	工业与城镇用海区	0.18
39	A3-27	漩门工业与城镇用海区	工业与城镇用海区	工业与城镇用海区	0.05
40	A4-1	健跳矿产与能源区	矿产与能源区	矿产与能源区	0.04
41	A4-2	江厦矿产与能源区	矿产与能源区	矿产与能源区	0.00
42	A5-15	临海桃渚旅游休闲娱乐区	旅游休闲娱乐区	旅游休闲娱乐区	0.00
43	A5-16	温岭松门旅游休闲娱乐区	旅游休闲娱乐区	旅游休闲娱乐区	0.01
44	A8-7	三门东部沿海保留区	保留区	保留区	0.18
45	B1-10-1	临海捕捞区	农渔业区	捕捞区	0.00
46	B1-10-2	临海增殖区	农渔业区	增殖区	0.05
47	B1-10-3	大小锣养殖区	农渔业区	养殖区	0.00
48	B1-10-4	雀儿岙养殖区	农渔业区	养殖区	0.01
49	B1-10-5	田岙—长屿养殖区	农渔业区	养殖区	0.02
50	B1-10-6	东矶养殖区	农渔业区	养殖区	0.01
51	B1-11-1	椒江捕捞区	农渔业区	捕捞区	0.00
52	B1-11-2	一江山养殖区	农渔业区	养殖区	0.00

续表

序号	代码	功能区名称	一级类型	二级类型	海域开发强度指数
53	B1-11-2	椒江增殖区	农渔业区	增殖区	0.00
54	B1-11-3	上大陈岛北养殖区	农渔业区	养殖区	0.00
55	B1-11-4	上大陈岛西养殖区	农渔业区	养殖区	0.00
56	B1-12-1	路桥捕捞区	农渔业区	捕捞区	0.00
57	B1-12-2	路桥增殖区	农渔业区	增殖区	0.00
58	B1-13-1	温岭捕捞区	农渔业区	捕捞区	0.00
59	B1-13-2	洛三牛增殖区	农渔业区	增殖区	0.00
60	B1-13-3	牛山养殖区	农渔业区	养殖区	0.00
61	B1-14-1	玉环捕捞区	农渔业区	捕捞区	0.00
62	B1-14-2	鸡山养殖区	农渔业区	养殖区	0.00
63	B1-14-3	洋屿养殖区	农渔业区	养殖区	0.00
64	B1-9-1	三门捕捞区	农渔业区	捕捞区	0.00
65	B2-18-1	大陈港口区	港口航运区	港口区	0.02
66	B2-18-2	大陈锚地区	港口航运区	锚地区	0.02
67	B5-5	五子岛旅游休闲娱乐区	旅游休闲娱乐区	旅游休闲娱乐区	0.00
68	B5-6	大陈旅游休闲娱乐区	旅游休闲娱乐区	旅游休闲娱乐区	0.11
69	B5-7	三蒜岛旅游休闲娱乐区	旅游休闲娱乐区	旅游休闲娱乐区	0.01
70	B5-8-1	大鹿岛风景旅游区	旅游休闲娱乐区	风景旅游区	0.07
71	B6-12-1	东海水产种质资源海洋保护区（临海）	海洋保护区	海洋保护区	0.00
72	B6-12-2	东海水产种质资源海洋保护区（椒江）	海洋保护区	海洋保护区	0.00
73	B6-6-1	大陈海洋特别保护区	海洋保护区	海洋特别保护区	0.01
74	B6-7-1	披山海洋特别保护区	海洋保护区	海洋特别保护区	0.03
75	B7-12	椒江口特殊利用区	特殊利用区	特殊利用区	0.00
76	B8-12-1	东海保留区（临海）	保留区	保留区	0.00
77	B8-12-2	东海保留区（椒江）	保留区	保留区	0.00

续表

序号	代码	功能区名称	一级类型	二级类型	海域开发强度指数
78	B8-2	渔山列岛保留区	保留区	保留区	0.00
79	B8-6-1	大陈保留区(椒江)	保留区	保留区	0.00
80	B8-6-2	大陈保留区(温岭)	保留区	保留区	0.00
81	B8-7	披山保留区	保留区	保留区	0.00

(2)各功能区海岸线开发强度指数

本书统计了海洋功能区内不同岸线利用类型的长度,并测算了各功能区的岸线开发强度指数,值域范围在 0~0.5 之间,均处于可载状态。具体见表 5.1-14。

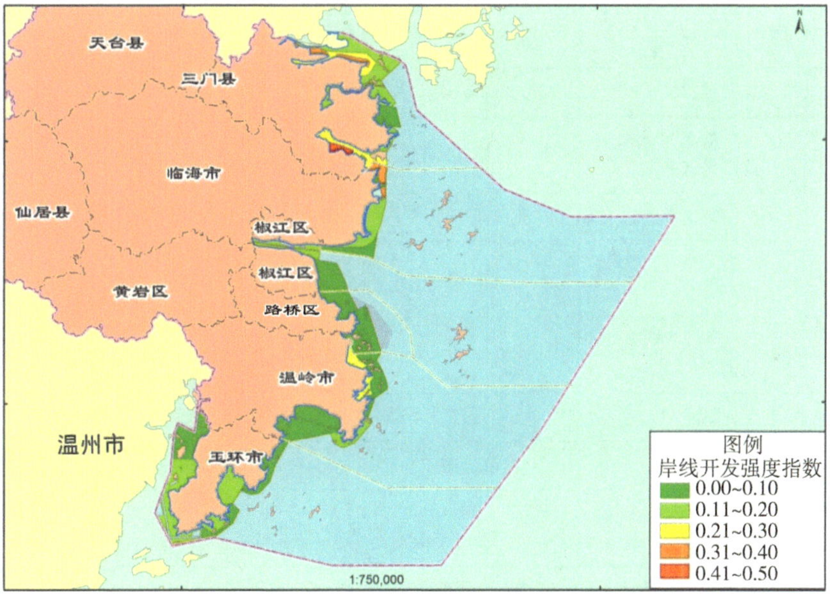

图 5.1-28 海洋功能区岸线开发强度指数分布图

表 5.1-14 海洋功能区岸线开发强度指数

代码	功能区名称	一级功能区类型	二级功能区类型	岸线长度(m)	海岸线开发强度指数	承载力
A2-12-2	健跳航道区	港口航运区	航道区	135	0.50	可载
A1-15-2	金洋涂农业围垦区	工业与城镇用海区	农业围垦区	10 529	0.41	可载

续表

代码	功能区名称	一级功能区类型	二级功能区类型	岸线长度（m）	海岸线开发强度指数	承载力
A3-21	三门滨海工业与城镇用海区	工业与城镇用海区	工业与城镇用海区	20 911	0.36	可载
A1-16-1	临海东部养殖区	农渔业区	养殖区	9 299	0.34	可载
A1-15-3	洞港渔业基础设施区	农渔业区	渔业基础设施区	4 613	0.33	可载
A1-19-3	栈台渔业基础设施区	农渔业区	渔业基础设施区	4 233	0.31	可载
A1-15-1	浦坝港养殖区	农渔业区	养殖区	41 301	0.29	可载
A1-14-2	三门湾南增殖区	农渔业区	增殖区	35 062	0.22	可载
A3-26	温岭东部工业与城镇用海区	工业与城镇用海区	工业与城镇用海区	51 234	0.22	可载
A2-14-1	海门港口区	港口航运区	港口区	43 292	0.20	可载
A3-22	三门沿海工业与城镇用海区	工业与城镇用海区	工业与城镇用海区	44 391	0.20	可载
A1-14-1	三门湾南养殖区	农渔业区	养殖区	39 983	0.19	可载
A3-23	临海东部工业与城镇用海区	工业与城镇用海区	工业与城镇用海区	75 729	0.16	可载
A1-17-1	温岭渔业基础设施区	农渔业区	渔业基础设施区	55 440	0.16	可载
A2-17-1	大麦屿港口区	港口航运区	港口区	65 619	0.15	可载
A2-12-1	健跳港口区	港口航运区	港口区	50 766	0.14	可载
A1-20-1	坎门渔业基础设施区	农渔业区	渔业基础设施区	43 081	0.13	可载
A4-1	健跳矿产与能源区	矿产与能源区	矿产与能源区	31 176	0.11	可载
A3-27	漩门工业与城镇用海区	工业与城镇用海区	工业与城镇用海区	34 191	0.11	可载
A1-20-2	坎门增殖区	农渔业区	增殖区	15 328	0.09	可载
A8-7	三门东部沿海保留区	保留区	保留区	23 593	0.07	可载
A3-25	黄礁涂工业与城镇用海区	工业与城镇用海区	工业与城镇用海区	28 873	0.06	可载

续表

代码	功能区名称	一级功能区类型	二级功能区类型	岸线长度（m）	海岸线开发强度指数	承载力
A3-24-1	台州市区东部工业与城镇用海区	工业与城镇用海区	工业与城镇用海区	34 137	0.05	可载
A3-24-2	台州市区东部工业与城镇用海区	工业与城镇用海区	工业与城镇用海区	34 137	0.05	可载
A1-19-1	玉环东增殖区	农渔业区	增殖区	38 026	0.05	可载
A1-18-2	南海涂农业围垦区	工业与城镇用海区	农业围垦区	19 866	0.05	可载
A1-21-1	乐清湾温岭养殖区	农渔业区	养殖区	22 856	0.04	可载
A2-16-1	龙门港口区	港口航运区	港口区	49 561	0.04	可载
A1-19-2	西沙门渔业基础设施区	农渔业区	渔业基础设施区	15 967	0.03	可载
A2-15-1	金清港口区	港口航运区	港口区	32 679	0.03	可载
A1-18-3	隘顽湾增殖区	农渔业区	增殖区	14 230	0.03	可载
A1-18-1	担屿涂农业围垦区	工业与城镇用海区	农业围垦区	15 019	0.02	可载
A5-16	温岭松门旅游休闲娱乐区	旅游休闲娱乐区	旅游休闲娱乐区	16 196	0.01	可载
A5-15	临海桃渚旅游休闲娱乐区	旅游休闲娱乐区	旅游休闲娱乐区	9 005	0.01	可载
A1-16-2	红脚岩渔业基础设施区	农渔业区	渔业基础设施区	10 325	0.01	可载
A1-21-2	乐清湾玉环养殖区	农渔业区	养殖区	34 200	0.01	可载
B1-10-2	临海增殖区	农渔业区	增殖区	2 139	0.00	可载

(3) 资源开发强度与海洋环境的关系

①海域开发强度与海洋环境的关系

通过分析海洋功能区海域开发强度指数与海水水质超标比例的关系发现，海域开发强度指数的增长对海水水质超标比例上涨有驱动作用，是引起海水水质超标比例上涨的原因之一（图 5.1-29）。

②海岸线开发强度与海洋环境的关系

通过分析海洋功能区岸线开发强度指数与海水水质超标比例的关系发现，岸线开发强度指数对水质超标比例的影响与海域开发强度基本相同，即海岸线开发强度指数的增长对海水水质超标比例上涨有驱动作用，是引起海水水质超标比例上涨的原因之一(图 5.1-30)。

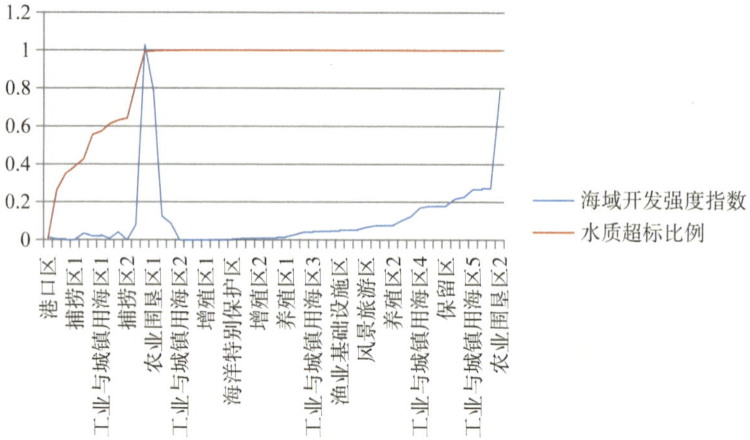

图 5.1-29　海洋功能区海域开发强度指数与海水水质超标比例的关系

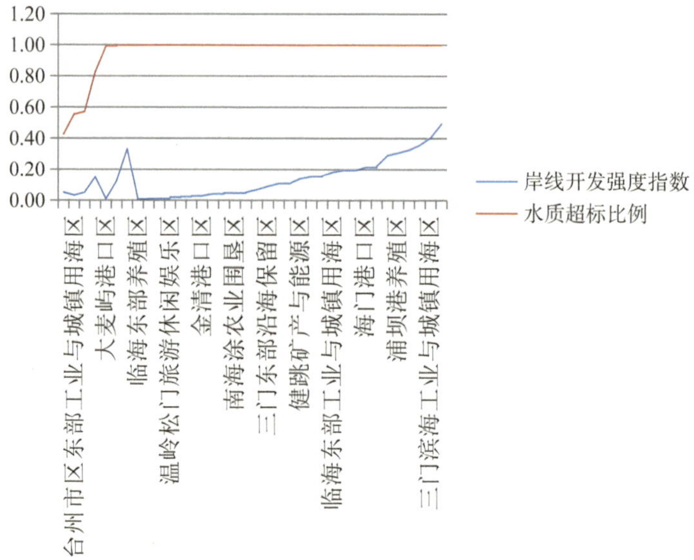

图 5.1-30　海洋功能区岸线开发强度指数与海水水质超标比例的关系

3. 海域空间资源实物量核算

1) 海域实物量核算

(1) 海域空间资源总量核算

按照分区原则,如图 5.1-31 所示,划分出资源供给区 63 个,海域面积为 486 313 hm^2；资源储备区 11 个，海域面积为 34 334 hm^2；资源管控区 120 个，海域面积为 156 408 hm^2。

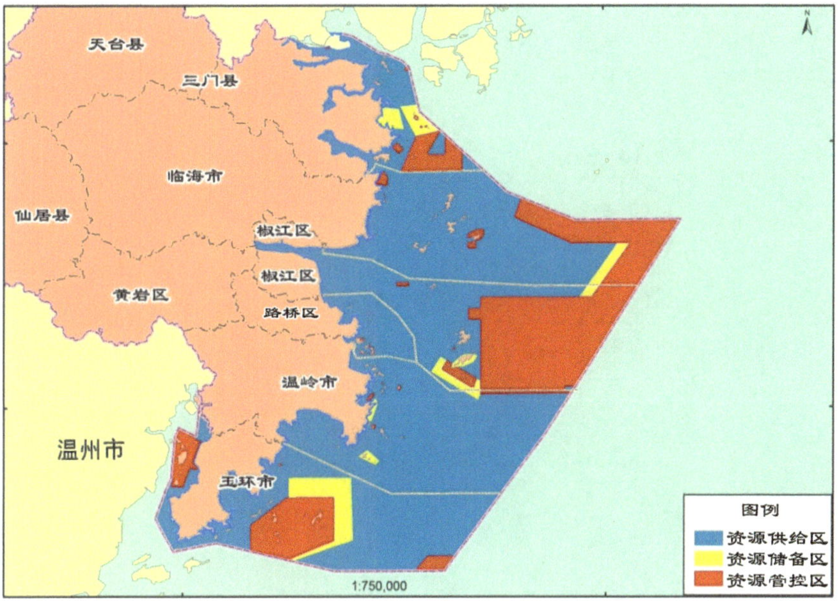

图 5.1-31　海域空间资源分区分布图

(2) 海域空间资源供给量核算

海域空间资源的供给应在海洋资源环境承载接受范围内进行。计算方法如下：

$$D_i = d_i \cdot a_1 \cdot a_2 \cdot a_3 \cdot a_4 \tag{5.1-8}$$

式中：D_i 为某功能区资源开发总量上线；d_i 为某功能区资源总量理论值；a_1 为资源区系数；a_2 为环境承载力系数；a_3 为承载力修正系数；a_4 为经济指标修正系数。

经统计分析，台州市的海洋功能区资源开发强度指数平均值为 0.1，海水水质超标比例为 0.9，其比例关系为 1∶9。研究以海洋环境承载力来倒逼供给侧改革，当海洋环境承载力取 0.9(可载)时，资源开发强度指数为 0.1。因此，保障海洋功能区海洋环境可载的条件是资源开发强度指数为 0.1。加上考虑到“十四五”海洋经济指标发展要求，年均增长率为 9.33%，反推出资源开发增量满足 20.13%，取值为 0.2。其他计算因子取值见表 5.1-16。

综上所述，推出各海洋功能区的资源开发上线，同时核算出台州市海域资源开发上线。经核算，"十四五"期间，台州市海域资源开发总量上线为4 879 hm^2。资源开发总量上线最高的是农渔业区（4 341 hm^2），其次是港口航运区（314 hm^2）、工业与城镇用海区（122 hm^2）、保留区（96 hm^2）、旅游休闲娱乐区（5 hm^2）。

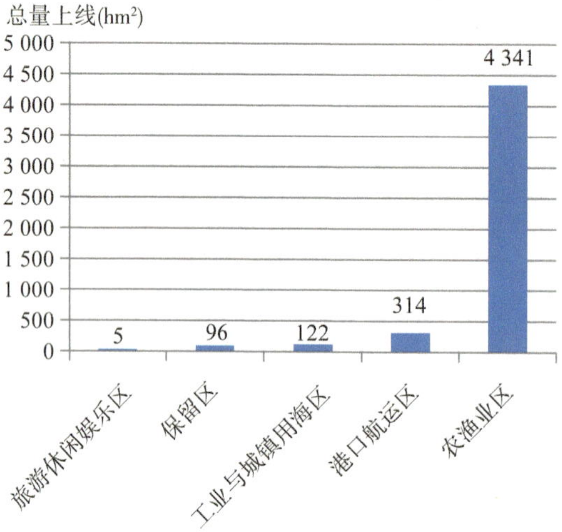

图 5.1-32　各海岸功能区资源开发总量上线情况

通过表 5.1-15，从资源开发总量上来看，"十四五"期间的开发总量较"十三五"降低了 8.9%。从海洋产业来看，仅交通运输资源供给上涨了 36.9%，其他产业用海资源供给均下调，旅游休闲娱乐下降了 420.0%，工业下降了 12.3%，渔业下降了 11.6%。

表 5.1-15　"十四五"与"十三五"对比分析

一级类型	"十四五"功能区允许开发总量上线（hm^2）	用海类型	"十三五"用海规模（hm^2）	增长率（%）
旅游休闲娱乐区	5	旅游娱乐用海	26	−420.0
工业与城镇用海区	122	工业与城镇用海	137	−12.3
港口航运区	314	交通运输用海	198	36.9
农渔业区	4 341	农渔业用海	4 846	−11.6
合计	4 782	合计	5 207	−8.9

表 5.1-16 海洋功能区资源开发上线核算表

序号	代码	功能区名称	一级类型	二级类型	面积(hm^2)	资源分区	资源区系数	环境承载力	水质超标比例	环境承载力系数	资源开发指数	资源开发可载指数	功能区资源总量修正	资源承载力可载区间	理论总量面积(hm^2)	承载力修正系数	经济指标修正系数	总量上线(hm^2)
1	A1-14-1	三门湾南养殖区	农渔业区	养殖区	7 226	资源供给区	1.0	超载	1.00	0.00	0.08	1.5	4 335.6	1.42	6 168	0.1	0.2	0
2	A1-14-2	三门湾南增殖区	农渔业区	增殖区	2 722	资源供给区	1.0	超载	1.00	0.00	0.01	1.5	1 633.2	1.49	2 433	0.1	0.2	0
3	A1-15-1	浦坝港养殖区	农渔业区	养殖区	2 890	资源供给区	1.0	超载	1.00	0.00	0.08	1.5	1 734	1.42	2 463	0.1	0.2	0
4	A1-15-2	金洋涂农业围垦区	工业与城镇用海区	农业围垦区	913	资源供给区	1.0	超载	1.00	0.00	0.01	1.5	913	1.49	1 361	0.1	0.2	0
5	A1-15-3	洞港渔业基础设施区	农渔业区	渔业基础设施区	34	资源供给区	1.0	超载	1.00	0.00	0.00	1.5	20.4	1.50	31	0.1	0.2	0
6	A1-16-1	临海东部养殖区	农渔业区	养殖区	1 704	资源供给区	1.0	超载	1.00	0.00	0.09	1.5	1 022.4	1.41	1 443	0.1	0.2	0
7	A1-16-2	红脚岩渔业基础设施区	农渔业区	渔业基础设施区	189	资源供给区	1.0	超载	0.99	0.01	1.03	1.5	113.4	0.47	53	0.1	0.2	0
8	A1-16-3	红脚岩农业围垦区	工业与城镇用海区	农业围垦区	365	资源供给区	1.0	超载	1.00	0.00	0.79	1.5	365	0.71	260	0.1	0.2	0

续表

序号	代码	功能区名称	一级类型	二级类型	面积（hm^2）	资源分区	资源区系数	环境承载力	水质超标比例	环境承载力系数	资源开发指数	资源开发可载指数	功能区资源总量修正	资源承载力可载区间	理论总量面积（hm^2）	承载力修正系数	经济指标修正系数	总量上线（hm^2）
9	A1-17-1	温岭渔业基础设施区	农渔业区	渔业基础设施区	2 356	资源供给区	1.0	超载	1.00	0.00	0.05	1.5	1 413.6	1.45	2 045	0.1	0.2	0
10	A1-18-1	担屿涂农业围垦区	工业与城镇用海区	农业围垦区	1 004	资源供给区	1.0	超载	1.00	0.00	0.79	1.5	1 004	0.71	714	0.1	0.2	0
11	A1-18-2	南海涂农业围垦区	工业与城镇用海区	农业围垦区	4 147	资源供给区	1.0	超载	1.00	0.00	0.00	1.5	4 147	1.50	6 215	0.1	0.2	0
12	A1-18-3	隘顽湾增殖区	农渔业区	增殖区	4 693	资源供给区	1.0	超载	1.00	0.00	0.00	1.5	2 815.8	1.50	4 222	0.1	0.2	0
13	A1-19-1	玉环东增殖区	农渔业区	增殖区	3 016	资源供给区	1.0	超载	1.00	0.00	0.06	1.5	1 809.6	1.44	2 612	0.1	0.2	0
14	A1-19-2	西沙门渔业基础设施区	农渔业区	渔业基础设施区	700	资源供给区	1.0	超载	1.00	0.00	0.18	1.5	420	1.32	554	0.1	0.2	0
15	A1-19-3	栈台渔业基础设施区	农渔业区	渔业基础设施区	44	资源供给区	1.0	超载	1.00	0.00	0.10	1.5	26.4	1.40	37	0.1	0.2	0
16	A1-20-1	坎门渔业基础设施区	农渔业区	渔业基础设施区	1 598	资源供给区	1.0	超载	1.00	0.00	0.13	1.5	958.8	1.37	1 318	0.1	0.2	0
17	A1-20-2	坎门增殖区	农渔业区	增殖区	2 066	资源供给区	1.0	超载	1.00	0.00	0.00	1.5	1 239.6	1.50	1 859	0.1	0.2	0

续表

序号	代码	功能区名称	一级类型	二级类型	面积（hm^2）	资源分区	资源区系数	环境承载力	水质超标比例	环境承载力系数	资源开发指数	资源开发可载指数	功能区资源总量修正	资源承载力可载区间	理论总量面积（hm^2）	承载力修正系数	经济指标修正系数	总量上线（hm^2）
18	A1-21-1	乐清湾温岭养殖区	农渔业区	养殖区	1 554	资源供给区	1.0	超载	1.00	0.00	0.05	1.5	932.4	1.45	1 355	0.1	0.2	0
19	A1-21-2	乐清湾玉环养殖区	农渔业区	养殖区	4 820	资源供给区	1.0	超载	1.00	0.00	0.05	1.5	2 892	1.45	4 183	0.1	0.2	0
20	A2-12-1	健跳港口区	港口航运区	港口区	2 560	资源供给区	1.0	超载	1.00	0.00	0.28	1.5	2 048	1.22	2 498	0.1	0.2	0
21	A2-12-2	健跳航道区	港口航运区	航道区	235	资源供给区	1.0	超载	1.00	0.00	0.08	1.5	188	1.42	268	0.1	0.2	0
22	A2-13-1	头门岛港口区	港口航运区	港口区	8 704	资源供给区	1.0	可载	0.01	0.99	0.01	1.5	6 963.2	1.49	10 341	0.1	0.2	206
23	A2-13-2	头门港进港航道区	港口航运区	航道区	80	资源供给区	1.0	可载	0.00	1.00	0.00	1.5	64	1.50	96	0.1	0.2	2
24	A2-14-1	海门港口区	港口航运区	港口区	2 827	资源供给区	1.0	超载	1.00	0.00	0.13	1.5	2 261.6	1.37	3 109	0.1	0.2	0
25	A2-14-2	海门航道区	港口航运区	航道区	302	资源供给区	1.0	超载	1.00	0.00	0.00	1.5	241.6	1.50	362	0.1	0.2	0
26	A2-14-3	海门锚地区	港口航运区	锚地区	207	资源供给区	1.0	超载	1.00	0.00	0.22	1.5	165.6	1.28	212	0.1	0.2	0

续表

序号	代码	功能区名称	一级类型	二级类型	面积（hm^2）	资源分区	资源区系数	环境承载力	水质超标比例	环境承载力系数	资源开发指数	资源开发可载指数	功能区资源总量修正	资源承载力可载区间	理论总量面积（hm^2）	承载力修正系数	经济指标修正系数	总量上线（hm^2）
27	A2-15-1	金清港口区	港口航运区	港口区	4 119	资源供给区	1.0	超载	1.00	0.00	0.23	1.5	3 295.2	1.27	4 191	0.1	0.2	0
28	A2-16-1	龙门港口区	港口航运区	港口区	3 747	资源供给区	1.0	超载	0.56	0.44	0.02	1.5	2 997.6	1.48	4 435	0.1	0.2	39
29	A2-17-1	大麦屿港口区	港口航运区	港口区	8 892	资源供给区	1.0	超载	0.83	0.17	0.08	1.5	7 113.6	1.42	10 102	0.1	0.2	35
30	A2-17-2	大麦屿锚地区	港口航运区	锚地区	955	资源供给区	1.0	超载	0.72	0.28	0.00	1.5	764	1.50	1 146	0.1	0.2	6
31	A2-17-3	大麦屿航道区	港口航运区	航道区	775	资源供给区	1.0	超载	0.63	0.37	0.04	1.5	620	1.46	904	0.1	0.2	7
32	A3-21	三门滨海工业与城镇用海区	工业与城镇用海区	工业与城镇用海区	1 511	资源供给区	1.0	超载	1.00	0.00	0.27	1.5	1 511	1.23	1 853	0.1	0.2	0
33	A3-22-1	三门沿海工业与城镇用海区	工业与城镇用海区	工业与城镇用海区	1 130	资源供给区	1.0	超载	1.00	0.00	0.27	1.5	1 130	1.23	1 392	0.1	0.2	0
34	A3-23-2	临海东部工业与城镇用海区	工业与城镇用海区	工业与城镇用海区	4 803	资源供给区	1.0	超载	1.00	0.00	0.17	1.5	4 803	1.33	6 388	0.1	0.2	0

续表

序号	代码	功能区名称	一级类型	二级类型	面积（hm^2）	资源分区	资源区系数	环境承载力	水质超标比例	环境承载力系数	资源开发指数	资源开发可载指数	功能区资源总量修正	资源承载力可载区间	理论总量面积（hm^2）	承载力修正系数	经济指标修正系数	总量上线（hm^2）
35	A3-24-1	台州市区东部工业与城镇用海区	工业与城镇用海区	工业与城镇用海区	4 848	资源供给区	1.0	超载	0.57	0.43	0.03	1.5	4 848	1.47	7 146	0.1	0.2	61
36	A3-24-2	台州市区东部工业与城镇用海区	工业与城镇用海区	工业与城镇用海区	3 612	资源供给区	1.0	超载	0.43	0.57	0.03	1.5	3 612	1.47	5 292	0.1	0.2	61
37	A3-25	黄礁涂工业与城镇用海区	工业与城镇用海区	工业与城镇用海区	1 591	资源供给区	1.0	超载	1.00	0.00	0.00	1.5	1 591	1.50	2 386	0.1	0.2	0
38	A3-26	温岭东部工业与城镇用海区	工业与城镇用海区	工业与城镇用海区	2 512	资源供给区	1.0	超载	1.00	0.00	0.18	1.5	2 512	1.32	3 318	0.1	0.2	0
39	A3-27	工业与城镇用海区	漩门工业与城镇用海区	工业与城镇用海区	4 158	资源供给区	1.0	超载	1.00	0.00	0.05	1.5	4 158	1.45	6 047	0.1	0.2	0
40	A4-1	健跳矿产与能源区	矿产与能源区	矿产与能源区	899	资源供给区	1.0	超载	1.00	0.00	0.04	1.5	539.4	1.46	786	0.1	0.2	0
41	A4-2	江厦矿产与能源区	矿产与能源区	矿产与能源区	52	资源供给区	1.0	超载	1.00	0.00	0.00	1.5	31.2	1.50	47	0.1	0.2	0
42	A5-15	临海桃渚旅游休闲娱乐区	旅游休闲娱乐区	旅游休闲娱乐区	270	资源储备区	0.5	超载	1.00	0.00	0.00	1.5	108	1.50	162	0.1	0.2	0

续表

序号	代码	功能区名称	一级类型	二级类型	面积（hm^2）	资源分区	资源区系数	环境承载力	水质超标比例	环境承载力系数	资源开发指数	资源开发可载指数	功能区资源总量修正	资源承载力可载区间	理论总量面积（hm^2）	承载力修正系数	经济指标修正系数	总量上线（hm^2）
43	A5-16	温岭松门旅游休闲娱乐区	旅游休闲娱乐区	旅游休闲娱乐区	653	资源储备区	0.5	超载	1.00	0.00	0.01	1.5	261.2	1.49	389	0.1	0.2	0
44	A8-7	三门东部沿海保留区	保留区	保留区	2 615	资源储备区	0.5	超载	1.00	0.00	0.18	1.5	523	1.32	688	0.1	0.2	0
45	B1-10-1	临海捕捞区	农渔业区	捕捞区	96 428	资源供给区	1.0	超载	0.64	0.36	0.00	1.5	57 856.8	1.50	86 751	0.1	0.2	621
46	B1-10-2	临海增殖区	农渔业区	增殖区	2 893	资源供给区	1.0	超载	1.00	0.00	0.05	1.5	1 735.8	1.45	2 520	0.1	0.2	0
47	B1-10-3	大小锣养殖区	农渔业区	养殖区	1 083	资源供给区	1.0	超载	1.00	0.00	0.00	1.5	649.8	1.50	975	0.1	0.2	0
48	B1-10-4	雀儿岙养殖区	农渔业区	养殖区	2 284	资源供给区	1.0	超载	1.00	0.00	0.01	1.5	1 370.4	1.49	2 044	0.1	0.2	0
49	B1-10-5	田岙一长屿养殖区	农渔业区	养殖区	2 171	资源供给区	1.0	超载	1.00	0.00	0.02	1.5	1 302.6	1.48	1 930	0.1	0.2	0
50	B1-10-6	东矶养殖区	农渔业区	养殖区	1 472	资源供给区	1.0	超载	0.61	0.39	0.01	1.5	883.2	1.49	1 318	0.1	0.2	10
51	B1-11-1	椒江捕捞区	农渔业区	捕捞区	105 096	资源供给区	1.0	超载	0.39	0.61	0.00	1.5	63 057.6	1.50	94 535	0.1	0.2	1 159

续表

序号	代码	功能区名称	一级类型	二级类型	面积（hm^2）	资源分区	资源区系数	环境承载力	水质超标比例	环境承载力系数	资源开发指数	资源开发可载指数	功能区资源总量修正	资源承载力可载区间	理论总量面积（hm^2）	承载力修正系数	经济指标修正系数	总量上线（hm^2）
52	B1-11-2	一江山养殖区	农渔业区	养殖区	491	资源供给区	1.0	超载	1.00	0.00	0.00	1.5	294.6	1.50	442	0.1	0.2	0
53	B1-11-2	椒江增殖区	农渔业区	增殖区	7 737	资源供给区	1.0	超载	1.00	0.00	0.00	1.5	4 642.2	1.50	6 963	0.1	0.2	0
54	B1-11-3	上大陈岛北养殖区	农渔业区	养殖区	203	资源供给区	1.0	超载	1.00	0.00	0.00	1.5	121.8	1.50	183	0.1	0.2	0
55	B1-11-4	上大陈岛西养殖区	农渔业区	养殖区	206	资源供给区	1.0	超载	0.47	0.53	0.00	1.5	123.6	1.50	185	0.1	0.2	2
56	B1-12-1	路桥捕捞区	农渔业区	捕捞区	10 757	资源供给区	1.0	超载	1.00	0.00	0.00	1.5	6 454.2	1.50	9 681	0.1	0.2	0
57	B1-12-2	路桥增殖区	农渔业区	增殖区	1 631	资源供给区	1.0	超载	1.00	0.00	0.00	1.5	978.6	1.50	1 468	0.1	0.2	0
58	B1-13-1	温岭捕捞区	农渔业区	捕捞区	118 473	资源供给区	1.0	超载	0.35	0.65	0.00	1.5	71 083.8	1.50	106 618	0.1	0.2	1 386
59	B1-13-2	积洛三牛增殖区	农渔业区	增殖区	4 114	资源供给区	1.0	超载	1.00	0.00	0.00	1.5	2 468.4	1.50	3 701	0.1	0.2	0
60	B1-13-3	牛山养殖区	农渔业区	养殖区	400	资源供给区	1.0	超载	1.00	0.00	0.00	1.5	240	1.50	360	0.1	0.2	0

续表

序号	代码	功能区名称	一级类型	二级类型	面积（hm^2）	资源分区	资源区系数	环境承载力	水质超标比例	环境承载力系数	资源开发指数	资源开发可载指数	功能区资源总量修正	资源承载力可载区间	理论总量面积（hm^2）	承载力修正系数	经济指标修正系数	总量上线（hm^2）
61	B1-14-1	玉环捕捞区	农渔业区	捕捞区	87 749	资源供给区	1.0	超载	0.26	0.74	0.00	1.5	52 649.4	1.50	78 740	0.1	0.2	1 163
62	B1-14-2	鸡山养殖区	农渔业区	养殖区	553	资源供给区	1.0	超载	1.00	0.00	0.00	1.5	331.8	1.50	498	0.1	0.2	0
63	B1-14-3	洋屿养殖区	农渔业区	养殖区	203	资源供给区	1.0	超载	1.00	0.00	0.00	1.5	121.8	1.50	183	0.1	0.2	0
64	B1-9-1	三门捕捞区	农渔业区	捕捞区	23 114	资源供给区	1.0	超载	1.00	0.00	0.00	1.5	13 868.4	1.50	20 778	0.1	0.2	0
65	B2-18-1	大陈港口区	港口航运区	港口区	620	资源供给区	1.0	可载	0.00	1.00	0.02	1.5	496	1.48	732	0.1	0.2	15
66	B2-18-2	大陈锚地区	港口航运区	锚地区	189	资源供给区	1.0	可载	0.00	1.00	0.02	1.5	151.2	1.48	224	0.1	0.2	4
67	B5-5	五子岛旅游休闲娱乐区	旅游休闲娱乐区	旅游休闲娱乐区	3 789	资源储备区	0.5	超载	1.00	0.00	0.00	1.5	1 515.6	1.50	2 273	0.1	0.2	0
68	B5-6	大陈旅游休闲娱乐区	旅游休闲娱乐区	旅游休闲娱乐区	898	资源储备区	0.5	可载	0.00	1.00	0.11	1.5	359.2	1.39	498	0.1	0.2	5
69	B5-7	三蒜岛旅游休闲娱乐区	旅游休闲娱乐区	旅游休闲娱乐区	778	资源储备区	0.5	超载	1.00	0.00	0.01	1.5	311.2	1.49	462	0.1	0.2	0

续表

序号	代码	功能区名称	一级类型	二级类型	面积（hm^2）	资源分区	资源区系数	环境承载力	水质超标比例	环境承载力系数	资源开发指数	资源开发可载指数	功能区资源总量修正	资源承载力可载区间	理论总量面积（hm^2）	承载力修正系数	经济指标修正系数	总量上线（hm^2）
70	B5-8-1	大鹿岛风景旅游区	旅游休闲娱乐区	风景旅游区	635	资源储备区	0.5	超载	1.00	0.00	0.07	1.5	254	1.43	364	0.1	0.2	0
71	B6-12-1	东海水产种质资源海洋保护区	海洋保护区	海洋保护区(临海)	15 192	资源管控区	0.0	超载	0.31	0.69	0.00	1.5	3 038.4	1.50	4 558	0.1	0.2	0
72	B6-12-2	东海水产种质资源海洋保护区(椒江)	海洋保护区	海洋保护区	12 586	资源管控区	0.0	超载	0.71	0.29	0.00	1.5	2 517.2	1.50	3 776	0.1	0.2	0
73	B6-6-1	大陈海洋特别保护区	海洋保护区	海洋特别保护区	1 982	资源管控区	0.0	超载	1.00	0.00	0.01	1.5	396.4	1.49	592	0.1	0.2	0
74	B6-7-1	披山海洋特别保护区	海洋保护区	海洋特别保护区	12 742	资源管控区	0.0	超载	1.00	0.00	0.03	1.5	2 548.4	1.47	3 748	0.1	0.2	0
75	B7-12	椒江口特殊利用区	特殊利用区	特殊利用区	301	资源管控区	0.0	可载	0.00	1.00	0.00	1.5	60.2	1.50	90	0.1	0.2	0
76	B8-12-1	东海保留区（临海）	保留区	保留区	3 295	资源储备区	0.5	可载	0.00	1.00	0.00	1.5	659	1.50	989	0.1	0.2	10
77	B8-12-2	东海保留区（椒江）	保留区	保留区	7 107	资源储备区	0.5	可载	0.00	1.00	0.00	1.5	1 421.4	1.50	2 132	0.1	0.2	21
78	B8-2	渔山列岛保留区	保留区	保留区	18 038	资源储备区	0.5	可载	0.11	0.89	0.00	1.5	3 607.6	1.50	5 411	0.1	0.2	48

续表

序号	代码	功能区名称	一级类型	二级类型	面积（hm^2）	资源分区	资源区系数	环境承载力	水质超标比例	环境承载力系数	资源开发指数	资源开发可载指数	功能区资源总量修正	资源承载力可载区间	理论总量面积（hm^2）	承载力修正系数	经济指标修正系数	总量上线（hm^2）
79	B8-6-1	大陈保留区（椒江）	保留区	保留区	3 242	资源储备区	0.5	超载	0.27	0.73	0.00	1.5	648.4	1.50	973	0.1	0.2	7
80	B8-6-2	大陈保留区（温岭）	保留区	保留区	566	资源储备区	0.5	可载	0.00	1.00	0.00	1.5	113.2	1.50	170	0.1	0.2	2
81	B8-7	披山保留区	保留区	保留区	23 938	资源储备区	0.5	超载	0.88	0.12	0.00	1.5	4 787.6	1.50	7 181	0.1	0.2	8
合计	—	—	—	—	—	—	—	—	—	—	—	—	—	—	—	—	—	4 878

(3) 海域空间资源存量核算

经统计，台州市各海洋功能区海域使用存量为 12 210.81 hm²（图 5.1-33），海域空间资源剩余存量为 664 842.73 hm²（图 5.1-34）。使用存量详见表 5.1-17。

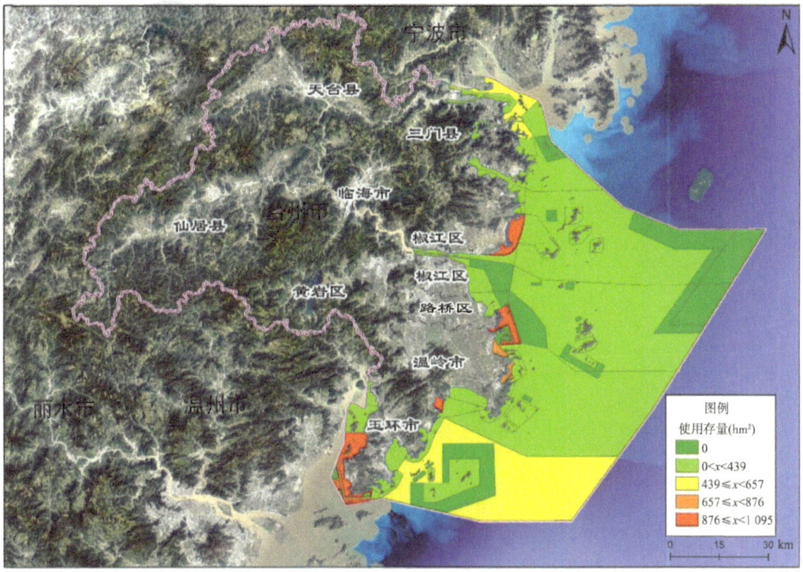

图 5.1-33　海洋功能区海域资源使用存量分布图

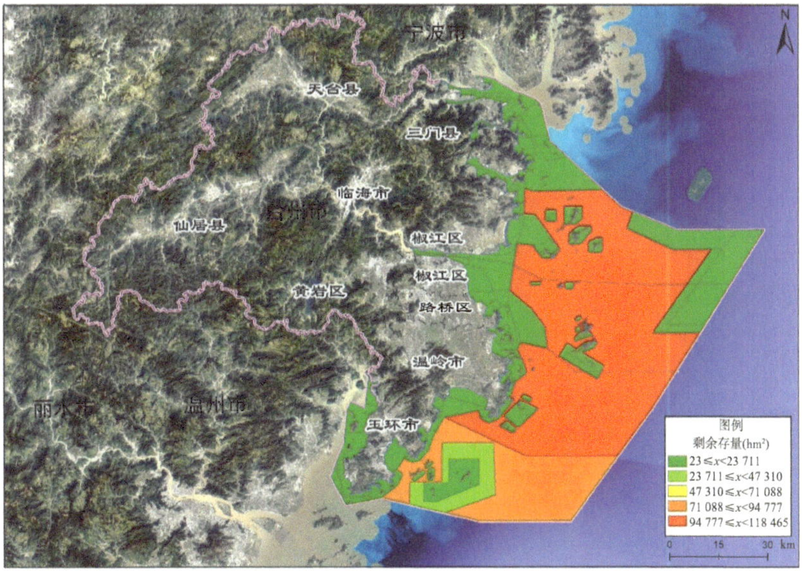

图 5.1-34　海洋功能区海域资源剩余存量分布图

表 5.1-17 海域资源使用存量核算表

序号	功能区代码	功能区名称	功能区类型	存量类型	海域使用面积（hm^2）
1	A1-14-1	三门湾南养殖区	养殖区	已利用	563.386 8
2	A1-14-2	三门湾南增殖区	增殖区	已利用	17.904 5
3	A3-21	三门滨海工业与城镇用海区	工业与城镇用海区	已利用	433.011 4
4	A2-12-1	健跳港口区	港口区	已利用	610.291 3
5	A2-12-2	健跳航道区	航道区	已利用	15.246 6
6	A4-1	健跳矿产与能源区	矿产与能源区	已利用	57.362
7	A8-7	三门东部沿海保留区	保留区	已利用	150.662 9
8	A3-22	三门沿海工业与城镇用海区	工业与城镇用海区	已利用	335.619
9	A1-15-1	浦坝港养殖区	养殖区	已利用	282.437 6
10	A1-15-2	金洋涂农业围垦区	农业围垦区	已利用	20.293 4
11	A1-15-3	洞港渔业基础设施区	渔业基础设施区	已利用	0
12	A1-16-1	临海东部养殖区	养殖区	已利用	194.147
13	A1-16-2	红脚岩渔业基础设施区	渔业基础设施区	已利用	116.756 7
14	A1-16-3	红脚岩农业围垦区	农业围垦区	已利用	287.797 5
15	A5-15	临海桃渚旅游休闲娱乐区	旅游休闲娱乐区	已利用	0
16	A3-23	临海东部工业与城镇用海区	工业与城镇用海区	已利用	1 054.243 1
17	A2-13-1	头门岛港口区	港口区	已利用	161.833 8
18	A2-13-2	头门港进港航道区	航道区	已利用	0
19	A2-14-1	海门港口区	港口区	已利用	312.629 6
20	A2-14-2	海门航道区	航道区	已利用	0
21	A2-14-3	海门锚地区	锚地区	已利用	37.031 7
22	A3-24	台州市区东部工业与城镇用海区	工业与城镇用海区	已利用	281.344 3
23	A3-24	台州市区东部工业与城镇用海区	工业与城镇用海区	已利用	281.344 3

续表

序号	功能区代码	功能区名称	功能区类型	存量类型	海域使用面积（hm²）
24	A2-15-1	金清港口区	港口区	已利用	1 095.153 6
25	A3-25	黄礁涂工业与城镇用海区	工业与城镇用海区	已利用	0.448 2
26	A3-26	温岭东部工业与城镇用海区	工业与城镇用海区	已利用	793.795 4
27	A2-16-1	龙门港口区	港口区	已利用	62.605 9
28	A5-16	温岭松门旅游休闲娱乐区	旅游休闲娱乐区	已利用	8.786 9
29	A1-17-1	温岭渔业基础设施区	渔业基础设施区	已利用	86.385 9
30	A1-18-1	担屿涂农业围垦区	农业围垦区	已利用	980.972 7
31	A1-18-2	南海涂农业围垦区	农业围垦区	已利用	56.500 1
32	A1-18-3	隘顽湾增殖区	增殖区	已利用	2.093 7
33	A1-21-1	乐清湾温岭养殖区	养殖区	已利用	94.151 4
34	A4-2	江厦矿产与能源区	矿产与能源区	已利用	0
35	A1-19-1	玉环东增殖区	增殖区	已利用	209.878 1
36	A1-19-2	西沙门渔业基础设施区	渔业基础设施区	已利用	188.877 2
37	A1-19-3	栈台渔业基础设施区	渔业基础设施区	已利用	2.782 4
38	A3-27	漩门工业与城镇用海区	工业与城镇用海区	已利用	235.644 1
39	A1-20-1	坎门渔业基础设施区	渔业基础设施区	已利用	183.984 8
40	A1-20-2	坎门增殖区	增殖区	已利用	0.522 7
41	A2-17-1	大麦屿港口区	港口区	已利用	988.852 3
42	A2-17-2	大麦屿锚地区	锚地区	已利用	0
43	A2-17-3	大麦屿航道区	航道区	已利用	25.874 7
44	A1-21-2	乐清湾玉环养殖区	养殖区	已利用	378.364 5
45	B1-9-1	三门捕捞区	捕捞区	已利用	61.726 9
46	B5-5	五子岛旅游休闲娱乐区	旅游休闲娱乐区	已利用	0
47	B1-10-1	临海捕捞区	捕捞区	已利用	71.045 7

续表

序号	功能区代码	功能区名称	功能区类型	存量类型	海域使用面积（hm^2）
48	B1-10-2	临海增殖区	增殖区	已利用	209.215 6
49	B1-10-3	大小锣养殖区	养殖区	已利用	0
50	B1-10-4	雀儿岙养殖区	养殖区	已利用	30.009 3
51	B1-10-5	田岙—长屿养殖区	养殖区	已利用	57.678 5
52	B1-10-6	东矶养殖区	养殖区	已利用	15.923 5
53	B8-2	渔山列岛保留区	保留区	已利用	0
54	B8-12-1	东海保留区（临海）	保留区	已利用	0
55	B6-12-1	东海水产种质资源海洋保护区（临海）	海洋保护区	已利用	0
56	B1-11-1	椒江捕捞区	捕捞区	已利用	152.465 9
57	B1-11-2	椒江增殖区	增殖区	已利用	0
58	B1-11-2	一江山养殖区	养殖区	已利用	0
59	B1-11-3	上大陈岛北养殖区	养殖区	已利用	0
60	B1-11-4	上大陈岛西养殖区	养殖区	已利用	0
61	B7-12	椒江口特殊利用区	特殊利用区	已利用	0
62	B2-18-1	大陈港口区	港口区	已利用	28.207 8
63	B2-18-2	大陈锚地区	锚地区	已利用	15.620 2
64	B5-6	大陈旅游休闲娱乐区	旅游休闲娱乐区	已利用	139.633 6
65	B8-6-1	大陈保留区（椒江）	保留区	已利用	0
66	B6-6-1	大陈海洋特别保护区	海洋特别保护区	已利用	11.986 1
67	B1-12-1	路桥捕捞区	捕捞区	已利用	0
68	B1-12-2	路桥增殖区	增殖区	已利用	0
69	B8-12-2	东海保留区（椒江）	保留区	已利用	0
70	B6-12-2	东海水产种质资源海洋保护区（椒江）	海洋保护区	已利用	0

续表

序号	功能区代码	功能区名称	功能区类型	存量类型	海域使用面积（hm^2）
71	B8-6-2	大陈保留区（温岭）	保留区	已利用	0
72	B1-13-1	温岭捕捞区	捕捞区	已利用	7.909 5
73	B1-13-2	积洛三牛增殖区	增殖区	已利用	3.689
74	B1-13-3	牛山养殖区	养殖区	已利用	0
75	B5-7	三蒜岛旅游休闲娱乐区	旅游休闲娱乐区	已利用	11.018 8
76	B1-14-1	玉环捕捞区	捕捞区	已利用	571.080 4
77	B1-14-2	鸡山养殖区	养殖区	已利用	0
78	B1-14-3	洋屿养殖区	养殖区	已利用	0
79	B5-8-1	大鹿岛风景旅游区	风景旅游区	已利用	28.930 9
80	B8-7	披山保留区	保留区	已利用	0
81	B6-7-1	披山海洋特别保护区	海洋特别保护区	已利用	185.652 5
合计		—	—	—	122 10.812 3

2）海岸线实物量核算与增量岸线的核算

（1）海岸线实物量核算

台州市海岸线总长 699 346 m，包括自然岸线 286 142 m、整治修复及河口岸线 3 427 m、渔业岸线 75 466 m、交通运输岸线 27 330 m、工业岸线 41 718 m、旅游娱乐岸线 250 m、造地工程岸线 2 188 m、特殊岸线 19 041 m、其他岸线 14 701 m、未利用岸线 229 083 m。自然岸线保有率为 41.4%。

表 5.1-18　海岸线资源实物量核算表

一级现状类型	二级现状类型	岸线长度（m）
自然岸线	基岩岸线	257 335
	泥质岸线	21 644
	砂质岸线	7 163
	小计	286 142

续表

一级现状类型	二级现状类型	岸线长度(m)
整治修复及河口岸线	河口岸线	1 959
	生态恢复岸线	1 468
	小计	3 427
渔业岸线	开放式养殖岸线	203
	围海养殖岸线	68 706
	渔业基础设施岸线	6 557
	小计	75 466
交通运输岸线	港口岸线	24 380
	路桥岸线	2 950
	小计	27 330
工业岸线	船舶工业岸线	27 739
	电力工业岸线	3 780
	固体矿产开采岸线	910
	其他工业岸线	9 289
	小计	41 718
旅游娱乐岸线	旅游基础设施岸线	250
	小计	250
造地工程岸线	城镇建设填海造地岸线	2 188
	小计	2 188
特殊岸线	海岸防护工程岸线	18 984
	科研教学岸线	57
	小计	19 041
其他岸线	其他岸线	14 701
	小计	14 701
未利用岸线	未利用岸线	229 083
	小计	229 083
合计		699 346

(2) 增量岸线及自然保有率的核算

为了更高效、高质量地调配海岸线资源，采用分区管理，鼓励用海主体在自然岸线养护区内实施海岸线生态修复，修复成效得到评估后，可按照“占补平衡”的政策进行管理。增量岸线的核算方法如下。

自然岸线资源物质量的主要核算指标包含两部分——基准自然岸线物质量和新增自然岸线物质量(此处的物质量即岸线的长度)。基准自然岸线物质量核算指标和新增自然岸线核算指标分别包括砂质岸线、淤泥质岸线、基岩岸线、生物岸线、整治修复后具有自然形态特征和生态功能的岸线这 5 类岸线的长度。当基准岸线确定后,若核算指标不发生变动,基准自然岸线保有率则为固定值。自然岸线保有率计算公式如下:

$$R=\left(\frac{\sum_{i=1}^{n} l_i}{L}+\frac{\sum_{i=1}^{n} \Delta l_i}{L+\Delta l}\right)\times 100\% \tag{5.1-9}$$

式中:R 表示自然岸线保有率,核算周期为统计当年;l_i 为本行政区第 i 类基准自然岸线长度;L 表示基准岸线总长度;Δl_i 为第 i 类新增自然岸线长度;Δl 为新增岸线总长度。

该核算方法可充分保护自然岸线资源,同时鼓励海岸线整治修复工作以新增自然岸线资源为目的,以基准自然岸线保有率为底线,以新增自然岸线保有率为主要考核指标。假设某省基准自然岸线保有率为 31%,为达到自然岸线保有率 35%的管理要求,该省必须开展岸线整治修复工作以新增自然岸线,若该省累计新增自然岸线保有率为 5%,则该省最终自然岸线保有率为 36%。

(3) 自然岸线“占补平衡”

为保障岸线的科学利用,完善海岸线监测与监管体系,应建立自然岸线占补平衡管理机制。例如为满足国家重大战略需求而必须占用自然岸线的,应实施自然岸线的“占补平衡”。具体方案见表 5.1-19。

①占用自然岸线。核减本年度岸线中自然岸线数量,将人工构筑物建设完成后形成的人工岸线作为本年度新增人工岸线进行核算;重新核算本年度自然岸线保有率和新增自然岸线保有率,并相加求得该年度的自然岸线保有率,往后以该年度为基准年进行核算。

②占用新增自然岸线。核减上年度新增岸线中自然岸线数量,将人工构筑物建设完成后形成的人工岸线作为本年度新增人工岸线进行核算;重新核算上年度新增自然岸线保有率,求得本年度的自然岸线保有率。

③衡量占补是实施自然岸线占补平衡管理机制的主要方式。衡量占补要求补充自然岸线数量不少于占用自然岸线数量,将补充自然岸线数量作为本年度新增自然岸线数量进行核算。

表 5.1-19　海洋功能区海岸线资源核算表

代码	功能区名称	一级功能区	二级功能区	海岸线总长（m）	自然岸线长度（m）	自然岸线保有率（%）	人工岸线长度（m）	其他岸线长度（m）	自然岸线保育分区
A3-22	三门沿海工业与城镇用海区	工业与城镇用海区	工业与城镇用海区	34 770	21 672	62	13 021	77	自然岸线保育区
A8-7	三门东部沿海保留区	保留区	保留区	20 198	16 472	82	3 726	0	自然岸线保育区
A1-15-2	金洋涂农业围垦区	工业与城镇用海区	农业围垦区	10 650	1 714	16	8 936	0	自然岸线养护区
A2-12-2	健跳航道区	港口航运区	航道区	149	80	54	69	0	自然岸线养护区
A2-12-1	健跳港口区	港口航运区	港口区	41 517	21 911	53	19 596	10	自然岸线保育区
B5-6	大陈旅游休闲娱乐区	旅游休闲娱乐区	旅游休闲娱乐区	0	0	0	0	0	—
A3-24-1	台州市区东部工业与城镇用海区	工业与城镇用海区	工业与城镇用海区	24 161	3 810	16	20 351	0	自然岸线养护区
B1-10-3	大小锣养殖区	农渔业区	养殖区	0	0	0	0	0	—
B1-10-4	雀儿岙养殖区	农渔业区	养殖区	0	0	0	0	0	—
B1-10-5	田岙-长屿养殖区	农渔业区	养殖区	0	0	0	0	0	—
B1-10-6	东矶养殖区	农渔业区	养殖区	0	0	0	0	0	—
B7-12	椒江口特殊利用区	特殊利用区	特殊利用区	0	0	0	0	0	—

续表

代码	功能区名称	一级功能区	二级功能区	海岸线总长(m)	自然岸线长度(m)	自然岸线保有率(%)	人工岸线长度(m)	其他岸线长度(m)	自然岸线保育分区
A2-14-3	海门锚地区	港口航运区	锚地区	0	0	0	0	0	—
A2-14-1	海门港口区	港口航运区	港口区	19 111	104	1	18 111	896	自然岸线养护区
A2-14-2	海门航道区	港口航运区	航道区	0	0	0	0	0	—
B2-18-2	大陈锚地区	港口航运区	锚地区	0	0	0	0	0	—
B2-18-1	大陈港口区	港口航运区	港口区	0	0	0	0	0	—
B8-12-2	东海保留区(椒江)	保留区	保留区	0	0	0	0	0	—
B1-11-2	一江山养殖区	农渔业区	养殖区	0	0	0	0	0	—
B1-11-3	上大陈岛北养殖区	农渔业区	养殖区	0	0	0	0	0	—
B1-11-4	上大陈岛西养殖区	农渔业区	养殖区	0	0	0	0	0	—
A1-17-1	温岭渔业基础设施区	农渔业区	渔业基础设施区	37 724	17 905	47	19 819	0	自然岸线保育区
A1-18-3	隘顽湾增殖区	农渔业区	增殖区	9 559	7 534	79	2 025	0	自然岸线养护区
A5-16	温岭松门旅游休闲娱乐区	旅游休闲娱乐区	旅游休闲娱乐区	15 280	15 223	100	57	0	自然岸线保育区
B5-7	三蒜岛旅游休闲娱乐区	旅游休闲娱乐区	旅游休闲娱乐区	0	0	0	0	0	—
B8-6-2	大陈保留区(温岭)	保留区	保留区	0	0	0	0	0	—

续表

代码	功能区名称	一级功能区	二级功能区	海岸线总长（m）	自然岸线长度（m）	自然岸线保有率（%）	人工岸线长度（m）	其他岸线长度（m）	自然岸线保育分区
A1-18-2	南海涂农业围垦区	工业与城镇用海区	农业围垦区	19 122	127	1	18 995	0	自然岸线养护区
A2-16-1	龙门港口区	港口航运区	港口区	5 709	1 729	30	3 980	0	自然岸线养护区
A1-18-1	担屿涂农业围垦区	工业与城镇用海区	农业围垦区	5 813	350	6	5 463	0	自然岸线养护区
B1-13-2	积洛三牛增殖区	农渔业区	增殖区	0	0	0	0	0	—
B1-13-3	牛山养殖区	农渔业区	养殖区	0	0	0	0	0	—
B5-8-1	大鹿岛风景旅游区	旅游休闲娱乐区	风景旅游区	0	0	0	0	0	—
A3-27	漩门工业与城镇用海区	工业与城镇用海区	工业与城镇用海区	15	0	0	15	0	—
A1-19-1	玉环东增殖区	农渔业区	增殖区	33 410	26 138	78	7 272	0	自然岸线保育区
B6-7-1	披山海洋特别保护区	海洋保护区	海洋特别保护区	0	0	0	0	0	—
B1-14-3	洋屿养殖区	农渔业区	养殖区	0	0	0	0	0	—
A1-19-3	栈台渔业基础设施区	农渔业区	渔业基础设施区	3 571	1 038	29	2 533	0	自然岸线养护区
A1-19-2	西沙门渔业基础设施区	农渔业区	渔业基础设施区	16 146	10 751	67	5 395	0	自然岸线保育区

续表

代码	功能区名称	一级功能区	二级功能区	海岸线总长(m)	自然岸线长度(m)	自然岸线保有率(%)	人工岸线长度(m)	其他岸线长度(m)	自然岸线保育分区
A1-20-1	坎门渔业基础设施区	农渔业区	渔业基础设施区	29 723	16 202	55	13 484	37	自然岸线保育区
A2-17-3	大麦屿航道区	港口航运区	航道区	0	0	0	0	0	—
A2-13-1	头门岛港口区	港口航运区	港口区	0	0	0	0	0	—
A5-15	临海桃渚旅游休闲娱乐区	旅游休闲娱乐区	旅游休闲娱乐区	8 741	8 550	98	191	0	自然岸线养护区
A3-23	临海东部工业与城镇用海区	工业与城镇用海区	工业与城镇用海区	28 729	8 953	31	19 776	0	自然岸线养护区
A1-16-2	红脚岩渔业基础设施区	农渔业区	渔业基础设施区	2 676	2 552	95	124	0	自然岸线养护区
A1-16-3	红脚岩农业围垦区	工业与城镇用海区	农业围垦区	0	0	0	0	0	—
A1-15-1	浦坝港养殖区	农渔业区	养殖区	31 628	3 909	12	27 719	0	自然岸线养护区
B5-5	五子岛旅游休闲娱乐区	旅游休闲娱乐区	旅游休闲娱乐区	0	0	0	0	0	—
A1-14-1	三门湾南养殖区	农渔业区	养殖区	28 430	10 606	37	17 582	242	自然岸线保育区
B1-9-1	三门捕捞区	农渔业区	捕捞区	0	0	0	0	0	自然岸线养护区
B1-10-1	临海捕捞区	农渔业区	捕捞区	0	0	0	0	0	—

续表

代码	功能区名称	一级功能区	二级功能区	海岸线总长（m）	自然岸线长度（m）	自然岸线保有率（%）	人工岸线长度（m）	其他岸线长度（m）	自然岸线保育分区
B8-6-1	大陈保留区（椒江）	保留区	保留区	0	0	0	0	0	—
B6-12-2	东海水产种质资源海洋保护区（椒江）	海洋保护区	海洋保护区	0	0	0	0	0	—
B1-12-1	路桥捕捞区	农渔业区	捕捞区	0	0	0	0	0	—
B1-11-1	椒江捕捞区	农渔业区	捕捞区	0	0	0	0	0	—
A4-2	江厦矿产与能源区	矿产与能源区	矿产与能源区	0	0	0	0	0	—
A1-21-1	乐清湾温岭养殖区	农渔业区	养殖区	23 894	329	1	23 565	0	自然岸线养护区
B1-13-1	温岭捕捞区	农渔业区	捕捞区	0	0	0	0	0	—
B8-7	披山保留区	保留区	保留区	0	0	0	0	0	—
B1-14-1	玉环捕捞区	农渔业区	捕捞区	3 876	0	0	3 876	0	自然岸线养护区
A2-17-1	大麦屿港口区	港口航运区	港口区	47 470	22 383	47	25 068	19	自然岸线保育区
A1-20-2	坎门增殖区	农渔业区	增殖区	14 692	10 107	69	4 585	0	—
A1-21-2	乐清湾玉环养殖区	农渔业区	养殖区	11 087	4 279	39	6 808	0	—
B6-12-1	东海水产种质资源海洋保护区（临海）	海洋保护区	海洋保护区	0	0	0	0	0	—
B8-2	渔山列岛保留区	保留区	保留区	0	0	0	0	0	—

续表

代码	功能区名称	一级功能区	二级功能区	海岸线总长（m）	自然岸线长度（m）	自然岸线保有率（%）	人工岸线长度（m）	其他岸线长度（m）	自然岸线保育分区
B8-12-1	东海保留区（临海）	保留区	保留区	0	0	0	0	0	—
A2-15-1	金清港口区	港口航运区	港口区	22 128	13 888	63	8 240	0	自然岸线保育区
B6-6-1	大陈海洋特别保护区	海洋保护区	海洋特别保护区	0	0	0	0	0	—
A4-1	健跳矿产与能源区	矿产与能源区	矿产与能源区	27 994	11 633	42	16 011	350	自然岸线保育区
A3-21	三门滨海工业与城镇用海区	工业与城镇用海区	工业与城镇用海区	22 318	866	4	21 452	0	自然岸线养护区
A1-15-3	洞港渔业基础设施区	农渔业区	渔业基础设施区	3 037	0	0	3 037	0	—
A3-25	黄礁涂工业与城镇用海区	工业与城镇用海区	工业与城镇用海区	10 966	6 370	58	4 596	0	自然岸线养护区
A3-26	温岭东部工业与城镇用海区	工业与城镇用海区	工业与城镇用海区	39 827	11 372	29	28 455	0	自然岸线保育区
A1-16-1	临海东部养殖区	农渔业区	养殖区	9 843	3 612	37	6 231	0	自然岸线养护区
B1-14-2	鸡山养殖区	农渔业区	养殖区	0	0	0	0	0	自然岸线保育区
A1-14-2	三门湾南增殖区	农渔业区	增殖区	33 055	3 973	12	28 754	328	自然岸线养护区

续表

代码	功能区名称	一级功能区	二级功能区	海岸线总长(m)	自然岸线长度(m)	自然岸线保有率(%)	人工岸线长度(m)	其他岸线长度(m)	自然岸线保育分区
B1-10-2	临海增殖区	农渔业区	增殖区	2 327	0	0	859	1 468	—
B1-11-2	椒江增殖区	农渔业区	增殖区	0	0	0	0	0	—
B1-12-2	路桥增殖区	农渔业区	增殖区	0	0	0	0	0	—
A2-17-2	大麦屿锚地区	港口航运区	锚地区	0	0	0	0	0	—
A2-13-2	头门港进港航道区	港口航运区	航道区	0	0	0	0	0	—
A3-24-2	台州市区东部工业与城镇用海区	工业与城镇用海区	工业与城镇用海区	24 161	3 810	16	20 351	0	自然岸线养护区

5.2 海域资源价值量核算

5.2.1 海域资源价值形成原理

海域资源价值是由海域资源的使用价值决定的,其使用价值则由海洋的基本功能决定。人类活动对海域资源的使用主要体现在空间使用、污染净化和生态功能服务三个方面。

我国对海域空间的使用历史已久,同时对海域空间的探索在不断深入。随着航海技术的进步,远洋贸易日益繁茂,这是海域空间使用的基础,逐步形成了交通运输、海防、抗灾等海洋事业。现如今,我国对海域空间的使用不止于此,在保障交通运输的同时,利用海域资源属性的方式成为了海域空间的主要使用方式。因此,空间资源要素是影响海域资源价值的基本要素。

海洋的污染净化对人类生存环境的调节和消化起着重要作用,这也是人海和谐发展的基础。人类活动对海洋污染净化功能的使用是在工业文明形成后出现的。目前,人类向海洋资源的索取日益增加,资源开发强度不断提升,带来的是海洋污染净化压力的不断增大,当海洋的污染净化承压能力不足时,将对人类生活造成巨大影响。海洋环境质量是对海洋污染净化能力的反映,环境要素是海域资源价值影响要素。

随着人类对人海和谐发展这一追求的不断深入,生态文明价值观形成,生态功能服务也成为了人类生存的重要一环。新形势下,生态功能服务主要体现在文化旅游、生物保育和碳汇能力等方面。因此,生态要素也是海域资源价值中不可缺少的影响要素之一。

空间资源要素、环境要素和生态要素这三者间有着密不可分的关系:环境要素的质量和生态要素的健康受到空间资源要素的直接影响,而空间资源要素的供给受到环境要素和生态要素的间接影响。需要指出的是,除此之外,空间资源要素的供给还受到经济发展的直接影响。

综上所述,海域资源价值受到空间资源要素、环境要素和生态要素的共同影响,但影响程度各不相同。价值影响要素的使用顺序在一定程度上体现出了对价值的影响程度。由此推出,海域资源价值的基础是对空间资源的占用,经济发展状况、环境要素和生态要素则作为海域资源价值的调节因素。

5.2.2 海域资源定价指标与计算方法

1. 海域资源定价指标

海域资源价格被用于反映海域资源在核算期内的价值尺度，海域资源定价则是确定海域资源价格的过程。根据海域资源价值形成原理，本书考虑的海域资源定价指标包括海域空间资源、海洋经济产值、环境质量和生态状况。海域空间资源使用是海域资源价格的基础，通过海域使用金反映；海洋经济产值、环境质量和生态状况是海域资源价格调整系数的组成部分（表 5.2-1）。

表 5.2-1 海域资源定价指标

指标类型	定价指标	计算因子	定价依据
基础指标	海域空间资源	不同用海方式下的海域使用金标准	《浙江省财政厅　浙江省自然资源厅关于调整海域无居民海岛使用金征收标准的通知》（浙财综〔2019〕21 号）
调整指标	海洋经济产值	经济指标的产值或产量增长率	统计周期内，初期与末期的产值或产量的增长率
	海洋环境质量	海水水质改善率	统计周期内，初期与末期的海水水质改善比例差值
	海洋生态状况	海洋生态服务状况	按照海洋生态服务系数计算方法计算

2. 计算方法

（1）海域价格计算方法

海域价格计算建立在奖励机制的基础上，对于海洋经济发展好、海洋环境质量优、海洋生态服务水平高的地区，海域价格通常较高。海域价格包含海域基础价格（M_1）、调整系数（c）和政策管理系数（m）3 个计算因子。研究增加了政策管理系数是出于对海域资源精细化和差别化管理的考虑，对于不同类型、不同区域等采取不同的管理方式。

$$M = M_1 \cdot c \cdot m \tag{5.2-1}$$

$$c = 1 + E_1 + E_2 + E_3 \tag{5.2-2}$$

式中：M 为海域价格；M_1 为待定价用海方式的海域使用金标准；c 为调整系数；m 为政策管理系数；E_1 为经济指标的产值或产量增长率；E_2 为海水水质改善率；E_3 为海洋生态服务系数。

(2) 海洋生态服务系数计算方法

海洋生态服务系数是待评价区指标值与所在区域指标值平均值的比值(表 5.2-2)。

$$E_3 = \frac{a_i}{\overline{a_i}} \tag{5.2-3}$$

式中:a_i 为待评价区第 i 个指标的数值;$\overline{a_i}$ 为所在区域第 i 个指标值的平均值。

表 5.2-2　海洋生态服务系数计算指标

计算指标	计算因子	单位
海洋碳汇服务	人均碳汇量	t/人
海洋文化旅游服务	人均海洋文化旅游面积	hm^2/人
海洋物质供给	人均农渔业区面积	hm^2/人

(3) 政策管理系数赋值

政策管理系数赋值主要从资源分区和海岸线分区两方面考虑:资源分区参考海域承载力系数等差赋值;海岸线分区参考岸线承载力系数赋值。两区叠加取高值(表 5.2-3)。

表 5.2-3　政策管理系数赋值表

资源分区	资源供给区	资源储备区	资源管控区
赋值系数	0.50	0.75	1.00

海岸线分区	自然岸线保育区	自然岸线养护区
赋值系数	1.80	1.50

(4) 不同用海方式对生态环境的损害程度系数计算方法

不同用海方式对生态环境的损害程度系数计算方法是,选择 10 个表示对海域资源和生态环境损害程度的指标,分别为气候调节、灾害缓冲、营养盐循环、自净能力、海洋动力、生物多样性、生物量、海底沉积、海岸地貌、娱乐文化,以填海造地用海对生态环境的损害程度为参考尺度,给其他不同用海方式对生态环境的损害程度进行打分。打分规则及计算方法如下。

①邀请 5 位来自不同领域的专家,取 0～1 对 10 个指标的权重进行打分。

②依据 5 位专家的打分结果,计算专家权重打分值的平均数:

$$\overline{w}_i = \frac{\sum_{i=1}^{5} v_i}{5} \tag{5.2-4}$$

式中：$\overline{w}_i$ 为权重打分结果的平均值；v_i 为专家 i 对影响指标的权重打分值。

③专家针对不同用海方式对10个指标的影响情况进行打分，在受影响指标的方格中打“√”，有“√”则计1分。

④根据专家对影响指标的打分结果，计算专家权重打分值的平均数：

$$\overline{V}_j = \frac{\sum_{j=1}^{n} v'_j}{5} \tag{5.2-5}$$

式中：$\overline{V}_j$ 为不同用海方式对指标的影响打分结果的平均值；v'_j 为专家 j 针对不同用海方式对指标的影响打分值。

⑤计算不同用海方式对生态环境的损害程度系数：

$$E_{ij} = \overline{V}_j \cdot \overline{w}_i \tag{5.2-6}$$

5位专家的打分结果见以下附表。

附表1(1)　权重打分表

序号	打分指标	权重	说明
1	气候调节	0.30	
2	灾害缓冲	0.60	
3	营养盐循环	0.40	
4	自净能力	0.70	
5	海洋动力	1.00	
6	生物多样性	0.70	
7	生物量	0.90	
8	海底沉积	0.80	
9	海岸地貌	1.00	
10	娱乐文化	0.20	

附表 2(1)　不同用海方式影响指标统计表

评估因素		气候调节	灾害缓冲	营养盐循环	自净能力	海洋动力	生物多样性	生物量	海底沉积	海岸地貌	娱乐文化
用海方式	建设填海造地	√	√	√	√	√	√	√	√	√	
	农业填海造地	√	√	√	√	√	√	√	√	√	
	非透水构筑物			√	√	√		√	√	√	
	跨海桥梁、海底隧道				√	√			√		
	透水构筑物				√	√			√		
	港池、蓄水										
	盐田用海	√	√	√	√	√	√	√	√	√	
	围海养殖	√	√	√	√	√	√	√	√	√	
	围海式游乐场		√		√	√	√	√	√	√	√
	其他围海	√	√	√	√	√	√	√	√	√	
	开放式养殖			√	√	√	√	√			
	浴场用海									√	√
	开放式游乐场										√
	专用航道、锚地						√	√	√		
	其他开放式										
	人工岛式油气开采					√	√	√	√	√	
	平台式油气开采					√			√		
	海底电缆管道										
	海砂等矿产开采					√	√	√	√	√	
	取、排水口			√	√		√	√			
	污水达标排放			√	√		√	√			
	温、冷排水			√	√		√	√			
	倾倒用海						√	√	√	√	
	种植用海		√	√	√	√	√	√	√	√	

备注＊:附表 2 中,如果某种用海方式的用海活动会对某个海洋生态环境指标产生影响,则打“√”。

打分专家:张盼

研究方向:海洋环境

附表 1(2)　权重打分表

序号	打分指标	权重	说明
1	气候调节	0.20	
2	灾害缓冲	0.10	
3	营养盐循环	0.50	
4	自净能力	0.80	
5	海洋动力	1.00	
6	生物多样性	0.90	
7	生物量	0.50	
8	冲淤环境	0.50	
9	海岸地貌	1.00	
10	娱乐文化	0.10	

附表 2(2)　不同用海方式影响指标统计表

评估因素		气候调节	灾害缓冲	营养盐循环	自净能力	海洋动力	生物多样性	生物量	冲淤环境	海岸地貌	娱乐文化
用海方式	建设填海造地	√	√	√	√	√	√	√	√	√	√
	农业填海造地	√	√	√	√	√	√	√	√	√	√
	非透水构筑物	√	√	√	√	√	√	√	√	√	√
	跨海桥梁、海底隧道					√					√
	透水构筑物			√	√			√	√		
	港池、蓄水		√	√	√		√			√	√
	盐田用海			√	√	√			√		
	围海养殖		√	√	√		√			√	
	围海式游乐场			√	√	√			√		
	其他围海				√	√					
	开放式养殖				√		√				
	浴场用海									√	
	开放式游乐场								√		
	专用航道、锚地									√	

续表

评估因素		气候调节	灾害缓冲	营养盐循环	自净能力	海洋动力	生物多样性	生物量	冲淤环境	海岸地貌	娱乐文化
用海方式	其他开放式									√	
	人工岛式油气开采	√	√	√		√	√		√	√	
	平台式油气开采			√	√	√		√	√		
	海底电缆管道								√		
	海砂等矿产开采			√		√	√		√	√	√
	取、排水口				√					√	√
	污水达标排放				√					√	√
	温、冷排水				√					√	√
	倾倒用海				√					√	√
	种植用海										

备注＊:附表2中,如果某种用海方式的用海活动会对某个海洋生态环境指标产生影响,则打"√"。

打分专家:赵全民

研究方向:海洋经济

附表1(3)　权重打分表

序号	打分指标	权重	说明
1	气候调节	0.15	大规模成片填海造地可能会对气候调节作用产生一些影响
2	灾害缓冲	0.15	
3	营养盐循环	0.50	海湾区域填海后,水动力减弱,海水营养盐循环减弱
4	自净能力	0.50	海湾区域填海后,水动力减弱,海水自净能力下降
5	海洋动力	0.85	填海区域海洋动力局部改变,在海湾区域的影响尤为明显
6	生物多样性	0.60	填海造地会导致区域底栖生物的完全丧失,若规模较大可能会造成区域生物多样性下降
7	生物量	1.00	填海区域生物量完全损失
8	冲淤环境	0.30	符合要求的填海物料无毒无害,但工程周边海洋沉积物会发生变化
9	海岸地貌	1.00	填海区域海岸地貌完全改变
10	娱乐文化	0.65	填海造地可导致居民亲海空间被挤占,但在无法利用的滩涂等区域进行旅游项目开发则可增加市民的娱乐文化体验

附表 2(3)　不同用海方式影响指标统计表

评估因素		气候调节	灾害缓冲	营养盐循环	自净能力	海洋动力	生物多样性	生物量	冲淤环境	海岸地貌	娱乐文化
用海方式	建设填海造地					√		√	√	√	√
	农业填海造地					√		√		√	
	非透水构筑物					√		√		√	
	跨海桥梁、海底隧道							√		√	
	透水构筑物		√			√		√		√	
	港池、蓄水					√			√		
	盐田用海			√		√	√	√	√	√	
	围海养殖				√	√	√	√	√	√	
	围海式游乐场				√	√		√	√	√	
	其他围海				√	√		√		√	
	开放式养殖			√	√	√	√	√	√		
	浴场用海										√
	开放式游乐场										√
	专用航道、锚地						√	√	√		
	其他开放式										
	人工岛式油气开采					√		√			
	平台式油气开采							√			
	海底电缆管道							√	√		
	海砂等矿产开采						√	√	√		
	取、排水口			√	√	√	√	√	√		
	污水达标排放			√		√			√		
	温、冷排水	√				√	√	√			
	倾倒用海			√	√	√		√	√		
	种植用海	√	√		√	√	√	√	√	√	

备注 *：附表 2 中，如果某种用海方式的用海活动会对某个海洋生态环境指标产生影响，则打“√”。

打分专家：林霞

研究方向：海洋管理

附表 1(4)　权重打分表

序号	打分指标	权重	说明
1	气候调节	1.00	
2	灾害缓冲	0.70	
3	营养盐循环	1.00	
4	自净能力	1.00	
5	海洋动力	1.00	
6	生物多样性	0.80	
7	生物量	0.80	
8	冲淤环境	1.00	
9	海岸地貌	1.00	
10	娱乐文化	0.70	

附表 2(4)　不同用海方式影响指标统计表

评估因素		气候调节	灾害缓冲	营养盐循环	自净能力	海洋动力	生物多样性	生物量	冲淤环境	海岸地貌	娱乐文化
用海方式	建设填海造地	√	√	√	√	√	√	√	√	√	√
	农业填海造地	√	√	√	√	√	√	√	√	√	√
	非透水构筑物	√	√	√	√	√	√	√	√	√	√
	跨海桥梁、海底隧道		√			√	√	√	√		
	透水构筑物		√			√	√	√	√		
	港池、蓄水		√	√	√	√	√	√	√		√
	盐田用海		√	√	√	√	√	√	√		√
	围海养殖		√	√	√	√	√	√	√		√
	围海式游乐场		√	√	√	√	√	√	√		√

续表

评估因素		气候调节	灾害缓冲	营养盐循环	自净能力	海洋动力	生物多样性	生物量	冲淤环境	海岸地貌	娱乐文化
用海方式	其他围海		√	√	√	√	√	√	√		√
	开放式养殖			√			√	√			
	浴场用海			√							√
	开放式游乐场										√
	专用航道、锚地						√	√			
	其他开放式										
	人工岛式油气开采			√		√	√	√	√		
	平台式油气开采			√		√	√	√	√		
	海底电缆管道						√	√	√		
	海砂等矿产开采		√	√		√	√	√	√	√	
	取、排水口			√	√		√	√			√
	污水达标排放			√	√		√	√			√
	温、冷排水			√			√	√			√
	倾倒用海			√	√		√	√	√		
	种植用海	√	√	√	√		√	√	√	√	√

备注*：附表2中，如果某种用海方式的用海活动会对某个海洋生态环境指标产生影响，则打“√”。

打分专家：张广帅

研究方向：海洋生态

附表1(5)　权重打分表

序号	打分指标	权重	说明
1	气候调节	0.30	
2	灾害缓冲	0.10	
3	营养盐循环	0.10	
4	自净能力	0.50	
5	海洋动力	0.90	

续表

序号	打分指标	权重	说明
6	生物多样性	0.70	
7	生物量	0.90	
8	冲淤环境	0.50	
9	海岸地貌	0.70	
10	娱乐文化	0.50	

附表 2(5)　不同用海方式影响指标统计表

评估因素		气候调节	灾害缓冲	营养盐循环	自净能力	海洋动力	生物多样性	生物量	冲淤环境	海岸地貌	娱乐文化
用海方式	建设填海造地	√	√		√	√	√	√	√	√	√
	农业填海造地	√	√		√	√	√	√	√	√	√
	非透水构筑物	√	√		√	√	√	√	√	√	
	跨海桥梁、海底隧道						√				
	透水构筑物							√			
	港池、蓄水										
	盐田用海		√	√	√	√	√	√		√	√
	围海养殖		√	√	√	√	√	√		√	√
	围海式游乐场		√	√	√	√	√	√		√	
	其他围海		√	√	√	√	√	√		√	√
	开放式养殖			√					√		√
	浴场用海										
	开放式游乐场										
	专用航道、锚地										
	其他开放式										
	人工岛式油气开采					√			√		

续表

评估因素		气候调节	灾害缓冲	营养盐循环	自净能力	海洋动力	生物多样性	生物量	冲淤环境	海岸地貌	娱乐文化
用海方式	平台式油气开采								√		
	海底电缆管道								√		
	海砂等矿产开采						√	√	√		
	取、排水口					√	√	√		√	
	污水达标排放			√				√			
	温、冷排水				√		√	√			
	倾倒用海							√	√		
	种植用海	√		√							

备注*：附表2中，如果某种用海方式的用海活动会对某个海洋生态环境指标产生影响，则打“√”。

打分专家：张连杰

研究方向：海洋地质

计算结果显示，建设填海造地的海洋生态环境损害系数最高，为1.0，影响最小的是其他开放式，为0.03。其他类型用海方式的海洋生态环境损害系数详见表5.2-5。

表5.2-4　专家权重打分结果及平均值

序号	打分指标	海洋地质专家	海洋生态专家	海洋管理专家	海洋环境专家	海洋经济专家	平均值
1	气候调节	0.30	1.00	0.15	0.30	0.20	0.39
2	灾害缓冲	0.10	0.70	0.15	0.60	0.10	0.33
3	营养盐循环	0.10	1.00	0.50	0.40	0.50	0.50
4	自净能力	0.50	1.00	0.50	0.70	0.80	0.70
5	海洋动力	0.90	1.00	0.85	1.00	1.00	0.95
6	生物多样性	0.70	0.80	0.60	0.70	0.90	0.74
7	生物量	0.90	0.80	1.00	0.90	0.50	0.82
8	冲淤环境	0.50	1.00	0.30	0.80	0.50	0.62
9	海岸地貌	0.70	1.00	1.00	1.00	1.00	0.94
10	娱乐文化	0.50	0.70	0.65	0.20	0.10	0.43

表 5.2-5　不同用海方式下的海洋生态环境损害系数计算结果

用海方式	评价指标										损害系数
	气候调节	灾害缓冲	营养盐循环	自净能力	海洋动力	生物多样性	生物量	冲淤环境	海岸地貌	娱乐文化	
建设填海造地	0.31	0.26	0.30	0.56	0.95	0.59	0.82	0.62	0.94	0.34	1.00
农业填海造地	0.31	0.26	0.30	0.56	0.95	0.59	0.82	0.50	0.94	0.26	0.96
非透水构筑物	0.23	0.20	0.30	0.56	0.95	0.44	0.82	0.50	0.94	0.17	0.90
跨海桥梁、海底隧道	0.00	0.07	0.00	0.14	0.57	0.30	0.33	0.25	0.19	0.09	0.34
透水构筑物	0.00	0.13	0.10	0.28	0.57	0.15	0.66	0.37	0.19	0.00	0.43
港池、蓄水	0.00	0.13	0.20	0.28	0.38	0.30	0.16	0.25	0.19	0.17	0.36
盐田用海	0.08	0.20	0.50	0.56	0.95	0.59	0.66	0.50	0.56	0.17	0.84
围海养殖	0.08	0.26	0.40	0.70	0.76	0.74	0.66	0.37	0.75	0.17	0.86
围海式游乐场	0.00	0.20	0.30	0.70	0.95	0.44	0.66	0.50	0.56	0.17	0.79
其他围海	0.08	0.20	0.30	0.70	0.95	0.44	0.66	0.25	0.56	0.17	0.76
开放式养殖	0.00	0.00	0.40	0.42	0.38	0.59	0.49	0.25	0.00	0.09	0.46
浴场用海	0.00	0.00	0.10	0.00	0.00	0.00	0.00	0.00	0.38	0.26	0.13
开放式游乐场	0.00	0.00	0.00	0.00	0.00	0.00	0.00	0.12	0.00	0.26	0.07
专用航道、锚地	0.00	0.00	0.00	0.00	0.00	0.44	0.49	0.25	0.19	0.00	0.24
其他开放式	0.00	0.00	0.00	0.00	0.00	0.00	0.00	0.00	0.19	0.00	0.03
人工岛式油气开采	0.08	0.07	0.20	0.00	0.95	0.44	0.49	0.50	0.38	0.00	0.54
平台式油气开采	0.00	0.00	0.20	0.14	0.57	0.15	0.49	0.50	0.00	0.00	0.36
海底电缆管道	0.00	0.00	0.00	0.00	0.00	0.15	0.33	0.50	0.00	0.00	0.17

续表

用海方式	评价指标										损害系数
	气候调节	灾害缓冲	营养盐循环	自净能力	海洋动力	生物多样性	生物量	冲淤环境	海岸地貌	娱乐文化	
海砂等矿产开采	0.00	0.07	0.20	0.00	0.57	0.74	0.66	0.62	0.56	0.09	0.61
取、排水口	0.00	0.00	0.30	0.56	0.38	0.59	0.66	0.12	0.38	0.17	0.55
污水达标排放	0.00	0.00	0.40	0.42	0.19	0.30	0.49	0.12	0.19	0.17	0.40
温、冷排水	0.08	0.00	0.20	0.42	0.19	0.59	0.66	0.00	0.19	0.17	0.44
倾倒用海	0.00	0.00	0.20	0.42	0.19	0.30	0.66	0.50	0.38	0.09	0.48
种植用海	0.23	0.20	0.30	0.42	0.38	0.44	0.49	0.37	0.56	0.09	0.61

5.2.3 海域资源价格计算结果

按照海域资源价格的计算方法，各指标取值见表 5.2-6。另外，政策管理系数按照资源分区和自然岸线分区计算。

表 5.2-6 海域资源价格指标取值一览表

<table>
<tr><td>调整指标</td><td colspan="2">计算因子</td><td colspan="4">按照不同用海方式对应取值</td></tr>
<tr><td>海洋经济产值</td><td colspan="2">经济指标的产值或产量增长率</td><td colspan="4">45.63%</td></tr>
<tr><td>海洋环境质量</td><td colspan="2">海水水质改善率</td><td colspan="4">42.16%</td></tr>
<tr><td rowspan="4">海洋生态状况</td><td rowspan="4">海洋生态服务系数</td><td>—</td><td>台州市</td><td>浙江省</td><td>结果</td><td rowspan="4">2.26</td></tr>
<tr><td>人均碳汇量</td><td>0.08</td><td>0.02</td><td>4.0</td></tr>
<tr><td>人均海洋文化旅游面积</td><td>0.001 06</td><td>0.000 96</td><td>1.1</td></tr>
<tr><td>人均农渔业区面积</td><td>0.076</td><td>0.045</td><td>1.7</td></tr>
<tr><td>取值结果</td><td colspan="2">—</td><td colspan="4">4.138</td></tr>
<tr><td>海洋生态环境损害系数</td><td colspan="2">不同用海方式</td><td colspan="4">按照不同用海方式对应取值</td></tr>
</table>

本书收集了 2020 年浙江省沿海地级市商服用地、住宅用地、工业用地的基准价格和交易价格，来对比分析海域资源价格的合理性。从基准价格来看，在浙江省沿海地级市，商服用地平均基准地价为 3 433 万元/hm^2，住宅用地基准地价为 5 040 万元/hm^2，分别是城镇建设填海海域使用金标准平均值 1 409 万元/hm^2 的 2.4 倍和 3.6 倍；工业用地平均基准地价为 854 万元/hm^2，是工业、交通运输、渔业基础设施等填海海域使用金标准平均值 146 万元/hm^2 的 5.8 倍。从交易价格上来看，浙江省沿海地级市，商服用地平均交易地价为 7 495 万元/hm^2，与定价后的城镇建设填海用海价格 7 239 万元/hm^2 基本持平，住宅用地平均交易地价为 13 837 万元/hm^2，是定价后的城镇建设填海用海价格 7 239 万元/hm^2 的 1.9 倍；工业用地平均交易地价为 9 828 万元/hm^2，是定价后的工业、交通运输、渔业基础设施等填海用海价格 750 万元/hm^2 的 13.1 倍。

因此可以看出，定价后的海域资源价格虽有大幅调整，但是仍与土地价格有较大差距，从而反映出海域资源的使用价值被低估。

相关价格表与幅度变化见表 5.2-7～表 5.2-9。

表 5.2-7　海域资源价格表（未考虑政策管理系数）

单位：万元/hm²

用海方法			二等		三等			四等			五等			六等		
一级	二级	三级	Ⅰ	Ⅱ	Ⅰ	Ⅱ	Ⅲ	Ⅰ	Ⅱ	Ⅲ	Ⅰ	Ⅱ	Ⅲ	Ⅰ	Ⅱ	Ⅲ
填海造地用海	建设填海造地用海	工业、交通运输、渔业基础设施等填海	1 335.88	1 284.50	1 053.29	1 017.32	976.22	775.84	760.42	719.32	554.90	544.63	513.80	333.97	323.69	308.28
		城镇建设填海	12 290.10	11 817.40	10 543.18	10 152.69	9 762.20	7 768.66	7 624.79	7 193.20	4 994.14	4 901.65	4 624.20	3 329.42	3 267.77	3 082.80
		农业填海造地	581.17	560.78	494.51	479.21	458.82	412.94	402.74	382.35	331.37	321.17	305.88	249.80	239.61	229.41
构筑物用海	非透水构筑物用海		1 047.90	1 007.60	816.16	785.93	755.70	544.10	534.03	503.80	408.08	398.00	377.85	272.05	267.01	251.90
	跨海桥梁、海底隧道用海		80.60													
	透水构筑物用海		18.68	17.95	15.94	15.35	14.75	12.47	12.24	11.56	9.09	8.91	8.41	5.71	5.53	5.30
围海用海	港池、蓄水用海		4.36	4.18	3.37	3.24	3.10	2.25	2.16	2.07	1.57	1.53	1.44	1.12	1.08	1.03
	盐田用海		1.34	1.29	1.10	1.05	1.00	0.80	0.77	0.75	0.60	0.57	0.55	0.45	0.42	0.40
	围海养殖用海		0.60	0.60	0.49	0.49	0.49	0.37	0.37	0.37	0.26	0.26	0.26	0.15	0.15	0.15
	围海式游乐场用海		16.76	16.10	14.48	13.95	13.41	11.92	11.50	11.05	10.01	9.81	9.27	8.61	8.32	7.99
	其他围海用海		4.78	4.58	3.55	3.45	3.40	2.37	2.32	2.27	1.63	1.60	1.58	1.16	1.14	1.13

续表

用海方法			二等		三等			四等			五等			六等		
一级	二级	三级	Ⅰ	Ⅱ	Ⅰ	Ⅱ	Ⅲ	Ⅰ	Ⅱ	Ⅲ	Ⅰ	Ⅱ	Ⅲ	Ⅰ	Ⅱ	Ⅲ
开放式用海	开放式养殖用海	海上网箱养殖用海	1.03		0.86			0.69			0.52			0.34		
		浅海底播养殖用海、滩涂海水养殖和浅海浮筏式养殖用海、网拦围海	0.34		0.29			0.24			0.19			0.14		
		深远海智能化养殖用海	0.17		0.15			0.12			0.10			0.07		
	浴场用海		2.35	2.26	1.92	1.88	1.79	1.45	1.37	1.32	0.94	0.90	0.85	0.47	0.43	0.43
	开放式游乐场用海		10.48	10.06	7.91	7.62	7.32	5.30	5.13	4.92	3.37	3.28	3.11	1.94	1.89	1.81
	专用航道、锚地用海		1.05	1.01	0.79	0.77	0.74	0.61	0.59	0.57	0.44	0.42	0.39	0.24	0.23	0.22
	其他开放式用海		1.00	0.96	0.75	0.73	0.71	0.56	0.55	0.54	0.39	0.38	0.38	0.21	0.21	0.21

续表

用海方法			二等		三等			四等			五等			六等		
一级	二级	三级	Ⅰ	Ⅱ	Ⅰ	Ⅱ	Ⅲ	Ⅰ	Ⅱ	Ⅲ	Ⅰ	Ⅱ	Ⅲ	Ⅰ	Ⅱ	Ⅲ
其他用海	人工岛式油气开采用海								63.25							
	平台式油气开采用海								30.41							
	海底电缆管道用海								3.14							
	海砂等矿产开采用海								36.04							
	取、排水口用海								5.11							
	污水达标排放用海								6.63							
	温、冷排水用海								4.99							
	倾倒用海								6.74							
	种植用海								0.24							

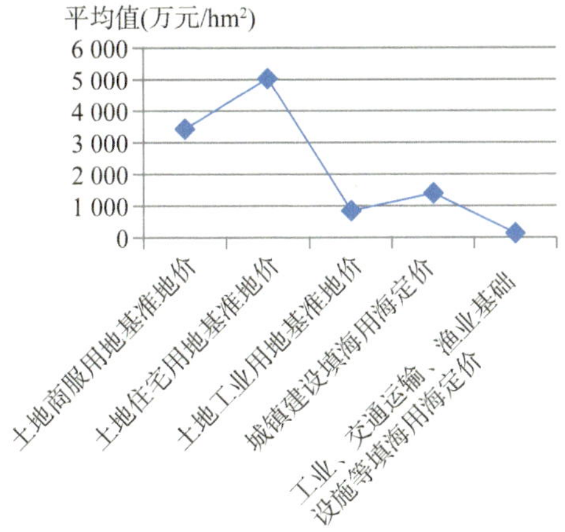

图 5.2-1　土地基准价格与海域使用金对比

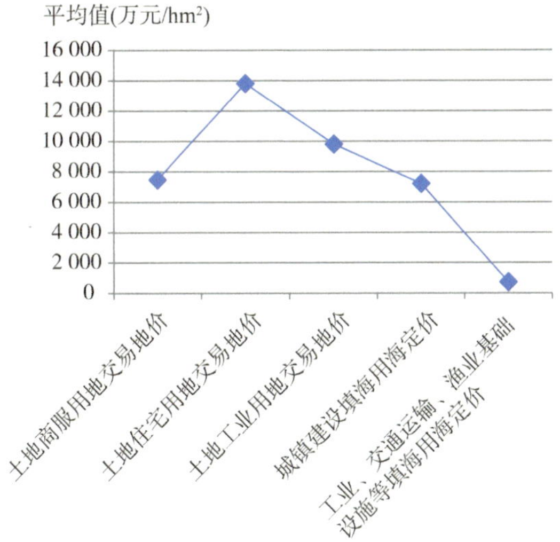

图 5.2-2　土地交易价格与海域使用金对比

表 5.2-8　土地价格表　　单位：万元/hm^2

价格类型	土地类型	宁波市	台州市	温州市	嘉兴市	舟山市	平均值
基准地价	商服用地	3 817	2 460	4 616	2 966	3 305	3 433
	住宅用地	6 578	2 529	9 620	3 236	3 239	5 040
	工业用地	1 098	449	1 380	745	599	854

续表

价格类型	土地类型	宁波市	台州市	温州市	嘉兴市	舟山市	平均值
交易地价	商服用地	16 001	8 189	5 195	3 798	4 292	7 495
	住宅用地	45 061	8 748	5 787	2 543	7 046	13 837
	工业用地	46 093	669	942	697	739	9 828

表 5.2-9　土地基准地价与交易价格幅度变化　　单位：%

价格类型	土地类型	宁波市	台州市	温州市	嘉兴市	舟山市	平均值
涨幅	商服用地	319.2	232.9	12.5	28.1	29.9	118.3
	住宅用地	585.0	245.9	−39.8	−21.4	117.6	174.5
	工业用地	4 097.9	49.0	−31.7	−6.4	23.5	1 050.8

5.2.4　海域资源价值量核算

1. 海域资源存量资产核算

(1) 已利用存量资产核算

将海域使用权属数据与海域级别数据进行叠加，以海洋功能区为统计单元，统计功能区内每一宗海域权属，并按照等别和级别确定海域使用金的征收标准，将海域使用金征收标准乘以用海面积得到每一宗已利用存量海域的资产值。

$$P_i = s_i \cdot g_i \tag{5.2-7}$$

式中：P_i 为已利用存量海域的资产值；s_i 为用海面积；g_i 为海域使用金征收标准。

经核算，台州市全海域现状用海总面积为 11 862.775 6 hm^2，总资产为 594 738.486 6 万元，分布于三等、四等和五等海域。其中，三等海域Ⅰ级海域用海面积 1 344.844 0 hm^2，资产为 103 792.405 3 万元，Ⅱ级海域用海面积 681.352 5 hm^2，资产为 66.844 9 万元；四等海域Ⅰ级海域用海面积 1 196.326 1 hm^2，资产为 3 799.589 5 万元，Ⅱ级海域用海面积 3 692.564 4 hm^2，资产为 222 409.987 3 万元，Ⅲ级海域用海面积 203.268 2 hm^2，资产为 6 271.028 4 万元；五等海域Ⅰ级海域用海面积 4 609.377 4 hm^2，资产为 258 376.999 9 万元，Ⅱ级海域用海面积 135.043 0 hm^2，资产为 21.631 3 万元。详见图 5.2-3～图 5.2-5 与表 5.2-10。

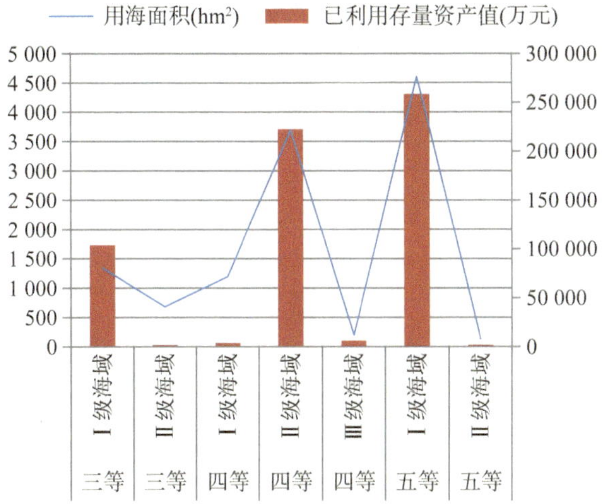

图 5.2-3　已利用存量海域资产值与用海面积对比分析

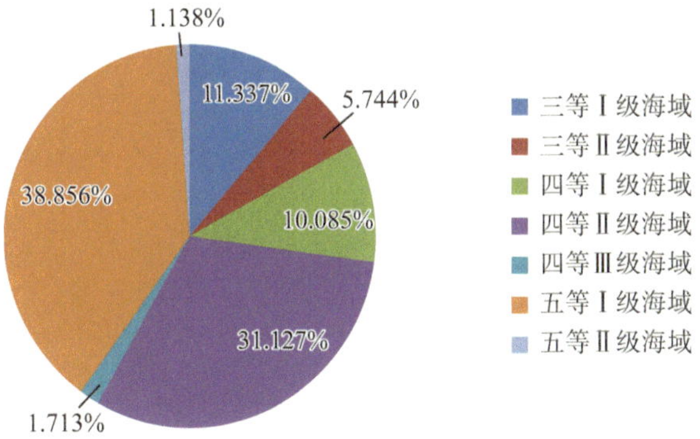

图 5.2-4　已利用存量不同等别级别用海面积占比

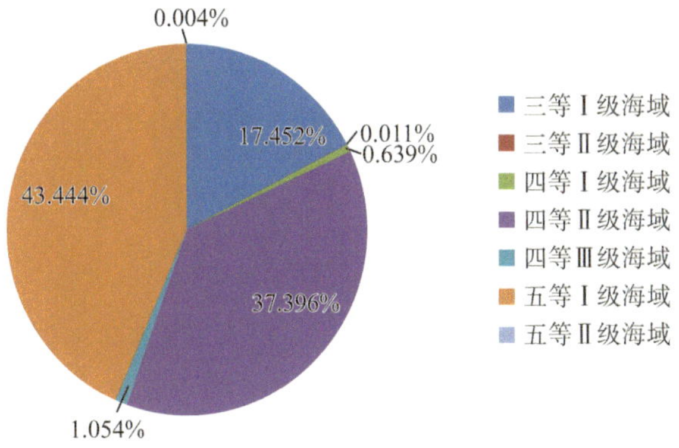

图 5.2-5　已利用存量不同等别级别资产占比

表 5.2-10　已利用存量海域资源资产表

海域等别	海域级别	用海面积（hm^2）	资产值（万元）	用海面积占比（%）	资产占比（%）
三等	Ⅰ级海域	1 344.844 0	103 792.405 3	11.337	17.452
三等	Ⅱ级海域	681.352 5	66.844 9	5.744	0.011
四等	Ⅰ级海域	1 196.326 1	3 799.589 5	10.085	0.639
四等	Ⅱ级海域	3 692.564 4	222 409.987 3	31.127	37.396
四等	Ⅲ级海域	203.268 2	6 271.028 4	1.713	1.054
五等	Ⅰ级海域	4 609.377 4	258 376.999 9	38.856	43.444
五等	Ⅱ级海域	135.043 0	21.631 3	1.138	0.004
合计		11 862.775 6	594 738.486 6	—	—

如图 5.2-6 所示，从行政单元来看，临海市的海域资产值最高，为 167 887.745 0 万元，占台州市全海域资产的 28.2%；其次为玉环市，资产值为 131 088.477 2 万元，占台州市全海域资产的 22.0%；其他地区按照资产值高低排序依次为温岭市 101 392.128 0 万元、三门县 90 511.133 0 万元、路桥区 61 808.303 3 万元、椒江区 42 050.699 9 万元，占比分别为 17.0%、15.2%、10.5%和 7.1%。

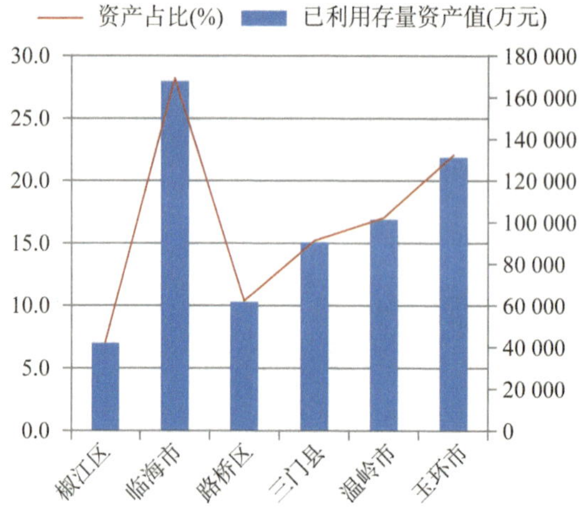

图 5.2-6　台州市沿海县、市（区）已利用存量海域资产状况

（2）未利用存量资产核算

以海洋功能区划为单元进行核算，台州市全海域中未利用海域总面积为

666 991.963 3 hm²,总资产为16 569 842.095 7万元,分布在三等、四等和五等海域。其中,三等海域Ⅰ级海域用海面积105 918.173 6 hm²,资产为4 773 447.846 8万元,Ⅱ级海域用海面积28 534.804 2 hm²,资产为204 701.796 2万元,Ⅲ级海域用海面积34 235.900 2 hm²,资产为6 736.066 9万元;四等海域Ⅰ级海域用海面积39 716.250 9 hm²,资产为370 399.101 8万元,Ⅱ级海域用海面积76 234.349 4 hm²,资产为4 939 904.468 5万元,Ⅲ级海域用海面积177 433.658 3 hm²,资产为438 578.897 3万元;五等海域Ⅰ级海域用海面积99 148.787 6 hm²,资产为2 101 645.593 5万元,Ⅱ级海域用海面积62 096.384 8 hm²,资产为3 728 846.399 5万元,Ⅲ级海域用海面积43 673.654 3 hm²,资产为5 581.926 2万元。详见图5.2-7～图5.2-9与表5.2-11。

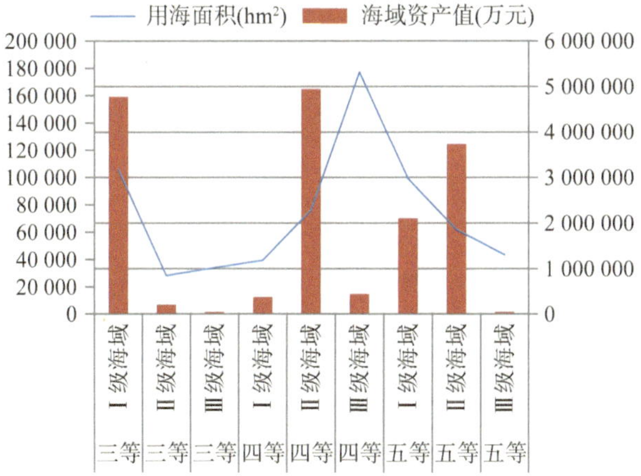

图5.2-7 未利用存量海域资产值与用海面积对比分析

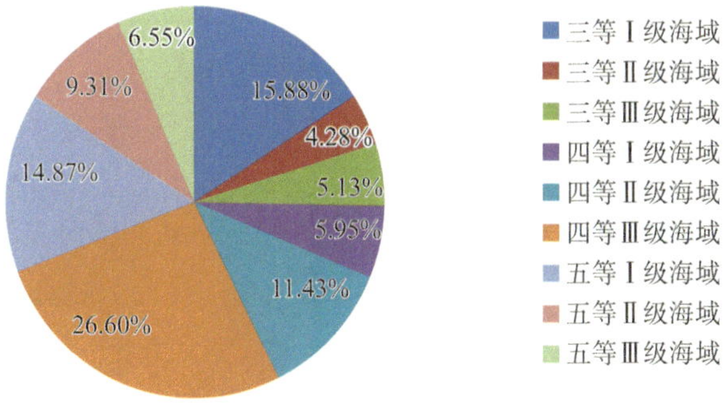

图5.2-8 未利用存量不同等别级别用海面积占比

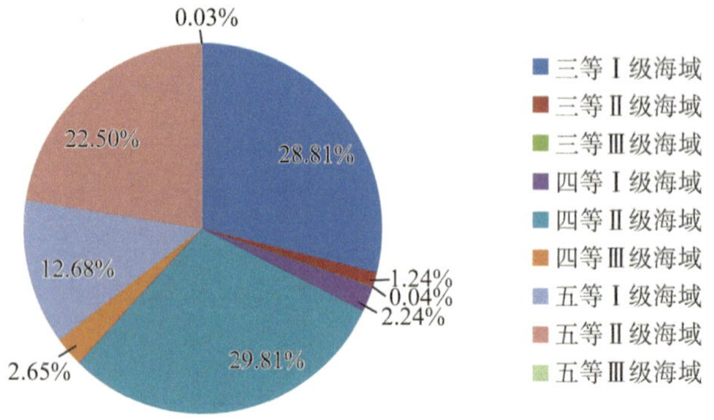

图 5.2-9　未利用存量不同等别级别资产占比

表 5.2-11　未利用存量海域资源资产表

海域等别	海域级别	用海面积(hm^2)	海域资产(万元)	用海面积占比(%)	资产占比(%)
三等	Ⅰ级海域	105 918.173 6	4 773 447.845 8	15.88	28.81
三等	Ⅱ级海域	28 534.804 2	204 701.796 2	4.28	1.24
三等	Ⅲ级海域	34 235.900 2	6 736.066 9	5.13	0.04
四等	Ⅰ级海域	39 716.250 9	370 399.101 8	5.95	2.24
四等	Ⅱ级海域	76 234.349 4	4 939 904.468 5	11.43	29.81
四等	Ⅲ级海域	177 433.658 3	438 578.897 3	26.60	2.65
五等	Ⅰ级海域	99 148.787 6	2 101 645.593 5	14.87	12.68
五等	Ⅱ级海域	62 096.384 8	3 728 846.399 5	9.31	22.50
五等	Ⅲ级海域	43 673.654 3	5 581.926 2	6.55	0.03
合计		666 991.963 3	16 569 842.095 7	—	—

如图 5.2-10 所示，从行政单元来看，三门县的海域资产值最高，为 4 153 443.811 1 万元，占台州市全海域资产的 25.1%；其次为温岭市，资产值为 3 632 638.915 5 万元，占台州市全海域资产的 21.9%；其他地区按照资产值高低排序依次为椒江区 3 301 881.432 1 万元、玉环市 2 116 328.517 1 万元、路桥区 1 682 962.183 7 万元、临海市 1 682 587.236 3 万元，占比分别为 19.9%、12.8%、10.2%和 10.1%。

2. 海域资源价值量核算

价值量核算是根据海域价格计算海域资源的价值量。前节中已经给出介

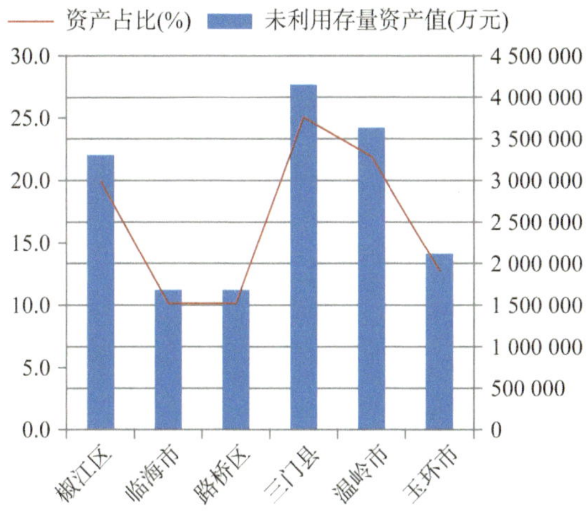

图 5.2-10 台州市沿海县、市(区)未利用存量海域资产状况

绍,海域价格是在海域使用金的基础上,根据海洋环境、生态、经济的质量和水平进行调整所得到的价格。海域资源价值量核算包括海域已利用存量价值量、未利用存量价值量和海域资源价值总量。

(1) 已利用存量价值量核算

经核算,临海市已利用存量价值量最高,为 739 129.672 6 万元,其次为玉环市的 552 925.479 5 万元,其他按照已利用存量价值量高低排序依次为温岭市 427 160.149 1 万元、三门县 418 860.497 6 万元、路桥区 230 245.739 3 万元、椒江区 199 482.684 4 万元。台州市已利用存量价值量综合为 2 567 804.222 5 万元。

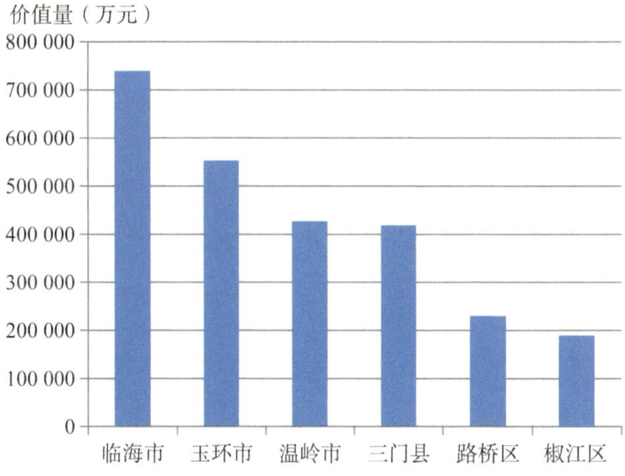

图 5.2-11 台州市沿海县、市(区)已利用存量价值量

(2) 未利用存量价值量核算

经核算，三门县未利用存量价值量最高，为 17 186 950.490 0 万元，其次为温岭市的 15 031 859.830 0 万元，其他按照已利用存量价值量高低排序依次为椒江区 13 663 185.370 0 万元、玉环市 8 757 367.404 0 万元、路桥区 6 964 097.516 0 万元、临海市 6 962 545.984 0 万元。台州市未利用存量价值量综合为 68 566 006.594 0 万元(图 5.2-12)。

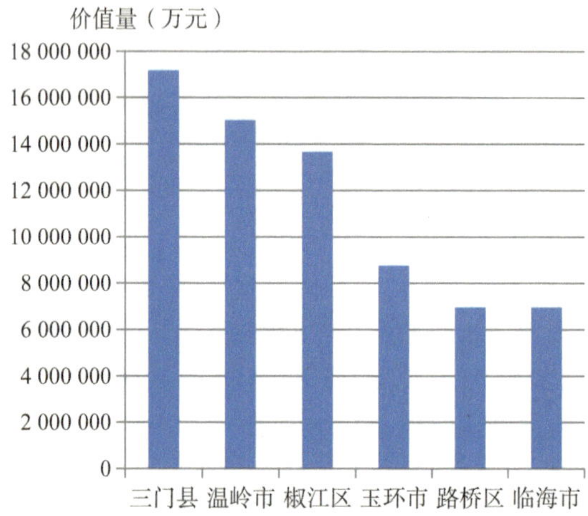

图 5.2-12　台州市沿海县、市(区)未利用存量价值量

5.3　海洋产业需求分析

5.3.1　资源需求测算模型

$$MUDO_i = \frac{MUTP_i \times MU_i}{MUP_i} - MU_i \tag{5.3-1}$$

$$\sum_{i=1}^{n} MUDO_i \leqslant S \tag{5.3-2}$$

式中：$MUDO_i$ 为目标年某产业实际海域资源使用总量；MU_i 为统计周期某产业海域使用面积总量；$MUTP_i$ 为目标年某产业海洋经济发展指标总量；MUP_i 为统计周期某产业海洋经济发展指标总量；约束条件为 S，为功能区允许开发上线面积之和。

理论上，$\sum_{i=1}^{n} MUDO_i \leqslant S$，但是实际上存在 $\sum_{i=1}^{n} MUDO_i > S$ 的情况，说明海洋经济增长所需资源总量要大于资源供给量。此时可采用两种方法：一是适当扩大资源供给量，即减小海岸退缩线距离，或增加资源开发线距离；二是提高资源价值。第一种方法要在可载的情况下进行，第二种方法需提高发展要素质量。

5.3.2 应用与分析

1. 海洋经济需求

资料显示，“十三五”期间，台州市海洋生产总值为 700 亿元。“十四五”期间，海洋生产总值目标为 1 000 亿元。截至 2020 年，台州市用海确权面积为 11 862.775 6 hm^2。

根据行业资源供给量测算模型：

$$MUDO_{海洋经济} = \frac{MUTP_{海洋经济} \times MU_{海洋经济}}{MUP_{海洋经济}} - MU_{海洋经济} \tag{5.3-3}$$

式中：$MUDO_{海洋经济}$ 为目标年海洋经济产业实际海域资源使用总量；$MU_{海洋经济}$ 为统计周期海洋经济产业海域使用面积总量；$MUTP_{海洋经济}$ 为目标年海洋经济产业海洋经济发展指标总量；$MUP_{海洋经济}$ 为统计周期海洋经济产业海洋经济发展指标总量。

经测算，到 2025 年，台州市海洋经济产业用海总需求量将为 16 891.836 6 hm^2，实际需求量为 5 067.551 0 hm^2。

2. 海洋港口需求

资料显示，“十三五”期间，台州市海洋港口实现沿海港口货物吞吐量 0.51 亿 t，港口集装箱吞吐量 50.3 万标箱。“十四五”期间，海洋港口目标为沿海港口货物吞吐量 1.00 亿 t，港口集装箱吞吐量 100 万标箱。截至 2020 年，台州市交通运输用海确权面积为 823.042 1 hm^2。

根据港口行业的资源供给量测算模型：

$$MUDO_{港口} = \frac{MUTP_{港口} \times MU_{港口}}{MUP_{港口}} - MU_{港口} \tag{5.3-4}$$

式中：$MUDO_{港口}$ 为目标年海洋港口产业实际海域资源使用总量；$MU_{港口}$ 为统计周期海洋港口产业海域使用面积总量；$MUTP_{港口}$ 为目标年海洋港口产

业海洋经济发展指标总量；$MUP_{港口}$为统计周期海洋港口产业海洋经济发展指标总量。

“十四五”期间，台州市按照货物吞吐量测算，交通运输用海总需求量为 1 613.808 0 hm²，实际需求量为 790.765 9 hm²；按照集装箱吞吐量测算，交通运输用海总需求量为 1 636.266 6 hm²，实际需求量为 813.224 5 hm²。最后核定为，“十四五”期间台州市交通运输用海实际需求量为 820 hm²。

3. 海洋渔业需求

资料显示，“十三五”期间，台州市海洋渔业各项指标完成总量为 142.28 万 t。“十四五”期间，目标为 150 万 t。截至 2020 年，台州市海洋渔业用海确权面积为 7 065.241 2 hm²。

根据港口行业的资源供给量测算模型：

$$MUDO_{渔业}=\frac{MUTP_{渔业}\times MU_{渔业}}{MUP_{渔业}}-MU_{渔业} \qquad (5.3\text{-}5)$$

式中：$MUDO_{渔业}$为目标年海洋渔业产业实际海域资源使用总量；$MU_{渔业}$为统计周期海洋渔业产业海域使用面积总量；$MUTP_{渔业}$为目标年海洋渔业产业海洋经济发展指标总量；$MUP_{渔业}$为统计周期海洋渔业产业海洋经济发展指标总量。

经测算，“十四五”期间，台州市海洋渔业产业用海总需求量为 7 408.017 1 hm²，实际需求量为 381.265 9 hm²。最后核定为，“十四五”期间台州市海洋渔业产业用海实际需求量为 400 hm²。

4. 其他产业需求

根据以上测算，得出除海洋港口和海洋渔业外，其他产业用海实际需求量为 3 847.551 0 hm²。按照其他产业在“十三五”期间的用海比例进行分配得出：工业用海 2 343.867 5 hm²，造地工程用海 815.610 5 hm²，旅游娱乐用海 30.546 1 hm²，海底工程用海 154.229 9 hm²，特殊用海 192.458 9 hm²，排污倾倒用海 65.223 3 hm²，其他用海 245.614 8 hm²。

各产业在“十四五”期间的用海需求量最终核定结果见表 5.3-1 和图 5.3-1。“十四五”期间需求量最大的仍是工业用海，为 2 350 hm²；最小的是旅游娱乐用海，为 35 hm²；交通运输用海和造地工程用海位居第二，均为 820 hm²；渔业用海为 400 hm²；其他用海、特殊用海、海底工程用海、排污倾倒用海按照用海需求高低排序依次为 260 hm²、195 hm²、160 hm²、70 hm²（估算值）。

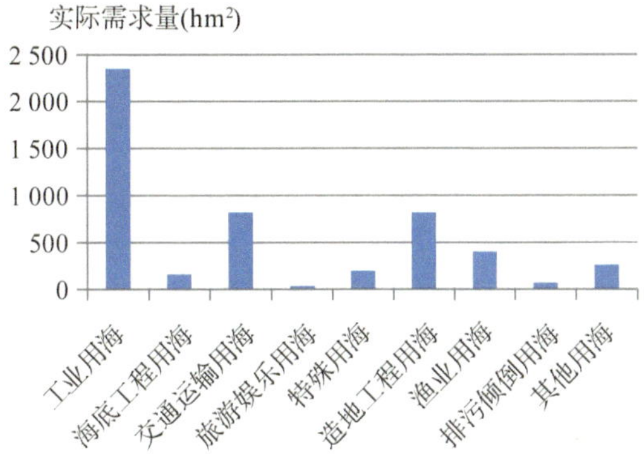

图 5.3-1　台州市“十四五”期间不同产业用海需求量估算结果

表 5.3-1　台州市“十四五”期间不同产业用海需求量估算结果一览表

序号	用海类型	预估需求量(hm^2)
1	工业用海	2 350
2	海底工程用海	160
3	交通运输用海	820
4	旅游娱乐用海	35
5	特殊用海	195
6	造地工程用海	820
7	渔业用海	400
8	排污倾倒用海	70
9	其他用海	260
合计		5 110

5.4　资源要素供给与产业需求关系

由 5.1 小节分析得出，“十四五”期间的海域供给量总和为 4 879 hm^2。由上节分析得出，产业需求量总和为 5 110 hm^2。可以看出，两者之间是“供略小于求”的关系，其比值为 0.95。供给量中扣除保留区，还剩 4 782 hm^2。供求关系见图 5.4-1 和表 5.4-1。

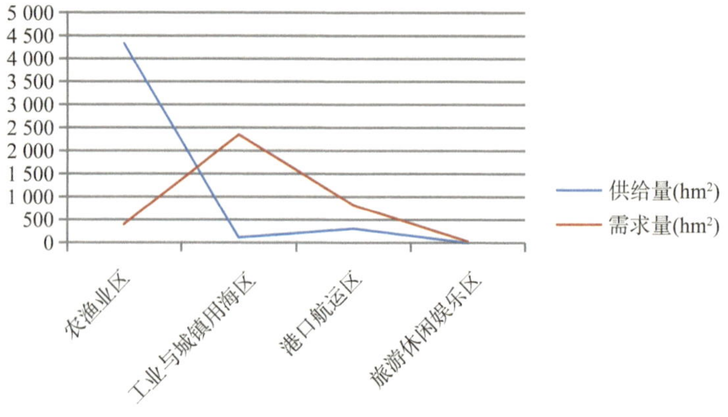

图 5.4-1　资源要素供给与产业需求关系图

表 5.4-1　资源要素供给与产业需求关系表

一级类型	供给量（hm^2）	需求量（hm^2）	比值	供求关系
农渔业区	4 341	400	10.85	供远大于求
工业与城镇用海区	122	2 350	0.05	供远小于求
港口航运区	314	820	0.38	供小于求
旅游休闲娱乐区	5	35	0.14	供小于求

从产业方面来看，除了海洋渔业外，其他产业的供求关系均处于“供小于求”的状态。因此，如果要实现“十四五”海洋经济发展目标，必须从提高资源质量和价值着手。

同时需要指出的是，根据海岸高敏感区建议调出用地面积 39 666 hm^2，海域资源应承担部分调出用地的空间资源补偿任务。海域资源供给匮乏是台州市海洋产业高质量发展的主要瓶颈。

6

海洋产业高质量发展制度建设与政策建议

6.1 海域资源核算制度建设方案

自 1996 年起，我国发布的《中国海洋经济统计公报》对海洋经济总体运行情况、主要海洋产业发展情况和区域海洋经济发展情况进行了统计分析和公布。海洋经济统计制度是我国海洋经济发展的基本制度，建设海域资源核算制度是海洋事业高质量发展的必要前提。制度建设方案如下。

(1) 海域资源核算要素包括海岸线、海域(包括海面、水体、底土)、无居民海岛。

(2) 海域资源核算内容包括实物量核算、资产核算和价值量核算。海岸线实物量(存量)核算指标包括岸线标号、岸线类型(一级、二级、三级)、岸线利用类型(一级、二级)、岸线长度、所在位置、所属功能区、所属县市区，海岸线实物量(增量)核算指标包括岸线标号、占用岸线类型(一级岸线类型、二级岸线类型、三级岸线类型、一级岸线利用类型、二级岸线利用类型)、占用岸线长度、所在自然岸线分区、新形成岸线类型(一级岸线类型、二级岸线类型)、用途、新形成岸线长度、所在位置、所属功能区名称、所属县市区；海域资源实物量(存量)核算指标包括已利用存量的用海标号、用海类型(一级、二级)、用海方式(一级、二级)、海域等别、海域级别、用海面积、所在位置、所属功能区、所属县市区，未利用存量的海域标号、功能区类型(一级、二级)、用海方向、海域等别、海域级别、海域面积、所在位置、所属功能区、所属县市区，海域资源实物量(增量)核算指标包括用海标号、占用海域类型(一级功能区类型、二级功能区类型、海域等别、海域级别、资源分区)、占用海域面积、新形成增量类型(一级用海类型、二级用海类型、一级用海方式、二级用海方式)、用途、所在位置、所属功能区名称、所属县市区；无居民海岛实物量(存量)核算指标包括海岛标号、海岛保护与利用类型、海岛面积、用岛类型、用途、海域等别、海域级别、开发强度、已开发面积、所在位置、所属功能区、所属县市区。资产核算指标包括资产标号、资源类型(海岸线、海域、无居民海岛)、资产类型(已利用、未利用)、海域使用金标准、资产值、所属功能区、所属县市区。价值量核算指标包括价值量标号、资源类型(海岸线、海域、无居民海岛)、价值量类型(已利用、未利用)、海域价格、价值量、所属功能区、所属县市区。

(3) 海域资源核算以国土空间规划二级类型作为统计单元，以行政区单元作为核算单元。

(4) 海域资源核算工作由海洋主管部门负责，实物量核算应与海域资源管理工作保持一致，资产和价值量核算应与自然资源资产相关管理工作衔接。

（5）海域资源核算周期为5年，包括核算初期和终期两期。

（6）建立海域资源要素质量评价标准，实施海域资源要素质量评价，分为核算初期和终期两期。评价内容包括海洋水质环境质量评价和生态系统健康性评价，以此作为海域资源和价值量核算影响因子。

（7）完善海域资源核算与资源、环境、生态监测协调机制。

（8）将海域资源实物量、资产值和价值量纳入政府审计。

各要素核算表见表6.1-1～表6.1-8。

表6.1-1 海岸线实物量（存量）核算表（样表）

岸线标号	一级岸线类型	二级岸线类型	三级岸线类型	一级岸线利用类型	二级岸线利用类型	岸线长度（m）	所在位置	所属功能区名称	所属县市区

表6.1-2 海岸线实物量（增量）核算表（样表）

岸线标号	占用岸线类型					占用岸线长度（m）	所在自然岸线分区	新形成岸线类型		用途	新形成岸线长度（m）	所在位置	所属功能区名称	所属县市区
	一级岸线类型	二级岸线类型	三级岸线类型	一级岸线利用类型	二级岸线利用类型			一级岸线类型	二级岸线类型					

表 6.1-3　海域资源实物量(已利用存量)核算表(样表)

用海标号	一级用海类型	二级用海类型	一级用海方式	二级用海方式	海域等别	海域级别	用海面积(hm^2)	所在位置	所属功能区	所属县市区

表 6.1-4　海域资源实物量(未利用存量)核算表(样表)

海域标号	一级功能区类型	二级功能区类型	用海方向	海域等别	海域级别	海域面积(hm^2)	所在位置	所属功能区	所属县市区

表 6.1-5　海域资源实物量(增量)核算表(样表)

用海标号	占用海域类型					占用海域面积(hm^2)	新形成增量类型				用途	所在位置	所属功能区名称	所属县市区
	一级功能区类型	二级功能区类型	海域等别	海域级别	资源分区		一级用海类型	二级用海类型	一级用海方式	二级用海方式				

表 6.1-6　无居民海岛实物量(存量)核算表(样表)

海岛标号	海岛保护与利用类型	海岛面积(hm^2)	用岛类型	用途	海域等别	海域级别	开发强度	已开发面积(hm^2)	所在位置	所属功能区	所属县市区

表 6.1-7　海域资源资产核算表(样表)

资产标号	资源类型	资产类型	海域使用金标准(万元/hm^2)	资产值(万元)	所属功能区	所属县市区

表 6.1-8　海域资源价值量核算表(样表)

资产标号	资源类型	资产类型	海域价格(万元/hm^2)	价值量(万元)	所属功能区	所属县市区

6.2　海域资源环境调配制度建设方案

为了满足台州市海洋产业高质量发展的需求，在生态环境约束下的资源要素调配工作是资源要素供给的重要保障。海域资源环境调配制度建设方案如下。

(1) 研究确定国土空间规划(海洋部分)功能区的环境要素底线、生态要素红线和资源要素开发上线；明确各海洋功能区资源供给量化指标和生态环境质量指标，完善产业准入清单。

(2) 统筹安排台州市海岸建筑退缩区及全海域资源供给量化指标和生态环境质量指标。实施海域资源分区管理，分为资源供给区、资源储备区和资源严控区，适当调高资源供给区的资源供给量权重，原则上资源储备区的不予调高，资源严控区不参与资源供给调配。建设自然资源管控分区，分为自然岸线保育区和养护区，实施自然岸线长度保护，明确自然岸段保护长度，将自然岸段保护长度中的自然岸线集中区域划定为保育区，将自然岸段保护长度中相对分散的区域划定为养护区，对于小于自然岸段保护长度的自然岸线实施“占补平衡”政策。

(3) 实施海域资源环境调配。①在核算周期内，核算海域资源的存量和增量。②以功能区为调配单元，优先选择在同类型间调配；当同类型功能区不能满足需求时，可实施不同类型间的资源调配，但是要充分考虑增量调入区的用海类型和用海方式的兼容性，以及生态环境准入要求，并需要论证分析备案。

(4) 自然岸线占用的管理。占用自然岸线分为两种情况：一是占用原始自然岸线。超出自然岸段保护长度的自然岸线原则上不得占用，小于自然岸段保护长度的自然岸线在严格论证的基础上，可以占用。二是占用新增自然岸线。一般新增自然岸线是生态修复后恢复自然属性的海岸线，纳入自然岸线管理，新增自然岸线原则上不得占用。

(5) 自然岸线实施“占补平衡”政策。对于占用自然岸线的用海项目，用海主体可通过海岸线生态建设和生态修复来补充占用的自然岸线长度。实施分区管理，在自然岸线保育区开展生态修复的，修复的自然岸线长度按照1.8倍核算为自然岸线长度；在自然岸线养护区开展生态修复的，修复的自然岸线长度按照1.5倍核算为自然岸线长度；在自然岸线分区以外开展生态建设或生态修复的，修复的自然岸线长度按照1.0倍核算为自然岸线长度。同时，用海主体可采用异地修复的方式实施自然岸线“占补平衡”。

(6) 海域资源调配和自然岸线占用的情况纳入政府审计。

6.3　台州市海洋"碳中和"产业格局构建方案

海洋"碳中和"是指充分发挥海域资源的空间资源、环境要素、生态要素的作用,直接或间接起到减碳、容碳和汇碳作用。台州市应抓紧推进构建基于海岸典型生态系统和新能源基建,形成五大湾区的"零碳"生态产业区的资源要素保障格局。

6.3.1　建立必要性

(1) 海洋"碳中和"产业布局已经初步形成

三门湾、台州湾、隘顽湾、乐清湾和大陈岛五大湾区,以及临海和玉环两大海上风电场区正在进行海洋"碳中和"基础建设。三门湾、隘顽湾两湾区正在建设太阳能和海水养殖的"渔光互补"特色产业,台州湾正在进行高质量产业园区建设,乐清湾和大陈岛是台州市重要的海洋生态产品产区。台州市的海洋"碳中和"产业布局已经初步形成。

(2) 是保持海域资源资产长期获取收益的基础

能够体现海洋生态环境保护成效的形式之一就是实现海洋生态价值。海洋"碳中和"产业布局则是全面提升海洋生态价值的重要基础,海洋生态价值可以将海域资源资产转化为"全民资本"。所以,建立海洋"碳"交易和市场机制,海域资源资产所有权主体能够通过资产资本化的形式获得海洋生态价值的长期收益。

(3) 是海洋经济高质量发展战略的组织形式

根据台州市海洋经济的发展战略,海洋生态经济是海洋经济高质量发展的重要组成部分。通过构建海洋"碳中和"产业格局,加快满足海洋经济高质量发展战略的基础设施要求,是实现海洋强国、强省、强市的主要途径,这也是国家"碳中和"战略的贯彻落实和地方实践。

6.3.2　主要内容

(1) 加快建成三门湾、隘顽湾"渔光互补"产业示范基地

三门湾、隘顽湾"渔光互补"产业雏形已基本建成,基于两湾"渔光互补"产业基础,加大科研创新投入,在高效利用空间资源和自然生态福祉的同时,带

动优质种苗、渔业碳汇、生态养殖等产业发展，构建面向全国的“渔光互补”全产业链示范基地。

(2) 突出台州湾高质量产业核心的引领地位

台州湾是台州市海洋高质量发展的核心，努力打造高能级产业和科创平台，加强新型基础设施建设，建设持续增收分配和“碳中和”核算体系，构建“零碳”生态产业区，实现整体生态产业区“零碳”常态化。

(3) 保障乐清湾、大陈岛海洋生态产品供给

乐清湾、大陈岛是海洋生态产品主要产区。抓住国家美丽海湾建设的良好契机，加强两湾区的生态安全屏障，研究两湾区自然力的连通与协同关系，构建“乐清湾—大陈岛大湾区”生态保护格局，形成大湾区自然生产力解决方案。研究海洋生态产品价值评估，建立基于生态安全的海洋生态产品供给机制。重点发挥海洋生态产品的科研价值。

(4) 建立海洋“碳中和”评估及核算体系

海洋“碳中和”核算体系，是纳入海洋“碳中和”范围的要素量化核算体系，是海洋“碳中和”全体要素的决算体系。海洋“碳中和”核算是建立在科学评估的基础上的。

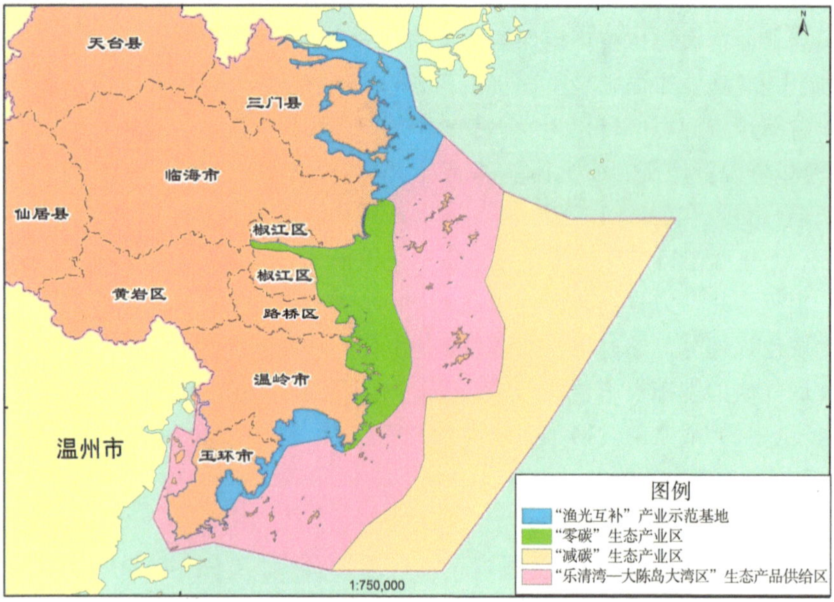

图 6.3-1　台州市海洋“碳中和”产业空间分区分布图

海洋“碳中和”核算范围主要包括减碳、容碳和汇碳空间资源供给，如以红树林及渔业碳汇为代表的蓝碳，新能源减碳等。

海洋“碳中和”核算方法如下：

$$C' = C - \sum_{i=1}^{n} C_i \tag{6.3-1}$$

式中：C' 为碳总量；C 为海洋产业排碳总量；C_i 为减碳、容碳和汇碳量，包括减碳空间资源供给量、红树林及渔业碳汇（蓝碳）量和新能源减碳量等。

6.4 海域资源立体确权下的生态环境保护制度

6.4.1 海域资源立体确权下的生态环境保护范围

《中华人民共和国海域使用管理法》第一章第二条界定了海域资源范围：“本法所称海域，是指中华人民共和国内水、领海的水面、水体、海床和底土。本法所称内水，是指中华人民共和国领海基线向陆地一侧至海岸线的海域”。

因此，海域资源立体层次分为海岸线、水面、水体、海床和底土，海域资源立体确权下的生态环境保护范围则为海岸线、水面、水体、海床和底土。

6.4.2 海域资源立体确权下的生态环境保护内容

(1) 自然岸线。保护内容包括原始自然岸线的保有量和类型、新增自然岸线的保有量和类型。

(2) 海洋生态环境。保护内容包括海水水质、海洋沉积物质量、海洋生物质量、海洋生物多样性、海洋生态质量等。

(3) 典型生态系统。保护内容包括典型生态系统的健康性、类型、规模、品种及其生存和栖息生态等。

6.4.3 海域资源立体确权下的生态环境监测任务

(1) 自然岸线的监测任务。通过遥感监测、定期巡查等手段，开展自然岸线及其附属环境监测工作，主要做到对侵占自然岸线的行为早发现、早遏制。

(2) 海洋生态环境的监测任务。在海域资源立体确权下，海洋生态环境的监测应针对不同海域特征分层次布设监测站位，明确监测指标、监测内容等。包括海面垃圾、漂浮生物等，水体水质、生物质量、生态指标、生物多样性等，海床沉积物质量、生物质量、生态指标、生物多样性、底质类型等，底土的地质特征指标等多种监测项目。

(3) 典型生态系统的监测任务。按照相关规范进行监测。

6.4.4 海域资源立体确权下的生态环境损害赔偿

(1) 损害行为

海域资源立体确权下的生态环境损害行为包括损害海洋生态环境，损害权利主体的生活、生产、经营环境等。

(2) 索赔主体

索赔主体为海域资源所有权和使用权主体。对于侵犯国有海域资源资产和权利的行为，国家和地方政府作为索赔主体，向侵权主体索求赔偿；对于侵犯用海主体资产和权利的行为，用海主体作为索赔主体，向侵权主体索求赔偿。

(3) 赔偿客体

包括海域资源的所有权、使用权、收益权以及其他衍生权利。

7

台州市海洋产业高质量发展格局

台州市海洋产业的高质量发展必须考虑资源环境的承受力，还需兼顾经济与资源环境的均衡发展。只有把应该保护的区域保护起来，才能让可以使用的海域资源得到更好、更高效的利用。

7.1 台州市沿海县、市(区)发展类型分析

从资源环境的承受能力考虑，台州市沿海县、市(区)海洋资源环境综合承载力普遍较低，主要是由生态环境承载力低导致的。然而在空间资源占用方面，各沿海县、市(区)表现出的承载力较高。由此说明，生态环境约束下的资源使用是海洋产业高质量发展的探索途径。

从资源使用的综合效益方面考虑，椒江区和路桥区表现得较好，其他地区均表现不足。可以看出，资源稀缺是资源使用效益的关键影响要素。那么，在资源稀缺的前提下，提高自然资源的价值则是提升海域资源效益的主要手段。资源稀缺的问题可以通过资源要素供给调配进行解决。

从台州市总体状况来看，海洋资源环境与海洋经济发展协调性为经济驱动型，说明海洋资源环境承载力较经济效益低。在人海系统关系发展方面，压力主要为污染输入压力和海洋经济发展压力。因此，以生态环境作为约束条件，科学调配资源要素供给，提高海域资源价值，是台州市海洋事业高质量发展的途径。

本书从资源综合承载力和资源使用的综合效益两个方面分析当前台州市沿海县、市(区)的发展类型。资源综合承载力分为可载、临界超载和超载三类，其判定依据是海域资源综合承载力的评估结果；资源使用的综合效益分为高、中、低三类，判定标准是区域各评估单元海域的资源使用效益，以各评估单元的平均值为标准。发展类型分为资源稀缺、需求不足、供给不足、供给匮乏和资源低效五类。详见表 7.1-1。

表 7.1-1　台州市沿海县、市(区)海洋事业发展类型判别表

资源综合承载力	资源使用的综合效益	发展类型
可载	高	资源稀缺
可载	中	需求不足
可载	低	需求不足

续表

资源综合承载力	资源使用的综合效益	发展类型
临界超载	高	供给不足
临界超载	中	资源低效
临界超载	低	资源低效
超载	高	供给不足
超载	中	资源低效
超载	低	资源低效

台州市沿海县、市(区)发展类型分为供给不足、需求不足和资源低效。其中,椒江区属于供给不足型,路桥区属于需求不足型,玉环市、三门县、温岭市、临海市均属于资源低效型 。椒江区的发展方向为在生态环境的约束下,适当调入供给,或通过生态环境修复来实现指标调配,再或加强区内环境整治,提高资源价值;路桥区的发展方向为按照区域生态环境的要求,积极引入资源使用需求,或适当提高资源价值;玉环市、温岭市、临海市的发展方向为加强生态环境治理与修复,提高资源价值;三门县的发展方向为在加强生态环境治理与修复和提高资源价值的同时,还应调整产业空间格局,从根本上调节资源供给。详见表 7.1-2 和图 7.1-1。

表 7.1-2　台州市沿海县、市(区)发展类型分析表

县、市(区)	资源综合承载力	资源使用的综合效益	发展类型	发展方向
椒江区	超载	高	供给不足	在生态环境的约束下,适当调入供给,或通过生态环境修复来实现指标调配,再或加强区内环境整治,提高资源价值
路桥区	可载	中	需求不足	按照区域生态环境的要求,积极引入资源使用需求,或适当提高资源价值
玉环市	临界超载	低	资源低效	加强生态环境治理与修复,提高资源价值
三门县	临界超载	低	资源低效	加强生态环境治理与修复,调整产业空间格局,提高资源价值
温岭市	临界超载	低	资源低效	加强生态环境治理与修复,提高资源价值

续表

县、市(区)	资源综合承载力	资源使用的综合效益	发展类型	发展方向
临海市	临界超载	低	资源低效	加强生态环境治理与修复，提高资源价值

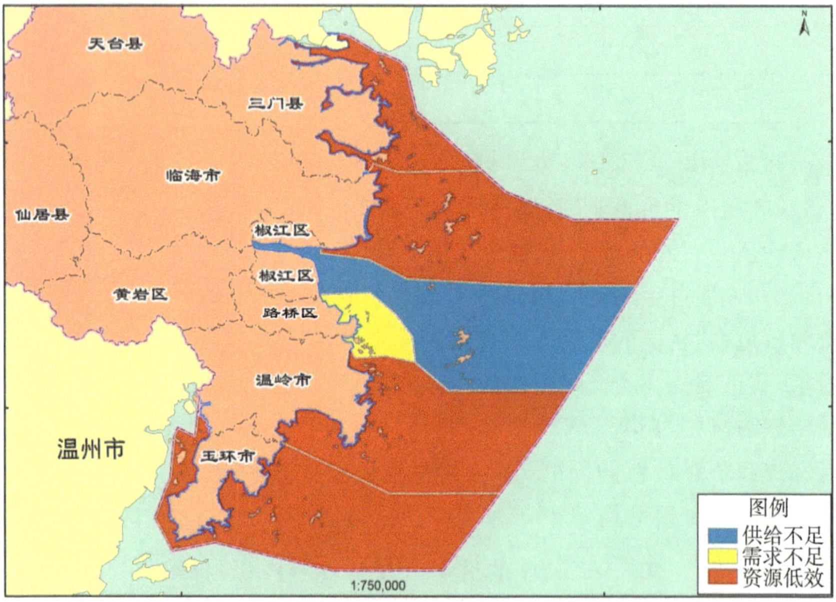

图 7.1-1　台州市沿海县、市(区)发展类型分布图

7.2　海洋产业高质量发展空间格局

基于海洋基本功能，根据海域资源禀赋和生态环境承载力，以提升自然资源价值为根本，结合台州市海洋产业基础，确定海域资源使用方向，明确每个功能区的发展定位。

(1) 总体思想

提出“一心一带、三点三轴”的总体海洋战略。建设以台州湾为核心区，三门湾、隘顽湾和乐清湾为发展支点的近岸转型升级产业集群带，推动海洋生态环境全面改善，形成基于自然资源价值体系的海洋产业高质量发展模式(图 7.2-1)。

(2) 区域发展定位

三门湾及三门县海域：渔业种苗培育与光伏产业区。渔业养殖与光伏产业相结合是三门县的海洋经济发展特征。该区的海洋生态环境处于超载状态，资源使用效益相对较低，因此该区一方面需要提升海域资源使用效益和资源禀赋，令一方面受到生态环境承载力的约束。为了实现该区的可持续发展，将该区确定为渔业种苗培育与光伏产业区，即以渔业种苗培育为支点，继续支持该区海洋特色产业发展，同时扶持光伏产业，增加科技研究投入，做成“渔光互补”产业示范区，支持国家、省“渔光互补”产业的推进和落成。

临海近岸海域：“渔光互补”产业链集群区。引导“渔光互补”产业上、中、下游进入，逐步构建“渔光互补”全产业链集群。

临海市外海海域：新能源与渔业融合区。建立风电和渔业发展融合模式，带动生态渔业发展。

台州湾近岸海域：海洋生态与产业链高新技术示范区。台州湾是台州市海洋产业高质量发展的核心区，该区的定位是发展海洋生态与产业链高新技术，实现高新技术的输出。支持国家、省及台州市发展海洋生态与产业链高新技术的发展。

温岭市近岸海域：海洋生态渔业产业链集群区。该区海域的资源使用效益较低，海洋生态环境承载力较差，应在资源禀赋与生态环境承载力的约束下，发展海洋生态渔业特色产业。

玉环市东部近岸海域：海洋生态渔业与观光旅游产业发展区。根据该区功能区的分布特征并结合区域总体发展战略，可将其发展为海洋生态渔业与观光旅游产业区，培育海洋生态产业，促进海洋生态渔业高质量发展。

乐清湾海域：海洋生态产品产业区。该区以提供海洋生态产品为主，引入海洋生态产品高新技术及科研团队，建设成为海洋生态产品产业示范区。

披山及周边海域：海岛种苗培保育与生态旅游区。与海洋生态渔业和观光旅游产业发展区协同发展，主要发展方向为优质种苗培保育和生态旅游产业。

海岛及周边海域：海岛生态旅游产业集群区。以海岛生态旅游产业发展为主。完善海洋生态产业全产业链，协同全域产业高质量发展。

外海深海海域：深海渔业捕捞区。鼓励深海渔业发展，提升深海养殖和捕捞技术，完善海洋生态产业全产业链，协同全域产业高质量发展。

东海水产种质资源海洋保护区：渔业资源保育区。引进科研团队和高新技术，推进优势品种、稀缺品种、高值品种的养殖技术研究，鼓励科研转化。

具体格局见图 7.2-2。

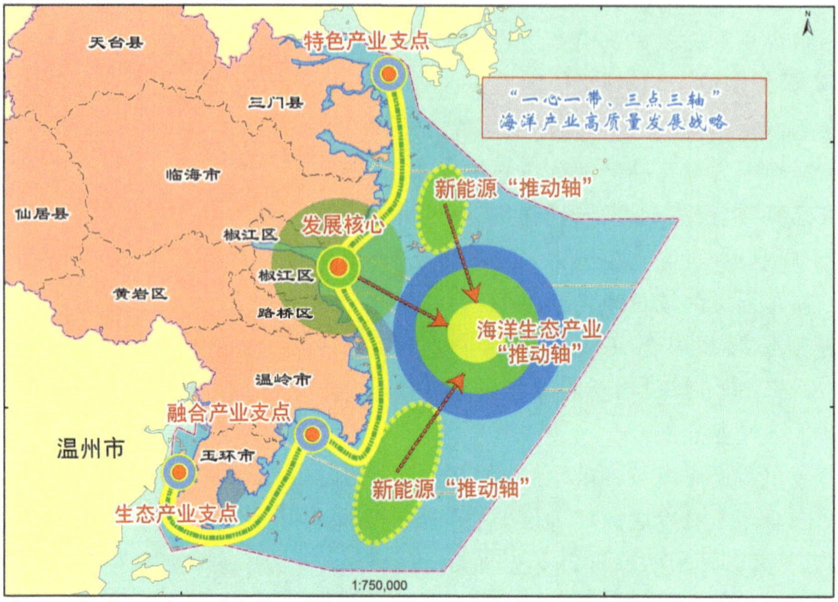

图 7.2-1　台州市海洋产业高质量发展战略图

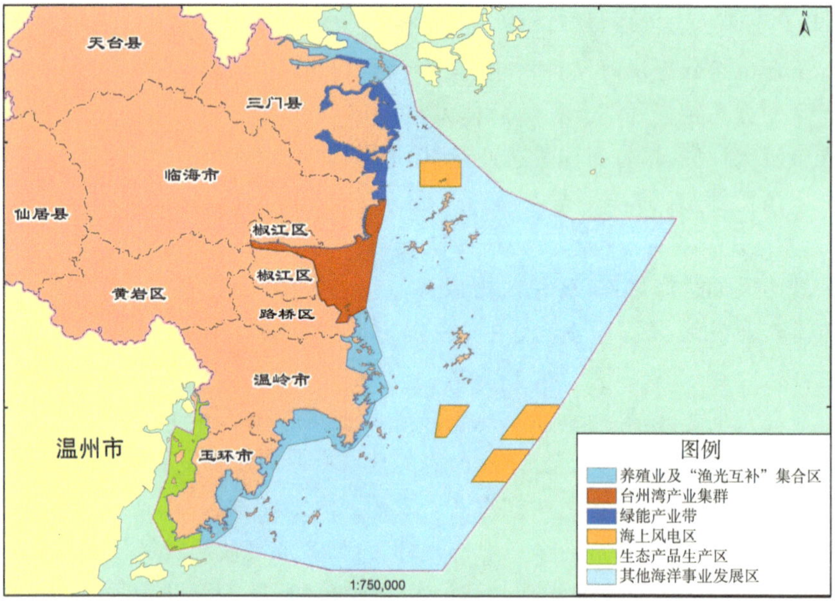

图 7.2-2　台州市海洋产业高质量发展空间格局

7.3 海洋经济高质量发展评价体系

为了促进海洋产业的高质量发展，通过建立海洋产业高质量发展评价体系，计算海洋产业高质量发展指数，表征海洋产业高质量发展水平。

7.3.1 评价对象及单元

海洋经济高质量发展评价对象一般是地方海洋经济与资源环境的发展关系和水平，评价单元一般是地区管辖海域。

7.3.2 评价项目

海洋产业高质量发展评价项目包括海洋资源环境承载力、海洋资源环境与海洋经济发展协调性、海域资源配置效率、海域资源使用损耗、海域资源资产收益效率、人海系统发展情况六个方面。具体评价方法见表 7.3-1。

海洋资源环境承载力是指地区管辖海域资源、环境和生态现状对压力的承受能力，其结果可表现出地区管辖海域资源的开发强度、环境污染和生态保护的基本状况。

海洋资源环境与海洋经济发展协调性是指海洋资源环境承载力与海洋经济之间的协调关系，用于掌握海域要素供给和经济发展需求的平衡关系。

海域资源配置效率反映的是海域资源规划与使用的关系。

海域资源使用损耗是对资源在使用过程中损耗的计算，表征资源使用的损耗程度，一般是管辖海域内所有用海方式的资源使用损耗总和。

海域资源资产收益效率是对资源资产收益效率的计算，表征资源资产收益情况。

人海系统发展情况是指通过分析海洋系统压力和海洋服务功能的关系，表征人类生存、生活以及精神需求与海洋系统发展的和谐程度。

表 7.3-1 海洋经济高质量发展评价项目及打分表

评价项目	发展水平		
	高	中	低
海洋资源环境承载力			

续表

评价项目	发展水平		
	高	中	低
海洋资源环境与海洋经济发展协调性			
海域资源配置效率			
海域资源使用损耗			
海域资源资产收益效率			
人海系统发展情况			

备注：按照技术方法对各项评价项目进行评价，并确定其发展水平，分为高、中、低三类，打分标准为高 3 分、中 2 分、低 1 分。

7.3.3 评价方法

根据评价项目及其目的，选取影响评价项目发展水平的关键因子，建立量化模型，确定各项目的发展水平，并根据发展水平的高低进行打分。再根据打分结果，综合计算地区海洋经济高质量发展指数，以此作为衡量海洋经济高质量发展水平的依据。

海洋资源环境承载力、海洋资源环境与海洋经济发展协调性和人海系统发展情况按照前节给出的量化方法进行评价即可。下面介绍一下海域资源配置效率、海域资源使用损耗、海域资源资产收益效率以及海洋经济高质量发展指数的计算方法。

（1）海域资源配置效率的计算方法

$$H=\frac{u}{U}\times 100\% \tag{7.3-1}$$

式中：H 为海域资源配置效率；u 为符合功能区使用的海域面积；U 为功能区总面积。

（2）海域资源使用损耗的计算方法

$$W=\sum_{i=1}^{n}S_i\cdot a_i \tag{7.3-2}$$

$$r=\frac{W}{S}\times 100\% \tag{7.3-3}$$

式中：W 为地区管辖海域内所有用海方式的资源损耗量总和；S_i 为某类用海

方式的用海面积；a_i 为某类用海方式的损耗系数；r 为资源消耗率；S 为海域总面积。

表 7.3-2　不同用海方式的资源损耗系数

用海方式	生态环境损害系数	资源属性灭失系数	资源损耗综合系数
建设填海造地	1.00	1.00	1.00
农业填海造地	0.96	1.00	0.98
非透水构筑物	0.90	0.80	0.85
跨海桥梁、海底隧道	0.34	0.70	0.52
透水构筑物	0.43	0.60	0.52
港池、蓄水	0.36	0.50	0.43
盐田用海	0.84	0.60	0.72
围海养殖	0.86	0.50	0.68
围海式游乐场	0.79	0.40	0.59
其他围海	0.76	0.40	0.58
开放式养殖	0.46	0.10	0.28
浴场用海	0.13	0.20	0.17
开放式游乐场	0.07	0.20	0.13
专用航道、锚地	0.24	0.00	0.12
其他开放式	0.03	0.10	0.07
人工岛式油气开采	0.55	0.80	0.67
平台式油气开采	0.36	0.60	0.48
海底电缆管道	0.17	0.20	0.19
海砂等矿产开采	0.62	0.90	0.76
取、排水口	0.56	0.30	0.43
污水达标排放	0.40	0.30	0.35
温、冷排水	0.44	0.30	0.37
倾倒用海	0.48	0.60	0.54
种植用海	0.61	0.20	0.41

（3）海域资源资产收益效率的计算方法

$$Y=\frac{\sum_{i=1}^{n}c_i}{C}\times 100\% \tag{7.3-4}$$

式中：Y 为地区管辖海域内所有用海方式的收益效率；c_i 为海域资源使用的净利润，即扣除环境治理、生态修复、资源资产损失成本后的收益；C 为海域资源使用的总收益。

（4）海洋经济高质量发展指数的计算方法

$$G=\frac{\sum_{i=1}^{n}z_i}{Z} \tag{7.3-5}$$

式中：G 为海洋经济高质量发展指数；z_i 为评价项目的具体分值；Z 为评价项目最高分的总和，即 18 分。

将海洋经济高质量发展指数分为高、中、低三个等级，用于表现海洋经济高质量发展水平（表 7.3-3）。

表 7.3-3　海洋经济高质量发展判别表

发展指数区间	$0.85<G\leqslant 1.00$	$0.65\leqslant G\leqslant 0.80$	$G<0.65$
发展水平	高	中	低

7.3.4　台州市海洋经济高质量发展水平评价

（1）海洋资源环境承载力

①开发强度

通过计算，台州市海岸线开发强度指数为 0.24，海域资源开发强度指数为 1.13。

②海洋生态环境承载力

海洋环境承载力的下降比例为 40.4%。海洋生态承载力下降了 75.6%。

③综合承载力

通过计算得到台州市海洋综合承载力指数为 0.67，处于临界超载状态。

（2）海洋资源环境与海洋经济发展协调性

从判断结果上来看，目前台州市海洋事业发展为经济驱动型，其水平在浙江省内较高，但承载力较低，处于超载状态。

(3) 海域资源配置效率

台州市各海洋功能区中不符合功能区基本功能的用海面积为 5 206.952 5 hm^2，海域资源配置效率为 99.2%。

(4) 台州市海域资源使用损耗

通过计算得到台州市海域资源使用损耗量为 6 630.683 4 hm^2，海域资源使用损耗率为 1.0%。

(5) 台州市海域资源资产收益效率

自 2012 年以来，中央和浙江省在台州市海域不同海区开展了生态环境治理与修复工作并投入资金。经核算，总投入为 78 611.39 万元。

按照前文的核算结果，台州市存量资产为 594 738.49 万元，那么台州市海域资源资产收益效率为 86.8%。调整价格后，台州市存量价值量为 2 567 804.22 万元，收益率为 96.9%。收益率将提高 10.1 个百分点。

(6) 台州市人海系统发展情况

台州市相对浙江省海洋系统压力指数（P_s）为 0.506，海洋服务功能指数（M_s）为 1.728。按照公式计算得到人海关系指数（H_e）为 0.293。$H_e < 1$，说明在浙江省人海系统内发展得相对和谐。

(7) 台州市海洋经济高质量发展水平评价结果

按照台州市海洋经济高质量发展评价项目进行打分（表 7.3-4），实际打分结果为 14 分，海洋经济高质量发展指数为 0.78。依据海洋经济高质量发展判别表，台州市海洋经济高质量发展处于中等水平（$0.65 \leqslant G \leqslant 0.80$）。

表 7.3-4　台州市海洋经济高质量发展评价项目打分表

评价项目	发展水平		
	高	中	低
海洋资源环境承载力			
海洋资源环境与海洋经济发展协调性			
海域资源配置效率			
海域资源使用损耗			
海域资源资产收益效率			
人海系统发展情况			

备注：按照技术方法对各项评价项目进行评价，并确定其发展水平，分为高、中、低三类，打分标准为高 3 分、中 2 分、低 1 分。

8 结论

8.1 基础理论

（1）“高”是对发展水平提出的总体要求，同时涵盖“质”和“量”两部分内容。其中，“质”的高水平不仅受到“量”的配置限制，还受到生态环境和精神需求的约束，这两者是人类生存和生活福祉的重要组成部分。同时，本书认为自然资源价值理论是高质量发展理论体系中的基础理论。

（2）自然资源价值理论决定了自然资源的资产属性，分为产权属性和价格属性。产权属性，是自然资源资产的基础；价格属性，是自然资源资产转化为资本的表现形式。

（3）海域资源是自然资源的一种，在具有自然资源一般属性的同时，还拥有海域资源的特殊属性。海域资源具有资产属性，它的特殊性则表现在海域资源是人文要素、资源要素、环境要素、生态要素的综合体，与陆域资源相比其敏感性和脆弱性更高，却承担了提供空间资源、污染净化、生态服务等基本功能。

8.2 台州市海域资源与海洋经济发展特征

（1）台州市沿海县、市（区）海洋资源环境承载力普遍较低，仅有路桥区处于可载状态，其他地区均处于超载或临界超载状态，说明海域空间资源使用对生态环境的影响较大。

（2）人海关系和谐发展的压力主要来自污染输入和海洋经济发展。

（3）在高质量发展的要求下，以资源要素为驱动的海洋经济已经不能满足地区总体发展要求，生态环境要素的改善是一个缓慢且投入很大的过程。

8.3 台州市“三线”量化指标

1. 环境要素质量底线

2020 年，台州市近岸海域优良水质（一、二类）面积为 305 094 hm^2，达标率为 45.1%。按照《台州市海洋经济发展“十四五”规划》要求，到 2025 年近岸海域优良水质（一、二类）达标率需提高 20.7%，折算成海域面积为需增加 140 149 hm^2。

2. 生态要素质量红线

(1) 海岸生态敏感适宜性分区。海岸建筑后退区面积为 316 413. 11 hm^2。分区后，低敏感区主要分布在北部区域，面积为 12 091. 05 hm^2；中敏感区在南、北区域均有分布，其中在北部分布得较多，中敏感区面积为 82 138. 82 hm^2；高敏感区在南、北区域均有分布，其中在南部分布得较多，高敏感区面积为 222 183. 24 hm^2。

(2) 海洋生态红线。①台州市海洋生态保护红线共划定 157 803 hm^2。经统计，涉及不协调区海洋功能区共有 5 个，分别为大陈锚地区、大陈港口区、龙门港口区、大麦屿锚地区、大麦屿港口区，面积共计 2 350 hm^2。攻坚区以外不协调区为龙门港口区、大麦屿锚地区、大麦屿港口区，面积合计为 2 311 hm^2。②台州市生态红线区内优良水质占比为 68. 2%，其他水质类型占比为 31. 8%。③台州市生态红线区内海域使用面积为 943. 5 hm^2，其中开放式养殖用海占比最高，为 72. 41%，符合生态红线区的保护要求。另外，科研教学用海也符合生态红线区的保护要求，占比为 0. 25%。其他用海类型均不符合生态红线区的保护要求，需调出红线区的面积为 257. 9 hm^2，占红线区内用海面积的 27. 3%。

3. 资源要素开发总量上线

(1) 海域空间资源。①海域空间资源总量核算。按照分区原则，划分资源供给区 63 个，海域面积为 486 313 hm^2；资源储备区 11 个，海域面积为 34 334 hm^2；资源管控区 120 个，海域面积为 156 408 hm^2。②海域空间资源供给量核算。台州市海域资源开发总量上线为 4 879 hm^2。最高的是农渔业区 (4 341 hm^2)，其次是港口航运区 (314 hm^2)、工业与城镇用海区 (122 hm^2)、保留区 (96 hm^2)、旅游休闲娱乐区 (5 hm^2)。③海域空间资源存量核算。台州市海域空间资源剩余存量为 664 843 hm^2。

(2) 海岸线资源。台州市海岸线总长 699 346 m，包括自然岸线 286 142 m、整治修复及河口岸线 3 427 m，自然岸线保有率为 41. 4%。

8.4 台州市海域资源价值量

台州市全海域现状总资产为 594 738. 486 6 万元。其中，三等海域Ⅰ级海域资产为 103 792. 405 3 万元，Ⅱ级海域资产为 66. 844 9 万元；四等海域Ⅰ级海域资产为 3 799. 589 5 万元，Ⅱ级海域资产为 222 409. 987 3 万元，Ⅲ级海域资产为 6 271. 028 4 万元；五等海域Ⅰ级海域资产为 258 376. 999 9 万元，Ⅱ级海域资产为 21. 631 3 万元。

从行政单元来看，临海市的海域资产值最高为，167 887.745 0 万元，占台州市全海域资产的 28.2%；其次为玉环市，资产值为 131 088.477 2 万元，占台州市全海域资产的 22.0%；其他地区按照资产值高低排序依次为温岭市 101 392.128 0 万元、三门县 90 511.133 0 万元、路桥区 61 808.303 3 万元、椒江区 42 050.699 9 万元，占比分别为 17.0%、15.2%、10.5%和 7.1%。

8.5 台州市海域资源供给与产业需求分析

(1) 需求量。“十四五”期间，台州市各海洋产业用海需求总量为 5 110 hm^2。其中，需求量最大的是工业用海，为 2 350 hm^2；最小的是旅游娱乐用海，为 35 hm^2；交通运输用海和造地工程用海并列第二，均为 820 hm^2；渔业用海为 400 hm^2；其他用海、特殊用海、海底工程用海、排污倾倒用海按照用海需求高低排序依次为 260 hm^2、195 hm^2、160 hm^2、70 hm^2(估算量)。

(2) 供给量。“十四五”期间台州市海域供给量总和为 4 879 hm^2。

(3) 资源要素供给与产业需求之间是“供略小于求”的关系，其比值为 0.95。供给量中扣除保留区，还剩 4 782 hm^2。从产业方面来看，除了海洋渔业外，其他产业的供求关系均处于“供小于求”的状态。因此，如果要实现“十四五”海洋经济发展目标，必须从提高资源质量和价值着手。

8.6 高质量发展水平评价

(1) 台州市海洋综合承载力指数为 0.67，处于临界超载状态。

(2) 台州市海洋事业发展为经济驱动型，其水平在浙江省内较高，但承载力较低，处于超载状态。

(3) 台州市各海洋功能区中不符合功能区基本功能的用海面积为 5 206.952 5 hm^2，海域资源配置效率为 99.2%。

(4) 台州市海域资源使用损耗量为 6 630.683 4 hm^2，海域资源使用损耗率为 1.0%。

(5) 台州市相对浙江省海洋系统压力指数(P_s)为 0.506，海洋服务功能指数(M_s)为 1.728，人海关系指数(H_e)为 0.293。$H_e<1$，说明在浙江省人海系统内发展得相对和谐。

(6) 台州市海洋经济高质量发展指数为 0.78，处于中等水平($0.65\leqslant G\leqslant 0.80$)。

9 创新点

本书创新点如下：

（1）理解并阐述了高质量发展的理论内涵和“高”要求下资源质量管控与供给的发展逻辑；

（2）建立了海洋产业高质量发展模式的方法体系和测评方法。

10

不足与下一步的研究方向

提出的海域资源价值转化形式仍比较单一，海域资源资产的保值增值途径还有待探索。下一步，应基于海域资源的产权属性，开展海域资源资产的资本化理论基础和方法研究，建立基于海域资源产权的全民资本市场机制。

资料清单

资料类型		序号	资料名称	时间
一、基础数据类	(一)矢量数据	1	台州市海域水深数据	—
		2	台州市海岸线数据	2019 年
		3	台州市海域使用权属数据	2020 年
		4	台州市海域海岛数据	—
		5	台州市海洋功能区划数据	—
		6	台州市生态红线数据	2020 年
		7	台州市海域勘界线	—
		8	台州市基础地理数据	—
		9	遥感影像	1985、2000、2005、2020 年
	(二)统计年鉴及数据报告	10	《2020 年台州市生态环境状况公报》	2020 年
		11	《台州统计年鉴(2020)》	2020 年
二、规划类	(三)规划	12	《浙江省海洋生态环境保护“十四五”规划》	—
		13	《浙江省海洋经济发展“十四五”规划》	—
		14	《台州市生态环境保护“十四五”规划》	—
		15	《台州市能源发展“十四五”规划》	—
		16	《台州市渔业高质量发展“十四五”规划》	—
		17	《台州市国民经济和社会发展第十四个五年规划和二〇三五年远景目标纲要》	—
		18	《台州市综合交通运输发展“十四五”规划》	—
		19	《台州市海洋经济发展“十四五”规划》	—
		20	《台州湾经济技术开发区“十四五”发展规划》	—
三、书籍和文献类	(四)书籍和文献类	21	见参考文献	—

参考文献

[1] 李娟，王琴梅. 我国经济高质量发展的科学内涵、理论基础和现实选择[J].《资本论》研究，2019(1)：145-156.

[2] 田秋生. 高质量发展的理论内涵和实践要求[J]. 山东大学学报(哲学社会科学版)，2018(6)：1-8.

[3] 樊杰. 我国"十四五"时期高质量发展的国土空间治理与区域经济布局[J]. 中国科学院院刊，2020，35(7)：796-805.

[4] 狄乾斌，尚青，於哲. 高质量发展目标下海洋经济复合系统协调发展研究——以辽宁省为例[J]. 海洋开发与管理，2020，37(7)：62-70.

[5] 丁黎黎. 海洋经济高质量发展的内涵与评判体系研究[J]. 中国海洋大学学报(社会科学版)，2020(3)：12-20.

[6] 周文. 新时代高质量区域协调发展的政治经济学研究[J]. 政治经济学评论，2020，11(3)：114-125.

[7] 罗斌元，陈艳霞，桑源. 经济高质量发展量化测度研究综述[J]. 河南理工大学学报(社会科学版)，2021，22(4)：37-43.

[8] 任保平，朱晓萌. 新时代我国区域经济高质量发展转型和政策调整研究[J]. 财经问题研究，2021(4)：3-10.

[9] 王伟辰. 新时代我国区域经济高质量发展路径：基于政治经济学视角[J]. 经济管理文摘，2021(3)：5-6+9.

[10] 赵晖，张文亮，张靖苓，等. 天津海洋经济高质量发展内涵与指标体系研究[J]. 中国国土资源经济，2020，33(6)：34-42+62.

[11] 马晓妍，曾博伟，何仁伟. 自然资源资产价值核算理论与实践——基于马克思主义价值论的延伸[J]. 生态经济，2021，37(5)：208-213.

[12] 高金清. 基于自然资源价值理论的海洋资源核算问题探究[J]. 市场周刊，2020，33(9)：18-19+68.

[13] 刘良宏. 海洋资源价值核算体系探讨[J]. 海洋开发与管理，2006(6)：63-66.

[14] 欧维新，杨桂山，于兴修. 海岸带自然资源价值评估的研究现状与趋势[J]. 海洋通报，

2005(2):79-86.
[15] 张灵杰,金建君.我国海岸带资源价值评估的理论与方法[J].海洋地质动态,2002(2):1-5+1.
[16] 彭本荣,洪华生,陈伟琪.海岸带环境资源价值评估——理论方法与案例研究[J].厦门大学学报(自然科学版),2004(S1):184-189.
[17] 闻德美,姜旭朝,刘铁鹰.海域资源价值评估方法综述[J].资源科学,2014,36(4):670-681.
[18] 陈培雄,相慧,李欣曈,等.我国海域资源评价理论与方法研究综述[J].海洋信息,2017(2):52-57.
[19] 李峤.近海环境资源价值评估探讨[J].商,2016(27):137.
[20] 崔琴.海湾资源的价值评估在海湾环境容量研究中的应用[D].厦门:厦门大学,2009.
[21] 李晶,陈伟琪.近海环境资源价值及评估方法探讨[J].海洋环境科学,2006(S1):79-82.
[22] 朱静,王靖飞,田在峰,等.海洋环境容量研究进展及计算方法概述[J].水科学与工程技术,2009(4):8-11.
[23] 高洁.海域环境容量价值影响因素及其因果关系研究[J].科技经济导刊,2017(10):5-6.
[24] 张亭亭.海域环境容量的价值评估[D].厦门:厦门大学,2009.
[25] 陈伟琪,张珞平,洪华生,等.近岸海域环境容量的价值及其价值量评估初探[J].厦门大学学报(自然科学版),1999(6):896-901.
[26] 王艳.区域环境价值核算的方法与应用研究[D].青岛:中国海洋大学,2006.
[27] 李爱年,胡春冬.环境容量资源配置和排污权交易法理初探[J].吉首大学学报(社会科学版),2004(3):110-114+128.
[28] 赖敏,蒋金龙,欧阳玉蓉,等,吴耀建.海洋资源环境承载力评价研究进展[J].生态经济,2021,37(1):164-171.
[29] 孙磊.2006-2016年海州湾海洋环境容量变化及机理研究[D].南京:南京师范大学,2020.
[30] 余科平,陈江海,汪冬冬.杭州湾近岸海域环境容量研究[J].城市地理,2016(14):84-85.
[31] 高洁.珠江口海域环境容量价值的估算及海域环境管理研究[D].广州:广州大学,2016.
[32] 蒋洪强,王金南,吴文俊.我国生态环境资产负债表编制框架研究[J].中国环境管理,2014,6(6):1-9.
[33] 张学辉.渤海环境容量研究问题探讨[J].海洋信息,2014(3):17-19.
[34] 兰冬东,梁斌,马明辉,等.海洋环境容量分析在规划环境影响评价中的应用[J].海洋

开发与管理,2013,30(8):62-65.
[35] 邓海峰.海洋环境容量的物权化及其权利构成[J].政法论坛,2013,31(2):131-137.
[36] 田春暖.海洋生态系统环境价值评估方法实证研究[D].青岛:中国海洋大学,2008.
[37] 吕忠梅.论环境物权[C]//国家环境保护总局武汉大学环境法研究所,福州大学.探索·创新·发展·收获——2001年环境资源法学国际研讨会论文集(上册).2001:165-172.
[38] 王芳.对实施陆海统筹的认识和思考[J].中国发展,2012,12(3):36-39.
[39] 王厚军,丁宁,岳奇,等.陆海统筹背景下海域综合管理探析[J].海洋开发与管理,2021,38(1):3-7.
[40] 徐永臣,牟秀娟,刘晓东,等.新时代国土空间规划中陆海统筹的重点内容和实现路径[J].海洋开发与管理,2021(6):75-79.
[41] 潘新春.海域资源管理工作的思考[J].海洋开发与管理,2016,33(S1):16-18.
[42] 赖国华,林树高,莫素芬,等.陆海统筹视角下的土地利用与海洋发展效益协调性案例研究[J].环境与可持续发展,2020,45(5):122-128.
[43] 李世泽.坚持陆海统筹加快建设海洋强区[J].广西经济,2017(10):39-40.
[44] 姚瑞华,王金南,王东.国家海洋生态环境保护"十四五"战略路线图分析[J].中国环境管理,2020,12(3):15-20.
[45] 黄灵海.关于推动我国海洋经济高质量发展的若干思考[J].中国国土资源经济,2021, 34(6): 58-65.
[46] 陆海统筹不可简化为海岸线问题[J].国土资源,2018(08):10-11.
[47] 朱宇,李加林,汪海峰,等.海岸带综合管理和陆海统筹的概念内涵研究进展[J].海洋开发与管理,2020,37(9):13-21.
[48] 黄征学,覃成林,李正图,等."十四五"时期的区域发展[J]. 区域经济评论, 2019(6):1-12+165.
[49] 高凌霄.改革开放以来中国区域发展战略实践研究[D].大庆:东北石油大学,2020.
[50] 曾强.论我国区域经济发展模式的选择[J].商讯,2019(25):160-161.
[51] 胡莹.我国区域经济发展模式研究[J].商业经济研究,2019(15):160-163.
[52] 张震.我国区域经济接力增长格局演化及其影响因素分析[J].西部经济管理论坛,2021,32(3):67-79.
[53] 孙久文,蒋治."十四五"时期中国区域经济发展格局展望[J].中共中央党校(国家行政学院)学报,2021,25(2):77-87.
[54] 张璐.我国区域经济协调发展的趋势及特征分析[J].现代营销(下旬刊),2021(3):90-91.
[55] 段术宝.区域经济政策对区域经济发展的影响分析[J].质量与市场,2020(22):150-151.
[56] 杨永芳,王秦.我国生态环境保护与区域经济高质量发展协调性评价[J].工业技术经

济,2020,39(11):69-74.
[57] 古勒巴尔申·巴合提哈孜.我国区域经济协调发展基本法立法研究[D].北京:中央民族大学,2020.
[58] 史云逸.区域经济发展战略转变与中国宏观经济波动[J].现代经济信息,2019(17):9.
[59] 向晓梅,张拴虎,胡晓珍.海洋经济供给侧结构性改革的动力机制及实现路径——基于海洋经济全要素生产率指数的研究[J].广东社会科学,2019(5):27-35.
[60] 狄乾斌,高广悦.新时代背景下海洋经济高质量发展评价与路径研究[C]//中国地理学会经济地理专业委员会.2019年中国地理学会经济地理专业委员会学术年会摘要集.2019.
[61] 刘洋,姜义颖,王悦.我国海洋生态文明建设的供给侧改革路径研究[C]//海洋开发与管理第二届学术会议论文集.2018.
[62] 刘清江.自然资源定价问题研究[D].北京:中共中央党校,2011.
[63] 王灵波.美国自然资源公共洗脱制度研究[M].北京:中国政法大学出版社,2016.
[64] 王利,苗丰民.海域有偿使用价格确定的理论研究[J].海洋开发与管理,1999(1):21-24.
[65] 杨黎静,何广顺.我国海域使用权价格形成机制与深化改革方向[J].价格理论与实践,2019(5):26-29+168.
[66] 蔡悦荫,王鹏,高蓓,等.中国海域价格评估制度现状、问题与发展对策[J].海洋开发与管理,2016,33(9):23-26.
[67] 贺义雄.中国海域资源价格形成机制探析[J].中国海洋经济,2021,6(2):114-134.
[68] 张偲,王淼.我国海域有偿使用制度的实施与完善[J].经济纵横,2015(1):33-37.
[69] 李金昌.自然资源价值理论和定价方法的研究[J].中国人口·资源与环境,1991(1):29-33.
[70] 张偲,王淼.我国海域使用权基准价格体系构建研究——基于我国海洋功能区划的深度思考[J].价格理论与实践,2016(3):144-147.
[71] 栾维新,李佩瑾.我国海域评估的理论体系及海域分等的实证研究[J].地理科学进展,2007(2):25-34.
[72] 于沛利,王淼.我国海域基准价格评估制度研究进展及展望[J].中国渔业经济,2016,34(5):99-106.
[73] 秦书莉.论我国海域价格的本质构成[J].海洋开发与管理,2009,26(1):73-75.
[74] 李杰耘,梁银花.海域价格形成机制及其影响因素[J].知识经济,2014(13):6-7.
[75] 马振刚,许学工,李黎黎,等.环渤海海岸带陆海统筹功能区划研究[J].河北北方学院学报(自然科学版),2020,36(1):52-60.
[76] 刘鑫宇.我国供给侧结构性改革及其价值研究[D].哈尔滨:哈尔滨师范大学,2023.
[77] 张紫云,周昌仕.供给侧改革下的海洋产业结构优化策略[J].当代经济,2018(5):

24-27.
[78] 姜义颖,刘洋. 我国海洋生态文明建设的供给侧改革路径研究[C]//中国太平洋学会海洋维权与执法研究分会暨辽宁省法学会海洋法学研究会 2017 年年会论文集. 2017.
[79] 牟盛辰. 台州海洋经济供给侧结构性改革对策研究[J]. 政策瞭望,2017(9):42-44.
[80] 张鑫,宁凌. 以供给侧改革推进我国海洋产业转型升级——基于海洋产业发展的灰色关联分析[J]. 广东海洋大学学报,2017,37(2):40-43.
[81] 王江涛. 我国海洋产业供给侧结构性改革对策建议[J]. 经济纵横,2017(3):41-45.
[82] 王志文,段鹏琳. 推进海洋经济供给侧结构改革[J]. 浙江经济,2016(22):50-51.
[83] 王江涛. 我国海洋空间资源供给侧结构性改革的对策[J]. 经济纵横,2016(4):39-44.
[84] 伏开宝,丁正率,郭玉华. 数字经济、产业升级与海洋经济高质量发展[J]. 价格理论与实践,2022(5):78-81+205.
[85] 徐胜,高科. 中国海洋中心城市高质量发展水平测度研究[J]. 中国海洋大学学报(社会科学版),2022(4):1-13.
[86] 王曦. 我国沿海省市海洋经济高质量发展评价[J]. 合作经济与科技,2022(7):10-13.
[87] 鲁亚运,原峰. 海洋经济与经济高质量发展的耦合协调机理及测度[J]. 统计与决策,2022, 38(4): 118-123.
[88] 吴婕. 海洋经济高质量发展的影响因素分析及对策[J]. 才智,2021(32):5-7.
[89] 王银银. 海洋经济高质量发展指标体系构建及综合评价[J]. 统计与决策, 2021, 37(21): 169-173.
[90] 杨林. 海陆统筹推进海洋经济高质量发展[N]. 中国社会科学报,2021-08-31(3).
[91] 钟鸣. 新时代中国海洋经济高质量发展问题[J]. 山西财经大学学报,2021,43(S2):1-5+13.
[92] 丁黎黎,杨颖,李慧. 区域海洋经济高质量发展水平双向评价及差异性[J]. 经济地理,2021,41(7):31-39.
[93] 韩增林,周高波,李博,等. 我国海洋经济高质量发展的问题及调控路径探析[J]. 海洋经济, 2021, 11(3): 13-19.
[94] 郑鹏,胡亚琼. 海陆经济一体化对海洋产业高质量发展影响研究[J]. 中国国土资源经济, 2020, 33(6): 18-24.
[95] 吴传钧. 论地理学的研究核心——人地关系地域系统[J]. 经济地理,1991(3):1-6.
[96] 张耀光. 从人地关系地域系统到人海关系地域系统——吴传均院士对中国海洋地理学的贡献[J]. 地理科学,2008(1):6-9.
[97] 韩增林,刘桂春. 人海关系地域系统探讨[J]. 地理科学,2007(6):761-767.
[98] 孙才志,张坤领,邹玮,等. 中国沿海地区人海关系地域系统评价及协同演化研究[J]. 地理研究,2015,34(10):1824-1838.
[99] 李博,韩增林. 沿海城市人海关系地域系统脆弱性分类研究[J]. 地理与地理信息科

学,2010,26(3):78-81+86.

[100] 刘天宝,韩增林,彭飞.人海关系地域系统的构成及其研究重点探讨[J].地理科学,2017,37(10):1527-1534.

[101] 黄欣欣.人海关系地域系统可持续性评估[D].济南:山东师范大学,2014.

[102] 韩增林.人海关系地域系统的特征[J].地理教育,2011(10):1.

[103] 张明慧,陈昌平,索安宁,等.围填海的海洋环境影响国内外研究进展[J].生态环境学报,2012,21(8):1509-1513.

[104] 宋建军.以制度创新引领海洋经济高质量发展[J].中国国土资源经济,2020,33(8):4-8.

[105] 张秋丰,靳玉丹,李希彬,等.围填海工程对近岸海域海洋环境影响的研究进展[J].海洋科学进展,2017,35(4):454-461.

[106] 于永海,王鹏,王权明,等.我国围填海的生态环境问题及监管建议[J].环境保护,2019, 47(7):17-19.

[107] 侯西勇,张华,李东,等.渤海围填海发展趋势、环境与生态影响及政策建议[J].生态学报,2018,38(9):3311-3319.

[108] 王宏.着力推进海洋经济高质量发展[N].学习时报,2019-11-22(1).

[109] 龚艳君,张云,杨恒卫,等.典型围填海工程综合效益评估研究——以辽宁省葫芦岛船舶制造项目为例[J].环境保护与循环经济,2020,40(5):27-32+84.

[110] 王学哲,闫吉顺,王鹏,等.辽宁省围海养殖的用海效益和退出机制[J].海洋开发与管理,2019,36(4):17-19.

[111] 甘付兵,陈鹏程,林桂芳.我国围填海效益评估研究回顾和展望[J].海洋开发与管理,2017,34(5):16-20.

[112] 王勇智,马林娜,王晶,等.河北省典型区域建设用海区综合效益评价[J].中国人口·资源与环境,2016,26(S2):149-153.

[113] 杨国强.浅论海洋经济可持续发展与海洋环境保护[J].现代商业,2020(9):121-122.

[114] 官玮玮.中国海洋资源开发与海洋综合管理研究[J].科技创新导报,2016,13(22):120-121.

[115] 齐俊婷.海洋开发活动的经济效益评价研究[D].青岛:中国海洋大学,2008.

[116] 金起范.中国海洋资源开发管理效率研究[D].秦皇岛:燕山大学,2021.

[117] 柳杨青,沈鑫,张定定.台州市海洋生态环境问题分析与保护对策研究[J].广东化工,2022,49(16):134-136.

[118] 台州市人民政府.台州市人民政府关于印发台州市海洋经济发展“十四五”规划的通知[EB/OL].

[119] 金台临.论海洋文化与海洋产业发展——以浙江台州为例[J].吉林工商学院学报,2016, 32(1): 20-23.

[120] 屠海将.浙江省台州市海洋经济发展战略研究[J].经济师,2012(3):231-233.

[121] 曾熙敏. 台州市发展海洋经济的几点思考[J]. 港口经济，2013(4)：51-52.
[122] 汪国钦，赖瑛，王志文，等. 浙江省海洋经济高质量发展探讨[J]. 合作经济与科技，2023(2)：12-14.
[123] 张聆听. 迭代台州沿海产业带[N]. 台州日报，2022-06-29(1).
[124] 潘朝辉，杨莉莉，孙仲钱. 台州湾海洋循环经济产业集聚区建设思考[J]. 台湾农业探索，2015(3)：26-29.

致 谢

感谢自然资源部海洋空间资源管理技术重点实验室的资助。

感谢浙江省海洋科学院对研究工作的大力支持。

感谢国家海洋环境监测中心对本研究的支持和帮助，为我们提供了良好的科研环境。

最后，感谢项目组全体成员，陈昳、张连杰、郝燕妮、林霞、张广帅、张盼、赵博、姜峰，以及给予本研究帮助的领导、专家和老师。

特此感谢王鹏和索安宁老师对本项目给予的宝贵意见。

附件　现场踏勘走访调查表

基于自然资源价值理论的海洋产业高质量发展模式研究

现场走访调研表

调研区域	调研内容	调研记录
杭州市	浙江省对于海洋产业高质量发展的思路以及利用现状	这一行，主要与浙江省海洋科学院，就浙江省海域资源管理进行交流调研。其中重点就海域使用权利问题进行了解沟通和[illegible]解决方案

调查时间：2022.10~15

基于自然资源价值理论的海洋产业高质量发展模式研究

现场走访调研表

调研区域	调研内容	调研记录
青岛市	海岸海空间建设	本次调研是了解山东省在海洋空间建设方面的成就经验，问以青岛、山东省及青岛在海洋空间建设方面取得的成功，加大对海洋保护的环境治理，完善和优化了海洋空间建设与发展，在海洋空间上也有突出表现，另外山东青岛在海洋保护方面一直走在前列。

调查时间：2023.9.13

在海洋空间建设上，青岛采取的方案是与广东一样，[illegible]与[illegible]一样，[illegible]。

基于自然资源价值理论的海洋产业高质量发展模式研究

现场走访调研表

调研区域	调研内容	调研记录
海口市	滨海蓝碳科学与应用国际会议	本次会议主要与会科研机构、管理部门等就技术方法、制度政策，以及未来发展方向和蓝碳战略开展深入交流和[illegible]

调查时间：2023.6.28~30

基于自然资源价值理论的海洋产业高质量发展模式研究

现场走访调研表

调研区域	调研内容	调研记录
福州市	滨海蓝碳管理与计量方法	调研团队由张少伟带队，赴连江县、福建农林大学碳中和研究院及福建闽江口国家湿地公园开展滨海湿地资源计量交易等调研。

调查时间：2023.7.11

福建闽江口国家湿地公园，介绍了滨海湿地建设、蓝碳资源、滨海湿地保护修复以及湿地公园科研成果等

连江县开展海洋渔业碳汇交易试点，推动"蓝色碳汇"利用建设。福建农林大学碳中和研究院，就滨海碳汇评估方法和滨海蓝碳交易机制进行交流。

基于自然资源价值理论的海洋产业高质量发展模式研究

现场走访调研表

调研区域	调研内容	调研记录
台州市	海洋产业布局及特征	[illegible]三门湾、台州湾、隘顽湾，[illegible]。三门湾[illegible]；台州湾[illegible]；隘顽湾[illegible]。

调查时间：2023-10-25